Wissenschaftliche Taschenbücher WTB

Mathematik · Physik

Gernot Neugebauer

Relativistische Thermodynamik

Akademie-Verlag · Berlin

Dieter Leuschner
Grundbegriffe der Thermodynamik

V. S. Letochow
Laserspektroskopie

Dierck-Ekkehard Liebscher
Relativitätstheorie mit Zirkel und Lineal

Wolfgang Meiling
Digitalrechner in der elektronischen Meßtechnik
Teil 1: Meßmethodik
Teil 2: Gerätetechnik und Anwendungen

L. I. Miroschnitschenko
Kosmische Strahlung im interplanetaren Raum

Peter Paufler
Gustav E. R. Schulze
Physikalische Grundlagen mechanischer Festkörpereigenschaften
Teil I und II

Ulrich Röseberg
Quantenmechanik und Philosophie

Albrecht Rost
Messung dielektrischer Stoffeigenschaften

J. V. Sačkov
Wahrscheinlichkeit und Struktur

Wolfgang Schäfer
Theoretische Grundlagen der Stabilität technischer Systeme

Volkmar Schuricht
Kernexplosionen für friedliche Zwecke

Norbert Sieber
Hans-Peter Leidhold
Einführung in die Datenverarbeitung

Hubertus Stolz
Supraleitung

Gerhard Wunsch
Zellulare Systeme

Festkörperphysik
Entwicklungstendenzen und Anwendungsmöglichkeiten

Die Schöpfer der physikalischen Optik
Eine Artikelsammlung

Hans-Georg Schöpf
Von Kirchhoff bis Planck

Horst Melcher
Albert Einstein wider Vorurteile und Denkgewohnheiten

Renate Wahsner
Mensch und Kosmos
Die copernicanische Wende

Helmut Friemel / Josef Brock
Grundlagen der Immunologie

Eberhard Hofmann
Funktionelle Biochemie des Menschen
Band 1 und 2

Lothar Jäger
Grundlagen der Klinischen Immunologie

Karlheinz Lohs
Dieter Martinetz
Entgiftung – Mittel, Methoden und Probleme

Joachim Nitschmann
Entwicklung bei Mensch und Tier

Stephan Schnitzler
Pharmakologische Aspekte von Immunreaktionen

Dieter Spaar
Helmut Kleinhempel
Hans Joachim Müller
Klaus Naumann
Bakteriosen der Kulturpflanzen

Eberhard Teuscher
Pharmakognosie
Teil I – III

Michael Theile
Siegfried Scherneck
Zellgenetik

Peter Birner
Hans-Jörg Hofmann
Cornelius Weiss
MO-theoretische Methoden in der organischen Chemie

Heinrich Bremer
Klaus-Peter Wendlandt
Heterogene Katalyse

Werner Döpke
Dynamische Aspekte der Stereochemie organischer Verbindungen

Günter Eppert
Einführung in die Schnelle Flüssigchromatographie

Gerhard Geiseler / Heinz Seidel
Die Wasserstoffbrückenbindung

Falko H. Herrmann
Martina Ch. Herrmann
Das Hämoglobin des Menschen

Helmut Hrapia
Einführung in die Chromatographie

Hans Luppa
Grundlagen der Histochemie
Teil I und II

Dieter Onken
Antibiotika – Chemie und Anwendung

Horst Remane / Rainer Herzschuh
Massenspektrometrie in der organischen Chemie

Vorschau auf die nächsten Bände:

Horst-Heino von Borzeszkowski
Renate Wahsner
Newton und Voltaire
Zur Begründung und Interpretation der klassischen Mechanik

J. G. Collee
Angewandte medizinische Mikrobiologie

Claus Hamann / Joachim Heim
Hubert Burghardt
Organische Leiter, Halbleiter und Photoleiter

Hasso Meinert
Fluorchemie

Dieter Michel
Grundlagen und Methoden der kernmagnetischen Resonanz

Volker Nollau
Semi-Markovsche Prozesse

Peter Paufler
Phasendiagramme

Joachim Schuppan
Theorie und Meßmethoden der Konduktometrie

Joachim Schuppan
Anwendungen der Konduktometrie

Kurt Schwabe
pH-Messung

Rainer Sinz
Chronopsychophysiologie, Chronobiologie und Chronomedizin

WTB

BAND 142

Gernot Neugebauer

Relativistische Thermodynamik

Mit 16 Abbildungen

AKADEMIE-VERLAG · BERLIN

Reihe MATHEMATIK UND PHYSIK

Herausgeber:
Prof. Dr. phil. habil. W. Holzmüller, Leipzig
Prof. Dr. phil. habil. A. Lösche, Leipzig
Prof. Dr. phil. habil. H. Reichardt, Berlin
Prof. Dr. rer. nat. habil. H.-J. Treder, Potsdam

Verfasser:
Dr. rer. nat. habil. Gernot Neugebauer
Friedrich-Schiller-Universität Jena
Sektion Physik

1980
Erschienen im Akademie-Verlag,
DDR-1080 Berlin, Leipziger Straße 3—4
Lektor: Dipl.-Phys. Ursula Heilmann

Lizenznummer: 202 · 100/441/80
Gesamtherstellung: VEB Druckhaus „Maxim Gorki“,
7400 Altenburg
Bestellnummer: 762 775 9 (7142) · LSV 1114
Printed in GDR
DDR 12,50 M

Vorwort

Mit zunehmender Spezialisierung wächst in der Physik auch das Bestreben nach Vereinheitlichung, nach übergreifenden Theorien. Das vorliegende Taschenbuch möchte zeigen, daß die thermodynamische Denkweise in Verbindung mit den relativistischen Vorstellungen über Raum und Zeit bei derartigen Bestrebungen sehr nützlich sein kann. In diesem Sinne haben wir uns bemüht, ganz unterschiedliche Teilgebiete der Physik, wie die Hydro- und Elastomechanik, die Elektrodynamik (in Medien) und die Gravitationstheorie mit der Kosmologie aus thermodynamischer Sicht und in relativistischer Form darzustellen. Daneben sollten aber auch jene Fragen, die man spontan mit dem Begriff „relativistische Thermodynamik" verbindet, nicht zu kurz kommen: Wir gehen u. a. auf die Temperaturtransformation und auf die relativistische Formulierung der Wärmeleitungsgleichung ein.

Wohl in keiner physikalischen Disziplin mit Ausnahme der Quantentheorie hat man so intensiv über die physikalischen Grundbegriffe System, Zustand und Prozeß nachgedacht wie in der Thermodynamik. Gegenstand der älteren Thermodynamik waren vor allem die verschiedenen Erscheinungsformen der Energie und ihre Umwandelbarkeit. Bereits hier machte es sich notwendig, mechanische, elektrodynamische und physikochemische Phänomene in die thermodynamischen Untersuchungen einzubeziehen. Neben der Energie gibt es aber noch einige andere additive (extensive) Größen, die bereits als Eigenschaften der Elementarteilchen vorhanden sind und auch am makroskopischen Körper beobachtet werden können. Zu ihnen gehören Impuls, Drehimpuls, Masse (Baryonenzahl) und elektrische Ladung. Die heutige phänomenologische Thermodynamik irreversibler Prozesse geht von ihrer Additivitätseigenschaft aus, bilanziert sie und erklärt mit einigen wenigen (experimentell geprüften) Zusatzannahmen eine Vielzahl physikalischer Erscheinungen.

Unser Taschenbuch enthält Kurzfassungen der speziellen und der allgemeinen Relativitätstheorie. Zum einen wollten wir dem Leser, der mit diesen Theorien nicht so vertraut ist, die Lektüre erleichtern, zum anderen konnten wir bereits bei der Darstellung der Grundlagen dieser Theorien thermodynamische Gesichtspunkte berücksichtigen.

Meinem Kollegen Dr. G. KLUGE möchte ich herzlich für sein Interesse und für seine vielen Verbesserungsvorschläge beim Entstehen dieses Bändchens danken. Vielen Dank schulde ich auch Herrn Prof. Dr. E. SCHMUTZER für seine sehr nützlichen Anmerkungen und Hinweise, Herrn Dr. V. RUDAT und Herrn Dr. W. MEIER für die kritische Lektüre des Manuskriptes und Frau U. KASCHLIK für die große Sorgfalt, mit der sie das Manuskript schrieb. Bei der verantwortlichen Lektorin des Akademie-Verlages, Frau HEILMANN, und bei allen an der Herstellung beteiligten Mitarbeitern bedanke ich mich herzlich für die gute Zusammenarbeit.

G. NEUGEBAUER

Inhaltsverzeichnis

SPEZIELL-RELATIVISTISCHE THERMODYNAMIK

ALLGEMEIN-RELATIVISTISCHE THERMODYNAMIK

SPEZIELL-RELATIVISTISCHE THERMODYNAMIK

1. Das thermodynamische System

1.1. System und Zustand

Will man ein bestimmtes physikalisches Objekt untersuchen, so grenzt man es zunächst einmal von anderen Objekten ab.[1]) Das zu untersuchende Objekt wird als *physikalisches System*, alles was mit ihm wechselwirkt als *Umgebung* bezeichnet.

Die im folgenden betrachteten thermodynamischen Systeme bestehen aus sehr vielen elementaren Bestandteilen (Größenordnung: 10^{23} Teilchen), aus Elementarteilchen, Atomen oder Molekülen und sind in ihrer räumlichen Ausdehnung groß gegenüber atomaren Dimensionen (10^{-8} cm).

Die Beschreibung physikalischer Systeme beginnt mit der Überlegung, durch welche Größen ihr Zustand charakterisiert wird. Nach dem eben Gesagten könnten diese Überlegungen von einer atomistischen Betrachtungsweise der thermodynamischen Systeme ausgehen. Wir halten es aber für zweckmäßig, die *statistisch-thermodynamische Methode* erst im Anschluß an die phänomenologische Thermodynamik darzustellen: Da die statistische Theorie versucht, die phänomenologisch eingeführten thermodynamischen Begriffe auf einfachere Begriffe — etwa auf mechanische — zurückzuführen, setzt sie das phänomenologische Begriffssystem bereits voraus. Unser Vorgehen wird auch dadurch bestimmt, daß eine allgemein-relativistische Statistik bisher nur für recht spezielle Systeme entwickelt werden konnte. Dies hängt mit den mathematischen Schwierigkeiten

---

1) Die dabei vorausgesetzte Isolierbarkeit ist sicher nur dann gegeben, wenn die inneren Wechselwirkungen des Objektes viel stärker sind als die Wechselwirkungen mit anderen Objekten.

zusammen, die bei der relativistischen Behandlung von Wechselwirkungen zwischen Teilchen auftreten.

Die *phänomenologische Beschreibung* des Systemzustandes kommt mit einer viel einfacheren Mathematik aus. Hier faßt man das thermodynamische System als Kontinuum auf und begnügt sich so mit summarischen Aussagen über Eigenschaften, die, wie Masse und Energie, Impuls oder Ladung, schon am Einzelteilchen zu beobachten sind. Das kollektive Verhalten der vielen Elementarbausteine im System, das u. a. in der Irreversibilität der Zustandsänderungen zum Ausdruck kommt, macht dann noch zusätzlich die Einführung eines typisch thermodynamischen Begriffs, des Entropiebegriffs, erforderlich. Die phänomenologische Thermodynamik versagt dort, wo die Kontinuumsvorstellung aufgegeben und die „körnige" Struktur der Materie, d. h. die Wirkung der Elementarbausteine berücksichtigt werden muß: bei Zustandsänderungen, die sich schon in kleinen Systembereichen (starke Inhomogenität) oder Zeitintervallen (schnelle Zustandsänderungen) bemerkbar machen.

Der folgende Abschnitt ist als Überblick über Grundbegriffe und Zielsetzungen (oder als Wiederholung) der nichtrelativistischen phänomenologischen Gleichgewichtsthermodynamik gedacht.

1.2. Gleichgewichtszustände

Die Erfahrung lehrt, daß thermodynamische Systeme, deren Wechselwirkung mit der Umgebung unterbunden ist, nach hinreichend langer Zeit in einen Zustand übergehen, den sie spontan nicht wieder verlassen. Dieser Gleichgewichtszustand ist besonders einfach zu beschreiben.

Ein thermodynamisches System im Gleichgewicht muß nicht räumlich homogen sein, d. h., die thermodynamischen Eigenschaften können sich an verschiedenen Raumpunkten unterscheiden. Wir wollen zunächst nur solche inhomogene Systeme in Betracht ziehen, die aus Phasen – physikalisch und chemisch homogenen Teilbereichen — zusammengesetzt sind. Im Sinne der üblichen phänomenologischen Thermodynamik irreversibler Prozesse ist dies noch keine Einschränkung. In dieser Theorie versucht man, beliebige inhomogene Systeme dadurch auf die von uns vorausgesetzte Situation zurückzuführen, daß man sie (gedanklich) in genügend kleine Teilbereiche einteilt, also Volumenelemente als Phasen ansieht. Ein solches Vorgehen läßt sich aber nicht auf „stark" inhomogene Systeme anwenden, da — anschaulich gesprochen — „zu klein" gewählte Volumenelemente nicht mehr genügend viele Elementarbestandteile enthalten und somit nicht mehr als thermodynamische Systeme gelten können.

Der Zustand eines thermodynamischen Systems äußert sich in den Systemeigenschaften. Diese sind einer direkten oder indirekten Messung zugänglich und werden durch bestimmte mathematische Objekte (skalare Größen, Vektoren, Tensoren), die *Zustandsvariablen* beschrieben. Beispiele für Eigenschaften und zugeordnete Zustandsvariable sind Temperatur T, Druck p, Volumen V, Masse M, chemisches Potential μ, Wärmekapazität bei konstantem Volumen C_V, Energie E, innere Energie $U = E - (1/2\,M)\,\mathbf{P}^2$, (alles skalare Variable) Impuls $\mathbf{P}$, elektrische Feldstärke $\mathbf{E}$ (Vektoren) und Deformation $\boldsymbol{\epsilon}$ (Tensor). In einem Gleichgewichtszustand haben die Zustandsvariablen innerhalb einer Phase ganz bestimmte Zahlenwerte, sie ändern sich also innerhalb einer Phase weder zeitlich (Ausdruck des Gleichgewichtes) noch räumlich (physikalische und chemische Homogenität der Phase). Eine Änderung dieser Werte tritt nur ein, wenn sich der Systemzustand aufgrund äußerer Einflüsse ändert. Nicht alle Eigenschaften eines Systems sind voneinander unabhängig. Eine bestimmte Teilmenge der Zustandvariablen reicht zur vollständigen Charakterisierung des Zustandes aus. Wir bezeichnen diese Variablen als unabhängige Zustandsvariable. Alle anderen Zustandvariablen — wir wollen sie Zustandsgrößen oder abhängige Zustandvariable nennen — sind Funktionen der unabhängigen Zustandsvariablen.

Die Frage, *wie* man ganz allgemein die abhängigen Zustandsvariablen als Funktionen der unabhängigen erhält, kann für den Gleichgewichtszustand sehr einfach beantwortet werden: In jeder Phase existiert in geeignet gewählten unabhängigen Zustandsvariablen eine Funktion dieser Variablen, das *thermodynamische Potential*, mit folgender Eigenschaft:

Alle abhängigen Zustandsvariablen lassen sich als Funktionen der unabhängigen Variablen aus partiellen Ableitungen des Potentials nach den zugehörigen unabhängigen Zustandsvariablen berechnen.

Der Gleichgewichtszustand vieler einkomponentiger (d. h. aus einer Teilchensorte bestehender) fluider Medien (Flüssigkeiten, Gase) wird durch die unabhängigen Zustandsvariablen U, V, M charakterisiert. Sie sind die Variablen des thermodynamischen Potentials *Entropie* S,

$$S = S(U, V, M). \tag{1.1}$$

Welche Systemeigenschaften aus *ersten* Ableitungen der Entropie berechnet werden können, liest man gewöhnlich an der GIBBSschen *Fundamentalgleichung* ab. In unserem Beispiel lautet sie:

$$dS = \frac{1}{T}\,(dU + p\,dV - \mu\,dM). \tag{1.2}$$

Dabei bedeuten die Differentiale dS, dU, dV und dM die Entropie-, Energie-, Volumen- und Massendifferenzen zwischen zwei infinitesimal benachbarten Gleichgewichtszuständen. Die in (1.2) erklärten ersten Ableitungen der Entropie als Funktionen der unabhängigen Zustandsvariablen

$$\frac{\partial S}{\partial U} \equiv T^{-1} = f_1(U, V, M), \quad \frac{\partial S}{\partial V} \equiv \frac{p}{T} = f_2(U, V, M),$$

$$\frac{\partial S}{\partial M} \equiv -\frac{\mu}{T} = f_3(U, V, M,) \tag{1.3}$$

bezeichnet man als *Zustandsgleichungen*. Sie werden allerdings meist in der nach U (kalorische Zustandsgleichung), p und μ (thermische Zustandsgleichungen) aufgelösten Form

$$U = U(T, V, M),\ p = p(T, V, M),\ \mu = \mu(T, V, M) \tag{1.4}$$

diskutiert. Von den aus zweiten Ableitungen zu berechnenden Eigenschaften sind insbesondere die Wärmekapazitäten (oder auf die Masseneinheit bezogen: die spezifischen Wärmen) wichtig. Zum Beispiel gilt $C_V = -(\partial S/\partial U)^2\,(\partial^2 S/\partial U^2)^{-1} \equiv C_V(U, V, M)$.

Da sich aus den thermodynamischen Potentialen jede Systemeigenschaft berechnen läßt, laufen alle Bemühungen der Thermodynamik des Gleichgewichtszustandes letzten Endes darauf hinaus, Informationen über die explizite Gestalt der thermodynamischen Potentiale zu gewinnen.

Die Gleichgewichts*statistik* gibt Vorschriften an, wie die Potentiale direkt aus Kenntnissen über den molekularen Aufbau der Stoffe *berechnet* werden können.

Die *phänomenologische* Theorie baut man gewöhnlich auf den Zustandsgleichungen auf. Aus ihnen als ersten Ableitungen läßt sich ja das thermodynamische Potential bis auf eine Konstante berechnen; die Kenntnis der Zustandsgleichungen ist also im wesentlichen der Kenntnis des thermodynamischen Potentials äquivalent. Für die bevorzugte Verwendung der Zustandsgleichungen bei phänomenologischen Untersuchungen spricht, daß sie im Gegensatz zur Entropie einer experimentellen Bestimmung gut zugänglich sind.

Als Grundgrößen (unabhängige Zustandsvariable plus Potential), aus denen alle weiteren Eigenschaften ableitbar sind, konnten wir für das fluide Medium mit U, V, M und S ausschließlich *extensive Größen* verwenden. Zur Erläuterung dieses Begriffes unterteilen wir gedanklich ein beliebiges System in mehrere Teilsysteme. Eine Größe heißt extensiv, wenn sich jedem Teilsystem und dem Gesamtsystem eindeutig bestimmte Werte dieser Größe zuordnen lassen und die Summe der Werte für die Teilsysteme gleich dem Wert für das Gesamtsystem ist.

Wenn wir ein durch U, V, M und S beschriebenes System in Gedanken vervielfachen, müssen sich alle extensiven Größen um den gleichen Faktor — sagen wir λ — ändern. Es gilt also

$$\lambda \mathrm{S} = \mathrm{S}(\lambda \mathrm{U}, \lambda \mathrm{V}, \lambda \mathrm{M}). \tag{1.5}$$

Wir wählen $\lambda = \frac{1}{\mathrm{M}}$. Die spezifische Entropie $s = \frac{\mathrm{S}}{\mathrm{M}}$ hängt dann nur noch von zwei unabhängigen Zustandsvariablen, von der spezifischen inneren Energie $u = \frac{\mathrm{U}}{\mathrm{M}}$ und dem spezifischen Volumen $v = \frac{\mathrm{V}}{\mathrm{M}}$ ab:

$$s = s(u, v) = \mathrm{S}(u, v, 1). \tag{1.6}$$

Wir können natürlich auch $\lambda = \mathrm{V}^{-1}$ und damit als unabhängige Variable die Dichte der inneren Energie $\mathrm{u} = \mathrm{U}/\mathrm{V} = \rho u$ und die Massendichte $\rho = \mathrm{M}/\mathrm{V} = v^{-1}$ und als Potential die Entropiedichte $\mathrm{s} = \mathrm{S}/\mathrm{V} = \rho s = \mathrm{S}(\mathrm{u}, 1, \rho)$ wählen. Die Gibbssche

Fundamentalgleichung und die Zustandsgleichungen in spezifischer bzw. in Dichteform lauten dann (vgl. (1.3)):

$$\begin{aligned} ds &= \frac{1}{T}\,(du + p\,dv), \quad T = T(u, v) = \left(\frac{\partial s}{\partial u}\right)^{-1}, \\ p &= p(u, v) = \frac{\partial s}{\partial v}\left(\frac{\partial s}{\partial u}\right)^{-1}; \end{aligned} \tag{1.7}$$

$$\begin{aligned} ds &= \frac{1}{T}\,(du - \mu\,d\rho), \quad T = T\,(u, \rho) = \left(\frac{\partial s}{\partial u}\right)^{-1}, \\ \mu &= \mu\,(u, \rho) = -\frac{\partial s}{\partial \rho}\left(\frac{\partial s}{\partial u}\right)^{-1}. \end{aligned} \tag{1.8}$$

Bereits hier läßt sich eine Aussage über den Transformationscharakter der Temperatur in der speziellen Relativitätstheorie machen. Für den Beobachter eines ihm gegenüber mit der gleichförmigen Geschwindigkeit $\mathbf{v} = \mathbf{P}M^{-1}$ bewegten thermodynamischen Systeme setzt sich die Systemenergie E aus innerer Energie U und kinetischer Energie $\frac{1}{2}\,M\,\mathbf{v}^2$ zusammen. In spezifischer Schreibweise gilt $u = e - \frac{1}{2}\,\mathbf{v}^2$ $(e = E/M)$ und wegen (1.7)

$$ds = \frac{1}{T}\,de - \frac{\mathbf{v}}{T}\,d\mathbf{v} + \frac{p}{T}\,dv. \tag{1.9}$$

Faßt man Impuls und Energie zum Viererimpuls zusammen,

$$(P^i) = \left(\mathbf{P}, \frac{1}{c}\,E\right) \quad \begin{array}{l}(i = 1, 2, 3, 4;\ c = \text{Vakuum-}\\ \text{lichtgeschwindigkeit}),\end{array} \tag{1.10}$$

so tritt als konjugierte Variable zum spezifischen Viererimpuls $p^i = M^{-1}P^i$ in (1.9)

$$(\theta_i) = \left(\frac{\mathbf{v}}{T}, -\frac{c}{T}\right) \tag{1.11}$$

auf:

$$ds = -\sum_{i=1}^{4} \theta_i\,dp^i + \frac{p}{T}\,dv, \tag{1.12}$$

d.h., der Temperaturaspekt wird durch einen *Vierervektor* repräsentiert.

1.3. Nichtgleichgewichtszustände

Da wir die relativistische Thermodynamik von vornherein als Nichtgleichgewichtstheorie darstellen wollen, ist für uns die Frage nach den physikalischen Größen, die für den systematischen Aufbau der Nichtgleichgewichtsthermodynamik in Frage kommen, besonders wichtig. Aus der Gleichgewichtsthermodynamik, z. B. aus den im vorigen Abschnitt gemachten Bemerkungen über das fluide Medium, bekommen wir folgende Hinweise (die man im übrigen durch weitere Beispiele erhärten könnte):

1. Der Zustand läßt sich durch gewisse extensive Größen wie Masse, Energie, Impuls, aber auch Ladung und Drehimpuls, vollständig charakterisieren. Diese Systemeigenschaften sind offenbar auf entsprechende Eigenschaften der Elementarbestandteile des Ssytems und deren Wechselwirkung zurückführbar, doch interessiert uns in der phänomenologischen Theorie im wesentlichen nur ihre Existenz und ihre Additivitätseigenschaft.
2. Gemeinsam mit den unabhängigen extensiven Größen tritt stets die extensive Größe Entropie auf. Die Entropie spielt eine wichtige Rolle bei der systematischen Beschreibung der Systemzustände.

Außerhalb des Gleichgewichts ändern sich die physikalischen Eigenschaften und damit der Systemzustand i. allg. von Ort zu Ort und von Zeitpunkt zu Zeitpunkt. Energie, Impuls und Masse strömen im System, verschiedene Energie- und Impulsformen und unterschiedliche chemische Bestandteile wandeln sich ineinander um. Bei den folgenden Überlegungen wollen wir unter Ausnutzung der Additivitätseigenschaft feststellen, durch welche mathematischen Objekte die extensiven Größen in dieser komplizierten Situation beschrieben werden. Wir wollen die extensiven Größen *bilanzieren*.

A sei die Menge einer beliebigen extensiven Größe in einem ortsfesten Teilvolumen V des Systems. Offenbar kann sich A in V durch Ein- bzw. Ausströmen der extensiven Größe *durch die Oberfläche* (V) dieses *Volumens* und durch Produktion bzw. Vernichtung dieser Größe *innerhalb des Volumens* ändern. Bezeichnen wir die pro Zeiteinheit durch (V) fließende Menge mit $\mathrm{d}_a A/\mathrm{d}t$ und die im Inneren pro Zeiteinheit erzeugte bzw. vernichtete Menge mit $\mathrm{d}_i A/\mathrm{d}t$, so muß für die zeitliche Änderung $\mathrm{d}A/\mathrm{d}t$ gelten:

$$\frac{\mathrm{d}A}{\mathrm{d}t} = \frac{\mathrm{d}_a A}{\mathrm{d}t} + \frac{\mathrm{d}_i A}{\mathrm{d}t}. \tag{1.13}$$

Dies ist die globale (integrale) Form einer Bilanzgleichung. In thermodynamischen Systemen sollen sich die extensiven Größen kontinuierlich verteilen. Dann ist es sinnvoll, mit der Feldfunktion $a(\mathbf{r}, t)$ die Dichte der extensiven Größe im (infinitesimal kleinen) Volumen dV am Ort $\mathbf{r}$ zur Zeit t einzuführen. Offenbar gilt.

$$A = \int_V a(\mathbf{r}, t)\,\mathrm{d}V. \tag{1.14}$$

Bezeichnen wir mit dem Vektorfeld $\mathbf{a}(\mathbf{r}, t)$ den Stromdichtevektor der extensiven Größe und mit $\mathrm{d}\mathbf{f}$ den Vektor eines Flächenelementes zur Zeit t am Ort $\mathbf{r}$, dann ist das Skalarprodukt $\mathbf{a}\,\mathrm{d}\mathbf{f}$ die Menge der extensiven Größe, die pro Zeiteinheit durch das Flächenelement strömt, und das Integral über alle Oberflächenelemente die Menge, die pro Zeiteinheit durch die Berandung (V) fließt, also

$$\frac{\mathrm{d}_a A}{\mathrm{d}t} = -\oint_{(V)} \mathbf{a}(\mathbf{r}, t)\,\mathrm{d}\mathbf{f} \quad \begin{pmatrix}\text{konventionelle}\\ \text{Vorzeichenwahl}\end{pmatrix}. \tag{1.15}$$

Schließlich führen wir mit der Quellstärke α die pro Volumen- und Zeiteinheit erzeugte bzw. vernichtete Menge der extensiven Größe ein und erhalten den Zusammenhang

$$\frac{\mathrm{d}_i A}{\mathrm{d}t} = \int_V \alpha(\mathbf{r}, t)\,\mathrm{d}V \tag{1.16}$$

Aus (1.13) folgt mit (1.14) bis (1.16) unter Verwendung des GAUSSschen Satzes in (1.15)

$$\frac{\partial \mathrm{a}(\mathbf{r}, t)}{\partial t} + \operatorname{div} \mathbf{a}(\mathbf{r}, t) = \alpha(\mathbf{r}, t), \tag{1.17}$$

da das Teilvolumen V beliebig gewählt werden kann. In Indexschreibweise hat diese *lokale* (*differentielle*) *Bilanzgleichung* folgende Form:

$$\frac{\partial \mathrm{a}(x^\beta, t)}{\partial t} + \sum_{\alpha=1}^{3} \frac{\partial}{\partial x^\alpha} \mathrm{a}^\alpha(x^\beta, t) = \alpha(x^\beta, t). \tag{1.18}$$

Dabei bezeichnen die x^α ($\alpha, \beta = 1, 2, 3$) die drei Koordinaten eines kartesischen Koordinatensystems und die a^α die Komponenten von $\mathbf{a}$ in Richtung dieser Koordinaten. Die Gleichungen (1.17) und (1.18) sind in analoger Weise zu lesen wie die globale Bilanz (1.13): Die Dichte $\mathrm{a}(\mathbf{r}, t)$ einer extensiven Größe ändert sich im ortsfesten Volumenelement (am Ort $\mathbf{r}$ zur Zeit t) durch Zu- oder Abfluß ($\operatorname{div} \mathbf{a}$) durch seine Berandung und durch Erzeugung oder Vernichtung (α) im Inneren. Wenn die extensive Größe weder erzeugt noch vernichtet wird, muß die Quellstärke α (und damit $\mathrm{d}_i A/\mathrm{d}t$) verschwinden; (1.18) (oder (1.17)) geht in einen *lokalen Erhaltungssatz*, eine *Kontinuitätsgleichung*

$$\frac{\partial \mathrm{a}}{\partial t} + \sum_{\alpha=1}^{3} \frac{\partial}{\partial x^\alpha} \mathrm{a}^\alpha = 0 \tag{1.19}$$

über.

In der Bilanzgleichung sind räumliche und zeitliche Ableitungen gleichberechtigt. Das ermöglicht eine einfachere Schreibweise für (1.18):

$$\sum_{i=1}^{4} \frac{\partial}{\partial x^i} A^i = \alpha, \; x^4 = ct, \; A^\alpha = \mathrm{a}^\alpha \; (\alpha = 1, 2, 3), \; A^4 = c\mathrm{a}. \tag{1.20}$$

Die hier aus Dimensionsgründen eingeführte Geschwindigkeitskonstante c wird später mit der Vakuumlichtgeschwindigkeit identifiziert.

Zur Vereinfachung des Formalismus wollen wir vereinbaren, daß *kleine lateinische Indizes immer die Werte* 1 *bis* 4 *und kleine griechische Indizes die Werte* 1 *bis* 3 *annehmen*. Über doppelt auftretende Tensorindizes soll automatisch summiert werden (EINSTEINsche Summenkonvention). Für die partiellen Ableitungen nach x^i verwenden wir meist die Komma-Index-Schreibweise, z. B. $\frac{\partial a}{\partial x^i} \equiv a_{,i}$. Die Bilanzgleichung (1.20) schreibt sich dann

$$\frac{\partial}{\partial x^i} A^i \equiv A^i{}_{,i} = \alpha, \ (A^i) \equiv (\mathrm{a}^\alpha, c\mathrm{a}) \equiv (\mathbf{a}, c\mathrm{a}). \quad (1.21)$$

Die *Viererstromdichte* einer extensiven Größe $A^i = A^i(x^k)$ besteht aus den Komponenten der Dreierstromdichte $\mathrm{a}^\alpha = \mathrm{a}^\alpha(x^\beta, t)$ (erste drei Komponenten) und aus der mit c multiplizierten Dichte $\mathrm{a} = \mathrm{a}(\mathbf{r}, t)$ (vierte Komponente) und hängt von den Raum- und Zeitkoordinaten — zusammengefaßt in x^k — ab.

Ziel weiterer Überlegungen wird es sein, die Bilanzgleichungen zu partiellen Differentialgleichungen „auszubauen“, aus denen bei gegebenen Rand- und Anfangsbedingungen diese Abhängigkeit von Ort und Zeit berechnet werden kann. Dabei wird sich zeigen, welche Größen als unabhängige Zustandsvariable auftreten und wie aus ihnen alle weiteren Systemeigenschaften (abhängige Zustandvariablen) bestimmt werden können. Zentrale Größe in diesem Programm ist die Entropie, die wir im folgenden zusammen mit den wichtigsten extensiven Größen bilanzieren wollen.

1.4. Erhaltungssätze und Bilanzgleichungen

1.4.1. Energie- und Impulsbilanz

Erfahrungsgemäß besitzt jedes thermodynamische System die extensiven Eigenschaften Energie und Impuls. Ebenso wie der Energiebegriff spielt der Impulsbegriff in allen physikalischen Teilgebieten (Elektrodynamik, Mechanik usw.) eine wichtige Rolle, wobei sich die verschiedenen Energie- und Impulsformen ineinander umwandeln können. Niemals wird dabei Energie oder Impuls erzeugt oder vernichtet, so daß unter Berücksichtigung aller Formen lokale Erhaltungssätze gelten. Mit der Energiedichte $\mathfrak{e}$ und der Energiestromdichte $\mathfrak{e}^\alpha$ lautet der *lokale Energieerhaltungssatz* gemäß (1.19)

$$\frac{\partial}{\partial t}\,\mathfrak{e} + \mathfrak{e}^\alpha{}_{,\alpha} = 0. \tag{1.22}$$

Da der Impuls eine *vektorielle* Größe ist, muß für jede Komponente eine eigene Gleichung (1.19) formuliert werden. Bezeichnen wir die Komponenten der Impulsdichte in Richtung der Koordinaten x^α mit $\mathfrak{p}^\alpha$ und die entsprechenden Stromdichten (zu jeder Komponente α drei) mit $\mathfrak{p}^{\alpha\beta}$, müssen wir

$$\frac{\partial}{\partial t}\,\mathfrak{p}^\alpha + \mathfrak{p}^{\alpha\beta}{}_{,\beta} = 0 \tag{1.23}$$

fordern. Die Impulsstromdichte $\mathfrak{p}^{\alpha\beta}$ wird üblicherweise als Drucktensor ($-\mathfrak{p}^{\alpha\beta}$ als Spannungstensor) bezeichnet. Entsprechend unserer allgemeinen Interpretation der Stromdichten ist $\mathfrak{p}^{\alpha\beta}\, d\mathfrak{f}_\beta$ ($d\mathfrak{f}_\beta$: Komponenten von $d\mathfrak{f}$) die Impulsmenge, die pro Zeiteinheit auf das Flächenelement mit der Normalen $d\mathfrak{f}_\beta/|d\mathfrak{f}|$ trifft, d. h. die *Kraft*, die auf die *Fläche* $|d\mathfrak{f}|$ dieses Elementes wirkt. So erklärt sich die Bezeichnung *Druck*tensor.

Jede der vier Gleichungen (1.22) und (1.23) läßt sich in Viererform (1.21) aufschreiben. Wir wollen noch einen Schritt weitergehen und die dabei einzuführenden vier Viererstromdichten zu einem 4×4-Schema T^{ik} mit $(T^{\alpha k}) \equiv (\mathfrak{p}^{\alpha\beta},\, c\mathfrak{p}^\beta)$ und $(T^{4k}) \equiv \frac{1}{c}\,(\mathfrak{e}^\alpha,\, c\mathfrak{e})$ zusammenfassen. Dann bekommen wir anstelle von (1.22) und (1.23) den lokalen Energie-Impuls-Erhaltungssatz[1]):

$$T^{ik}{}_{,k} = 0, \quad (T^{ik}) \equiv \left(\begin{array}{c|c} \mathrm{p}^{\alpha\beta} & c\mathrm{p}^{\beta} \\ \hline \frac{1}{c}\,\mathrm{e}^{\beta} & \mathrm{e} \end{array}\right). \tag{1.24}$$

Wir möchten den an dieser Stelle noch formalen Charakter der Zusammenfassung von Energie und Impuls hervorheben. Daß die Viererschreibweise (1.24) eine tiefere Bedeutung hat, werden wir erst im Abschnitt (2.3) begründen, auch wenn sich bereits mit nichtrelativistischen Überlegungen gute Argumente für den engen Zusammenhang von Energie und Impuls anführen ließen. Die integrale Form (1.13) zum lokalen Energieerhaltungssatz (1.22)

$$\mathrm{dE} = \mathrm{d}_a\mathrm{E}, \quad \mathrm{E} = \int\limits_{V} \mathrm{e}\,\mathrm{d}V, \quad \mathrm{d}_a\mathrm{E} = -\mathrm{d}t \int\limits_{(V)} \mathbf{e}\,\mathrm{d}\mathfrak{f}$$

bildet den Ausgangspunkt für die Formulierung des ersten Hauptsatzes der Thermodynamik. Wenn man annimmt, daß sich der Energieaustausch mit der Umgebung $\mathrm{d}_a\mathrm{E}$ aus einem Wärmeaustausch $đ\mathrm{Q}$ und einem Arbeitsaustausch $đ\mathrm{A}$ zusammensetzt, gilt in bekannter Weise

$$\mathrm{dE} = đ\mathrm{Q} + đ\mathrm{A}. \tag{1.25}$$

Sinngemäß können wir die Bezeichnung erster Hauptsatz auch für den lokalen Energieerhaltungssatz übernehmen.

1.4.2. Massenbilanzen

Nicht jedes thermodynamische System besitzt die extensive Eigenschaft Masse. Im Sinne der folgenden Begriffsbildungen läßt sich beispielsweise dem Photonen-

---

[1]) Die Multiplikation von (1.22) mit c^{-1} sichert, daß alle Komponenten von T^{ik} gleiche Dimension besitzen.

gas (Hohlraumstrahlung) keine Masse zuordnen. Man könnte zunächst denken, daß die Eigenschaft Masse durch die EINSTEINsche Energie-Masse-Äquivalenz $E = M \times c^2$ vollständig auf die bereits bilanzierte Eigenschaft Energie zurückgeführt wird. Das ist aber nicht der Fall. Die „thermodynamische“ Masse ist vielmehr mit der elektrischen Ladung „verwandt“. Bekanntlich bleibt bei allen Elementarteilchenreaktionen neben der elektrischen Ladung (Summe der positiven Ladung minus Summe der negativen Ladungen) auch die baryonische und die leptonische Ladung (Zahl der Baryonen minus Zahl der Antibaryonen bzw. Zahl der Leptonen minus Zahl der Antileptonen) erhalten. Der thermodynamischen Massenbilanz liegt der Erhaltungssatz der Baryonen (Protonen, Neutronen, Hyperonen und entsprechende Antiteilchen) zugrunde, da diese in Form der Nukleonen (Protonen, Neutronen) den Hauptteil der Masse der Atome und Moleküle und damit auch der aus chemischen Verbindungen bestehenden thermodynamischen Systeme stellen. Der Begriff „Masse“ wird also im Sinne von baryonischer Ladung oder „Teilchenzahl“ gebraucht.

Da wir es in thermodynamischen Systemen immer mit sehr großen Zahlen gleichartiger Teilchen zu tun haben, können wir für die Baryonensorte Ω (Proton und Antiproton bilden eine Sorte usw.) mit n_Ω die Dichte ihrer baryonischen Ladung (Zahl der Baryonen minus Zahl der Antibaryonen pro Volumeneinheit), mit $\mathrm{n}_\Omega{}^\alpha$ ihre baryonische Ladungsstromdichte und mit ν_Ω ihre baryonische Quellstärke einführen. Dann gilt nach (1.17) die Baryonenbilanzgleichung der Sorte Ω

$$\frac{\partial}{\partial t} \mathrm{n}_\Omega + \mathrm{n}_\Omega{}^\alpha{}_{,\alpha} = \nu_\Omega, \quad \mathrm{n}_\Omega{}^\alpha = \mathrm{n}_\Omega \mathrm{v}_\Omega{}^\alpha. \qquad (1.26)$$

Hier haben wir mit $\mathrm{v}_\Omega{}^\alpha \equiv \mathrm{n}_\Omega{}^\alpha/\mathrm{n}_\Omega$ das Geschwindigkeitsfeld der Baryonensorte Ω definiert (aus der Definition der Stromdichten in (1.15) geht hervor, daß $\mathrm{v}_\Omega{}^\alpha$ das Geschwindigkeitsfeld der mit den Baryonen Ω mitbewegten Volumenelemente ist). Die Baryonenerhaltung kommt in der Relation

$$\sum_{\Omega} \nu_{\Omega} = 0 \tag{1.27}$$

zum Ausdruck, wo über alle Baryonensorten zu summieren ist.

Als *Masse einer Teilchensorte* wollen wir das Produkt aus Teilchenzahl und Masse eines Teilchens dieser Sorte im isolierten Zustand einführen. In diesem Sinne geht die Massenbilanz der Baryonensorte Ω aus (1.26) nach Multiplikation mit der (isolierten) Masse m_{Ω} eines Teilchens der Sorte Ω hervor.

Untersucht man nur *chemische Reaktionen* in Mehrkomponentensystemen (und keine Elementarteilchenreaktionen), so ist es zweckmäßig, neben freien Elementarteilchen auch Atome, Moleküle und Ionen als elementare Systembausteine anzusehen. Untereinander gleiche Systembausteine bilden eine chemische Komponente. Da hier keine Antiteilchen auftreten, kann man bedenkenlos mit dem Teilchenzahlbegriff arbeiten.

Mit $\overset{A}{\mathrm{n}}$ als Teilchenzahldichte, $\overset{A}{\mathrm{n}}{}^{\alpha}$ als Teilchenstromdichte und $\overset{A}{\nu}$ als Teilchenquellstärke lautet die Teilchenzahlbilanz der Komponente A

$$\frac{\partial \overset{A}{\mathrm{n}}}{\partial t} + \overset{A}{\mathrm{n}}{}^{\alpha}{}_{,\alpha} = \overset{A}{\nu}, \quad \overset{A}{\mathrm{n}}{}^{\alpha} = \overset{A}{\mathrm{n}}\overset{A}{\mathrm{v}}{}^{\alpha}, \tag{1.28}$$

wobei die zweite Gleichung die mittlere Geschwindigkeit der Moleküle von A definiert.

$\overset{A}{\mathrm{z}}_{\Omega}$ sei die Zahl der Elementarteilchen der Sorte Ω (Protonen, Neutronen, Elektronen) in einem Molekül der Komponente A. Bei allen chemischen Reaktionen bleibt die Zahl der Protonen, Neutronen und Elektronen für sich erhalten $\left(\sum_{A} \overset{A}{\nu}\overset{A}{\mathrm{z}}_{\Omega} = 0\right)$. Deshalb gelten die

Erhaltungssätze

$$\frac{\partial}{\partial t}\left(\sum_{A} \overset{A}{n}\overset{A}{z}_{\Omega}\right) + \left(\sum_{A} \overset{A}{n}\overset{A}{z}_{\Omega}\overset{A}{v}^{\alpha}\right)_{,\alpha} = 0. \tag{1.29}$$

Um zu einer lokalen Erhaltungsgröße „Masse" zu gelangen, müssen wir diese Gleichung mit der Masse m_Ω der Elementarteilchen der Sorte Ω multiplizieren und über alle Teilchensorten summieren. Wir könnten für m_Ω sowohl die Masse im ungebundenen Zustand als auch die durch Bindungsenergien veränderte Masse einsetzen. Der Unterschied in den Massendichten und mittleren Massengeschwindigkeiten aufgrund des Massendefektes ist aber in der phänomenologischen Theorie vernachlässigbar. Es ist üblich, die thermodynamische Masse mit Hilfe der isolierten Masse m_Ω zu definieren.

Die Masse eines Moleküls der Komponente A ist durch $\sum m_\Omega \overset{A}{z}_\Omega$ gegeben. Nach Multiplikation mit dieser Molekülmasse geht die Teilchenzahlbilanz (1.28) in die Massenbilanz der Komponente A,

$$\frac{\partial \overset{A}{\rho}}{\partial t} + \overset{A}{m}{}^{\alpha}{}_{,\alpha} = \overset{A}{\gamma}, \quad \overset{A}{m}{}^{\alpha} = \overset{A}{\rho}\overset{A}{v}{}^{\alpha}, \tag{1.30}$$

über, wobei $\overset{A}{\rho}$ die Massendichte, $\overset{A}{m}{}^{\alpha}$ die Massenstromdichte und $\overset{A}{\gamma}$ die Quellstärke der Komponente A bezeichnen. Der lokale Erhaltungssatz der Masse ergibt sich, wie besprochen, aus (1.29) nach einer Multiplikation mit m_Ω und Summation über Ω:

$$\frac{\partial \rho}{\partial t} + m^{\alpha}{}_{,\alpha} = 0, \quad m^{\alpha} = \rho v^{\alpha}. \tag{1.31}$$

Aus dem Vergleich von (1.31) und (1.30) folgt für ein Gemisch aus K Komponenten

$$\sum_{A=1}^{K} \overset{A}{\gamma} = 0. \tag{1.32}$$

Ferner ergibt sich der Zusammenhang zwischen mittlerer Massendichte ρ, mittlerer Massenstromdichte m^α und mittlerer (baryzentrischer) Massengeschwindigkeit v^α und den entsprechenden Größen der einzelnen Komponenten,

$$\rho = \sum_{A=1}^{K} \overset{A}{\rho}, \quad m^\alpha = \sum_{A=1}^{K} \overset{A}{m}{}^\alpha, \quad \rho v^\alpha = \sum_{A=1}^{K} \overset{A}{\rho}\overset{A}{v}{}^\alpha \tag{1.33}$$

d. h., die Kontinuitätsgleichung (1.31) ist die lineare Überlagerung der K Bilanzgleichungen (1.30).

Sollen in thermodynamische Betrachtungen auch Kernreaktionen einbezogen werden, stellt die Bilanzierung der Baryonenzahlen (1.26) wegen des lokalen Erhaltungssatzes (1.27) die einzige sichere Grundlage für eine Massenbilanzierung dar. Im übrigen machen die Nukleonen mit „fast gleicher" Elementarteilchenmasse den Hauptteil der Masse chemischer Gemische aus, so daß letzten Endes auch der Erhaltungssatz der Masse (1.31) als Satz von der Erhaltung der Baryonenzahl interpretiert werden kann. Die Gleichungen (1.30) bis (1.33) lauten in Viererschreibweise

$$\overset{A}{M}{}^i{}_{,i} = \overset{A}{\gamma}, \quad \overset{A}{M}{}^i \equiv \left(\overset{A}{m}{}^\alpha, c\overset{A}{\rho}\right), \tag{1.34}$$

$$M^i = \sum_{A=1}^{K} \overset{A}{M}{}^i, \quad \sum_{A=1}^{K} \overset{A}{\gamma} = 0, \tag{1.35}$$

$$M^i{}_{,i} = 0, \quad M^i \equiv (m^\alpha, c\rho). \tag{1.36}$$

1.1.3. *Ladungsbilanz und Elektrodynamik*

Die extensiven Größen Ladung und Energie-Impuls sind Quellen *langreichweitiger* Felder. Mit dem Zusammenhang zwischen Energie-Impuls und Gravitationsfeld beschäftigen wir uns in der allgemeinrelativistischen Thermodynamik. Hier wollen wir die Elektrodynamik unter vielleicht etwas ungewohnter Betonung des Ladungsbegriffs wiederholen und in Viererschreibweise formulieren. Der experimentell gesicherte (lokale) Ladungserhaltungssatz

$$\frac{\partial \rho^e}{\partial t} + j^\alpha{}_{,\alpha} = \frac{\partial \rho^e}{\partial t} + \operatorname{div} \mathbf{j} = 0 \tag{1.37}$$

ist äquivalent den Ansätzen

$$\rho^e = \operatorname{div} \mathbf{D}, \quad \mathbf{j} = c \operatorname{rot} \mathbf{H} - \frac{\partial}{\partial t} \mathbf{D} \tag{1.38}$$

für die elektrische Ladungsdichte ρ^e und die elektrische Stromdichte $\mathbf{j}$. Bei gegebenem $\mathbf{j}$ und ρ^e sind die Quellen ($\operatorname{div} \mathbf{H}$) des Vektorfeldes $\mathbf{H}(\mathbf{r}, t)$ und die Wirbel ($\operatorname{rot} \mathbf{D}$) des Feldes $\mathbf{D}(\mathbf{r}, t)$ noch unbestimmt. Selbst wenn man, wie es in der Elektrodynamik üblich ist, durch

$$\operatorname{div} \mathbf{H} = -\operatorname{div} \mathbf{M}, \quad \operatorname{rot} \mathbf{D} = \operatorname{rot} \mathbf{P} - \frac{1}{c} \frac{\partial}{\partial t} \mathbf{B} \tag{1.39}$$

oder

$$\mathbf{H} = \mathbf{B} - \mathbf{M}, \qquad \mathbf{D} = \mathbf{P} + \mathbf{E},$$

$$\operatorname{div} \mathbf{B} = 0, \quad \operatorname{rot} \mathbf{E} = -\frac{1}{c} \frac{\partial}{\partial t} \mathbf{B} \tag{1.40}$$

die Quellen von **H** bzw. die Wirbel von **D** auf die Quellen bzw. Wirbel anderer, nicht weiter festgelegter Vektorfelder **M** bzw. **P** zurückführt, hat man noch keine über den Ladungserhaltungssatz (1.37) hinausgehenden Aussagen gemacht. Zu einer vollständigen Theorie der experimentell erfaßbaren Felder elektrische Verschiebung **D**, magnetische Feldstärke **H**, elektrische Feldstärke **E**, Polarisation **P** und Magnetisierung **M** gelangt man erst, wenn man Kausalzusammenhänge zwischen einem Paar von Feldgrößen (sagen wir **E** und **H**) und einem anderen Paar (**D** und **B** oder **P** und **M**) herstellt. Zur Frage derartiger *Materialgleichungen* kann die Thermodynamik wertvolle Aussagen machen.

In einfachster Weise ist das Vakuum durch

$$\mathbf{D} = \mathbf{E}\ (\mathbf{P} = 0), \qquad \mathbf{B} = \mathbf{H}\ (\mathbf{M} = 0) \tag{1.41}$$

ausgezeichnet.

Auch hier wollen wir wieder zur Viererschreibweise übergehen. Man prüft leicht nach, daß nach Einführung der Größen

$$H^{ik} = -H^{ki}, \; F_{ik} = -F_{ki} \tag{1.42}$$

als Komponenten der Felder **H**, **D**; **B**, **E**,

$$(\mathbf{H}) = (H^{23}, -H^{13}, H^{12}), \quad (\mathbf{D}) = (H^{41}, H^{42}, H^{43}), \tag{1.43}$$

$$(\mathbf{B}) = (F_{23}, -F_{13}, F_{12}), \quad (\mathbf{E}) = (F_{14}, F_{24}, F_{34}), \tag{1.44}$$

der Ladungserhaltungssatz (1.37) und die MAXWELL-*Gleichungen* (1.38) und (1.40) folgende Gestalt annehmen:

$$J^i{}_{,i} = 0, \qquad (J^i) = (\mathrm{j}^\alpha, c\rho^e), \tag{1.45}$$

$$H^{ik}{}_{,k} = \frac{1}{c} J^i, \qquad F_{ik,l} + F_{li,k} + F_{kl,i} = 0.^{1)} \tag{1.46}$$

1.4.4. *Entropiebilanz*

Jedes thermodynamische System besitzt die extensive Eigenschaft Entropie. Gemäß (1.18) formulieren wir die *lokale Entropiebilanzgleichung*

$$\frac{\partial \mathrm{s}}{\partial t} + \mathrm{s}^\alpha{}_{,\alpha} = \sigma. \tag{1.47}$$

Anders als die bisher bilanzierten Größen ist Entropie eine typisch thermodynamische Eigenschaft. Mit der Einführung der auf das Volumenelement bezogenen Größen Entropiedichte s, Entropiestromdichte s^α und

---

[1]) Z. B. $F_{12,3} + F_{31,2} + F_{23,1} = B_{3,3} + B_{2,2} + B_{1,1} = \operatorname{div} \mathbf{B} = 0$

Entropiequellstärke σ haben wir also vorausgesetzt, daß die *Volumenelemente thermodynamische Systeme sein sollen*. Auf die Konsequenzen dieser Annahme kommen wir bei der Formulierung der GIBBSschen Fundamentalgleichung für die Volumenelemente in Abschnitt 3.2.2. zu sprechen.

Änderungen der extensiven Größen Energie, Impuls und Masse sind in der Gleichgewichtsthermodynamik stets mit Entropieänderungen verbunden (vgl. (1.9)). Verteilung, Transport und Umwandlungen dieser extensiven Eigenschaften müssen sich also in der Verteilung s, der Strömung s^α und der Quellstärke σ der Entropie bemerkbar machen. Transport- und Umwandlungsphänomene, wie Wärmeleitung als spezielle Form des Energietransportes oder chemische Reaktionen als Umwandlungen verschiedener Komponenten im Gemisch sind irreversible Prozesse (Zustandsänderungen). Eine der wichtigsten thermodynamischen Erkenntnisse bezieht sich auf den Zusammenhang zwischen Irreversibilität und Entropiequellstärke σ: *Entropie kann nicht vernichtet werden.* Ihre Quellstärke σ ist genau dann positiv, wenn irreversible Prozesse ablaufen, und verschwindet für reversible Zustandsänderungen.

$$\sigma \geqq 0. \tag{1.48}$$

σ ist also ein *Maß für die Irreversibilität* der Naturvorgänge. Um Aufschluß über irreversible Zustandsänderungen zu bekommen, werden wir σ für konkrete Systeme berechnen. Das soll nach einer Darstellung der Grundprinzipien der speziellen Relativitätstheorie geschehen.

Die globale Entropiebilanz lautet.

$$\frac{dS}{dt} - \frac{d_aS}{dt} = \frac{d_iS}{dt} = \int_V \sigma \, dV \geqq 0 \tag{1.49}$$

Für Systeme, deren einzige Wechselwirkung mit der Umgebung im Wärmeaustausch besteht, gilt nach dem

Theorem von CARNOT-CLAUSIUS

$$d_a S = \frac{dQ}{T}, \quad \text{d. h. } dS \geqq \frac{dQ}{T}. \tag{1.50}$$

Die letzte Ungleichung ist der zweite Hauptsatz der Thermodynamik. Wir übernehmen diese Bezeichnung für die lokale Entropiebilanz (1.47) mit positiver Quellstärke (1.48). In Viererschreibweise gilt hierfür

$$S^i{}_{,i} = \sigma \geqq 0, \qquad (S^i) = (s^\alpha, cs). \tag{1.51}$$

2. Das Relativitätsprinzip

2.1. Spezielle Relativitätstheorie und Transformation der thermodynamischen Grundgrößen

Bei der Aufstellung der Bilanzgleichungen haben wir stillschweigend bestimmte Annahmen über das physikalische Bezugssystem und damit über Raum und Zeit gemacht. Diese Annahmen wollen wir jetzt etwas genauer besprechen. Wir befinden uns auf alle Fälle in Übereinstimmung mit der Erfahrung, wenn wir feststellen, daß das Bezugssystem, in dem wir die Zeitskala t und die kartesischen Ortskoordinaten x^α eingeführt und die physikalischen Größen (Dichten, Stromdichten, Quellstärken, elektromagnetische Felder) definiert haben, ein *Inertialsystem* ist. Ob die Bilanzgleichungen in andersartigen Koordinaten- und Bezugssystemen ebenfalls die Form (1.18) annehmen, soll hier nicht erörtert werden.

A. Intertialsystem und Minkowski-Raum. Zum Begriff des Intertialsystems gelangt man durch die Beobachtung physikalischer Körper (Systeme), die mit der Umgebung nur sehr schwach wechselwirken. Die hierbei gewonnenen Erfahrungen führen über gewisse Abstraktionsschritte (Schaffung des Modells des *Massenpunktes,* der *vollkommen* von anderen Körpern *isoliert* ist) zu der Aussage, daß es Bezugssysteme gibt, in denen ein kräftefreier, d. h. mit der Umgebung nicht wechselwirkender Massepunkt ruht oder sich mit konstanter Geschwindigkeit bewegt (Umformulierung des NEWTONschen Trägheitsgesetzes). Diese Bezugssysteme werden als Inertialsysteme bezeichnet. Eine Aussage über den Bewegungszustand eines Körpers ist natürlich nur sinnvoll, wenn gleichzeitig die Erfahrungen über die geometrischen Eigenschaften des Intertialsystems angegeben werden: Seine Ortskoordinaten spannen einen dreidimensionalen euklidischen Raum mit zeitunabhängiger Metrik auf, so daß unter Benutzung zeitlich unveränderlicher Maßstäbe räumliche Abstände gemessen und verglichen werden können. Eine eindimensionale (metrisierte) Zeitskala erlaubt den Vergleich von Zeitdifferenzen, die durch synchronisierbare Uhren festgestellt werden können.

Die Einführung kartesischer Koordinaten im euklidischen Ortsraum eines Inertialsystems ist nicht eindeutig. Es ist möglich, aus einem gegebenen Koordinatensystem durch orthogonale Drehungen der Achsen und durch Nullpunktverschiebungen unendlich viele andere kartesische Systeme zu erzeugen. Wir halten es für zweckmäßig, jedes dieser kartesischen Ortskoordinatensysteme zusammen mit der Zeitskala als eigenes Inertialsystem anzusprechen. In diesem Sinne gibt es unterschiedliche Inertialsysteme, die sich nicht gegeneinander bewegen. Erfahrungsgemäß ist jedes Bezugssystem, in dem die Fixsterne ruhen, in sehr guter Näherung ein Inertialsystem. Aber auch alle Bezugssysteme, die sich als Ganzes geradlinig und gleichförmig gegenüber dem Fixsternhimmel und gegeneinander bewegen, erweisen sich als Inertialsysteme. Für praktische Zwecke kann beispielsweise ein im Erdmittelpunkt verankertes Koordinatensystem, das die Erdrotation „nicht mitmacht", in einem kleinen Zeitintervall als Realisierung eines Intertialsystems angesehen werden.

Es tritt sofort die Frage auf, ob es experimentelle Möglichkeiten gibt, bestimmte Intertialsysteme vor anderen auszuzeichnen. Das *spezielle Relativitätsprinzip* verneint diese Frage. Es stellt fest: *Beobachter in gegeneinander bewegten Inertialsystemen, die das gleiche physikalische Experiment durchführen, gelangen stets auch zum gleichen Resultat im Bezug auf ihr jeweiliges Inertialsystem,* wenn sie zur Längen- und Zeitmessung die gleichen Maßstäbe und Uhren verwenden und die physikalischen Größen durch dieselbe Meßvorschrift definieren.

ALBERT EINSTEIN erkannte die universelle Gültigkeit dieses vorher nur für mechanische Erscheinungen ausgesprochenen

Prinzips und machte es zur Grundlage der speziellen Relativitätstheorie.

Das spezielle Relativitätsprinzip hat folgende Konsequenz: Da die Naturgesetze aus Experimenten abgeleitet werden und gleiche Experimente in unterschiedlichen Inertialsystemen gleiche Resultate zeigen, gelangen Beobachter in unterschiedlichen Inertialssystemen zu völlig gleichartigen mathematischen Formulierungen der physikalischen Grundgesetze.

Wenn also unsere Bilanzgleichungen eine hinreichend genau ermittelte physikalische Erfahrung beschreiben — und das wollen wir annehmen —, müssen wir sie in unterschiedlichen Inertialsystemen S und S' in gleicher Form angeben:

$$\text{in } S\colon \frac{\partial \mathfrak{a}}{\partial t} + \frac{\partial}{\partial x^\beta} \mathfrak{a}^\beta = \alpha, \tag{2.1}$$

$$\text{in } S'\colon \frac{\partial \mathfrak{a}'}{\partial t'} + \frac{\partial}{\partial x^{\beta'}} \mathfrak{a}^{\beta'} = \alpha'. \tag{2.2}$$

Analog muß mit den MAXWELL-Gleichungen (1.38) und (1.40) verfahren werden.

Bisher wurde noch nichts darüber gesagt, wie sich Koordinaten, Zeit und physikalische Größen unterschiedlicher Inertialsysteme ineinander umrechnen lassen. Diese Problematik taucht auf, wenn *ein- und dasselbe Experiment von verschiedenen Intertialsystemen aus beobachtet wird.* Da es sich bei der *Umrechnung der Ortskoordinaten* und der Zeit um eine rein kinematische Fragestellung handelt, darf angenommen werden, daß sich Koordinaten und Zeit unabhängig von den physikalischen Größen (Eigenschaften) transformieren. Die Gestalt der gesuchten Transformationen hängt dann nicht davon ab, aus *welcher* physikalischen Erscheinung die Transformation durch simultane Beobachtung gewonnen wird. Ein beliebiges Ereignis, das an einem bestimmten Punkt P des Inertialsystems S auftritt, wird durch die Angabe der drei Orstkoordinaten x^α und der Zeitkoordinate t kinematisch charakterisiert. Demselben Ereignis schreibt ein Beobachter in S', der die gleichen Maßstäbe und Uhren wie der Beobachter in S verwenden soll, die Angaben x' und t' zu. Die Aufgabe besteht also zunächst darin, den Zusammenhang

$$x^{\alpha'} = x^{\alpha'}(x^\beta, t), \; t' = t'(x^\beta, t) \tag{2.3}$$

zwischen den Orts- und Zeitkoordinaten desselben Ereignisses in unterschiedlichen (insbesondere gegeneinander bewegten) Inertialsystemen S' und S zu finden.

Besonders geeignet zur Bestimmung dieser Transformationen sind Vorgänge, die unmittelbar mit Ortsveränderungen verbunden sind, wie die Bewegung eines Massenpunktes oder die Ausbreitung einer elektromagnetischen Welle. Es versteht sich, daß die Genauigkeit der gesuchten Transformation von der Genauigkeit der Beobachtung einer solchen Orstveränderung in den verschiedenen Systemen abhängt. Die NEWTONsche Mechanik akzeptiert zwar ausdrücklich die Gültigkeit des speziellen Relativitätsprinzips und vermeidet die Auszeichnung irgendwelcher Inertialsysteme; sie verfügt aber in den GALILEI-Transformationen über nur näherungsweise richtige Koordinaten- und Zeittransformationen.

Unsere heutigen Vorstellungen von Raum und Zeit sind eng mit dem Prinzip von der Konstanz der Lichtgeschwindigkeit verknüpft. Es sagt aus, daß der Betrag der Ausbreitungsgeschwindigkeit elektromagnetischer Wellen im Vakuum (Lichtgeschwindigkeit) in allen Inertialsystemen den gleichen Zahlenwert c hat.[1]) In Übereinstimmung mit diesem insbesondere durch den MICHELSON-Versuch bestätigten Prinzip müssen Beobachter in zwei gegeneinander bewegten Intertialsystemen S und S', die in kartesischen Koordinaten x^α bzw. $x^{\alpha'}$ die Ausbreitungsgeschwindigkeit derselben elektromagnetischen Welle messen, zur Feststellung

$$\sum_{\alpha=1}^{3} \mathrm{v}^\alpha \mathrm{v}^\alpha = \sum_{\alpha'=1}^{3} \mathrm{v}^{\alpha'} \mathrm{v}^{\alpha'} = c^2$$

gelangen. $\mathrm{v}^\alpha \equiv \dfrac{\mathrm{d}x^\alpha}{\mathrm{d}t}$ bzw. $\mathrm{v}^{\alpha'} = \dfrac{\mathrm{d}x^{\alpha'}}{\mathrm{d}t'}$ sind die Geschwindigkeitskomponenten in S bzw. S'. In etwas anderer Schreibweise muß also gelten

$$\text{in } S\colon \mathrm{d}s^2 \equiv \sum_{\alpha=1}^{3} \mathrm{d}x^\alpha \,\mathrm{d}x^\alpha - c^2\,\mathrm{d}t^2 = 0 \tag{2.4}$$

$$\text{in } S'\colon \mathrm{d}s'^2 \equiv \sum_{\alpha'=1}^{3} \mathrm{d}x^{\alpha'} \,\mathrm{d}x^{\alpha'} - c^2\,\mathrm{d}t'^2 = 0. \tag{2.5}$$

$\mathrm{d}s^2$ und $\mathrm{d}s'^2$ werden zunächst als Abkürzungen verwendet. Die beiden Gleichungen verdeutlichen, daß sich das Prinzip von der

[1]) Experimentell findet man $c = 2{,}99792 \cdot 10^{10}$ cm/s.

Konstanz der Lichtgeschwindigkeit in Übereinstimmung mit dem speziellen Relativitätsprinzip befindet und daß es zusätzliche Informationen über Raum und Zeit liefert. Von der gesuchten Koordinaten- und Zeittransformation (2.3) muß gefordert werden, daß sie die Aussage $\mathrm{d}s^2 = 0$ in die Aussage $\mathrm{d}s'^2 = 0$ überführt und umgekehrt. In einfachster Weise ist diese Forderung erfüllt, wenn zwischen den Koordinaten- und Zeitdifferentialen zweier gegeneinander bewegter Inertialsysteme die Beziehung

$$\mathrm{d}s^2 = \mathrm{d}s'^2 \tag{2.6}$$

besteht. Wir wollen hier nicht über die Frage diskutieren, welche Aussagen zur obigen Forderung hinzunehmen sind, damit (2.6) eindeutig folgt. Die aus dieser Beziehung abgeleiteten Vorstellungen über Raum und Zeit haben sich in den verschiedensten physikalischen Teilgebieten (Mechanik, Elektrodynamik, Elementarteilchenphysik) bewährt, so daß sie auch thermodynamischen Untersuchungen zugrunde gelegt werden müssen.

Nach Einführung der Zeitkoordinate $x^4 = ct$ und der Matrix

$$(\eta_{ik}) = \begin{pmatrix} 1 & 0 & 0 & 0 \\ 0 & 1 & 0 & 0 \\ 0 & 0 & 1 & 0 \\ 0 & 0 & 0 & -1 \end{pmatrix} \tag{2.7}$$

nimmt $\mathrm{d}s^2$ die Gestalt

$$\mathrm{d}s^2 \equiv \mathrm{d}x^{1^2} + \mathrm{d}x^{2^2} + \mathrm{d}x^{3^2} - \mathrm{d}x^{4^2} \equiv \eta_{ik}\,\mathrm{d}x^i\,\mathrm{d}x^k \tag{2.8}$$

an. Dies ist das Linienelement eines vierdimensionalen pseudoeuklidischen ($\eta_{44} = -1$) Raumes mit den kartesischen Koordinaten x^α, $x^4 = ct$. $\mathrm{d}s$ kennzeichnet einen raum-zeitlichen Abstand zwischen zwei infinitesimal benachbarten Ereignissen x^i und $x^i + \mathrm{d}x^i$. Die Orts- und Zeitkoordinaten x^α, t in $\mathrm{d}s^2$ und die $x^{\alpha'}$, t' in $\mathrm{d}s'^2$ gehören zu unterschiedlichen (insbesondere auch zu gegeneinander bewegten) Inertialsystemen. Die Beziehung (2.6) besagt also, daß alle Inertialsysteme durch kartesische Koordinatensysteme *ein- und desselben* pseudoeuklidischen Raumes repräsentiert werden. Dieser vierdimensionale Raum heißt Minkowski-Raum, kartesische Koordinaten im Minkowski-Raum werden als Minkowski-Koordinaten bezeichnet. Der Begriff Inertialsystem läßt sich somit vollständig geometrisieren und mit dem Begriff MINKOWSKI-Koordinatensystem identifizieren.

B. Transformation der Koordinaten. So wie wir den Begriff Inertialsystem eingeführt haben, entspricht jedem System von MINKOWSKI-Koordinaten genau ein Inertialsystem. Die gesuchte Transformation der Ortskoordinaten und der Zeit zwischen zwei Interialsystemen S' und S muß als Spezialfall für relativ zueinander ruhende Inertialsysteme die Drehungen und Translationen der Ortskoordinaten enthalten. In ihrer allgemeinen Form ist sie diejenige Koordinatentransformation $x^{i'} = x^{i'}(x^k)$ $(i, k = 1, 2, 3, 4,)$ im MINKOWSKI-Raum, die von einem MINKOWSKI-Koordinatensystem x^i zu einem anderen $x^{i'}$ führt und dabei ds^2 forminvariant läßt ((2.6)). Nach Bildung der Koordinatendifferentiale

$$dx^{i'} = A^i{}_k \, dx^k, \quad A^i{}_k = \frac{\partial x^{i'}}{\partial x^k} \tag{2.9}$$

folgt aus (2.6) und (2.8) für die Transformationsmatrizen $A^i{}_k$ die Bedingung

$$A^i{}_l A^k{}_m \eta_{ik} = \eta_{lm}. \tag{2.10}$$

Durch partielle Differentiation nach x^n läßt sich

$$A^i{}_k = \text{const} \tag{2.11}$$

zeigen. Aus der Definitionsgleichung für $A^i{}_k$ in (2.9) erhalten wir damit

$$x^{i'} = A^i{}_k x^k + \alpha^{i'} \; (A^i{}_k, \alpha^{i'} \text{ Konstanten}). \tag{2.12}$$

Diese inhomogene $(\alpha^{i'} \neq 0)$ LORENTZ-Transformation ist die gesuchte Transformation, mit deren Hilfe die Ortskoordinaten $(i = 1, 2, 3)$ und die Zeitkoordinate $(i = 4)$ eines beliebigen Ereignisses von S in die entsprechenden Angaben von S' umgerechnet werden können. Die $\alpha^{i'}$ beschreiben starre Translationen zwischen zwei MINKOWSKI-Systemen (Verschiebungen des Nullpunktes der Ortskoordinaten und der Zeitskala). Die LORENTZ-Matrizen $A^i{}_k$ müssen wegen der aus (2.10) durch Determinantenbildung hervorgehenden Beziehung

$$\|A^i{}_l\|^2 = 1 \tag{2.13}$$

($\|A^i{}_l\|$ = Determinate von $A^i{}_l$) als vierdimensionale Drehungen ($\|A^i{}_l\| = 1$) oder Spiegelungen ($\|A^i{}_l\| = -1$) der MINKOWSKI-Koordinaten interpretiert werden. Die Menge aller inhomogenen LORENTZ-Transformationen bildet eine Transformationsgruppe, die POINCARÉ-*Gruppe*. Hiervon ist die Menge der homogenen LORENTZ-Transformationen ($\alpha^{i'} = 0$) mit den Elementen

$$x^{i'} = A^i{}_k x^k, \quad A^i{}_l A^k{}_m \eta_{ik} = \eta_{lm}, \tag{2.14}$$

eine Untergruppe. Sie heißt LORENTZ-*Gruppe*.

Zur Vereinfachung des Formalismus ist es zweckmäßig, die zu η_{ik} kontragrediente Matrix η^{rs} über die Definitionsgleichung

$$\eta_{ik}\eta^{kl} = \delta^l_i, \quad \delta^l_i = \begin{cases} 1 \text{ für } i = l, \\ 0 \text{ für } i \neq l, \end{cases} \tag{2.15}$$

einzuführen. δ^l_i ist das KRONECKER-Symbol. Für η^{ik} folgt mit η_{ik} aus (2.7)

$$(\eta^{ik}) = (\eta_{ik}). \tag{2.16}$$

Die inverse Matrix $\overset{-1}{A^i{}_k}$ zur LORENTZ-Matrix $A^i{}_k$ ist

$$\overset{-1}{A^i{}_k} \equiv A^m{}_n \eta_{mk} \eta^{ni} \quad \text{mit} \quad \overset{-1}{A^i{}_k} A^k{}_l = \delta^i_l. \tag{2.17}$$

Dabei ist die letzte Beziehung wegen (2.10) erfüllt. Durch Multiplikation der Gleichung (2.12) mit $\overset{-1}{A^m{}_i}$ erhält man die *inverse inhomogene* LORENTZ-*Transformation* (von S' nach S)

$$x^m = \overset{-1}{A^m{}_i} x^{i'} - \alpha^m, \quad \alpha^m \equiv \overset{-1}{A^m{}_i} \alpha^{i'}. \tag{2.18}$$

Die Gruppeneigenschaften der LORENTZ-Gruppe folgen aus (2.10). Die Gruppenmultiplikation ist als sukzessive homogene LORENTZ-Transformation erklärt und entspricht der Multiplikation zweier LORENTZ-Matrizen. Aus (2.10) folgt sofort, daß 1. das Produkt zweier beliebiger LORENTZ-Matrizen wieder eine LORENTZ-Matrix (mit der Eigenschaft (2.10)) ist und daß 2. zu jeder LORENTZ-Matrix eine inverse LORENTZ-Matrix (2.17) existiert, die ihrerseits (2.10) erfüllt. 3. ist die Matrizenmultiplikation assoziativ. 4. existiert als Einselement die Einheitsmatrix $A^i{}_k = \delta^i_k$, die der identischen Transformation $x^{i'} = x^i$ entspricht.

Wir geben noch die homogene LORENTZ-Transformation

zwischen zwei Inertialsystemen mit parallelen räumlichen Achsen und die zugehörige LORENTZ-Matrix an. Der Nullpunkt von S' soll sich mit der Geschwindigkeit v_0 in positiver Richtung der x^1-*Achse* von S bewegen.

$$x^{1'} = \gamma(x^1 - v_0 t), \qquad \gamma = \left(1 - \frac{v_0^2}{c^2}\right)^{-1/2},$$

$$x^{2'} = x^2, \qquad x^{3'} = x^3,$$

$$t' = \gamma\left(t - \frac{v_0 x}{c^2}\right), \quad (A^i{}_k) = \gamma \begin{pmatrix} 1 & 0 & 0 & -v_0/c \\ 0 & 1 & 0 & 0 \\ 0 & 0 & 1 & 0 \\ -v_0/c & 0 & 0 & 1 \end{pmatrix} \qquad (2.19)$$

Diese auch als *spezielle* LORENTZ-*Transformation* bezeichnete Transformation, geht für $v_0 \ll c$ in die entsprechende GALILEI-Transformation über.

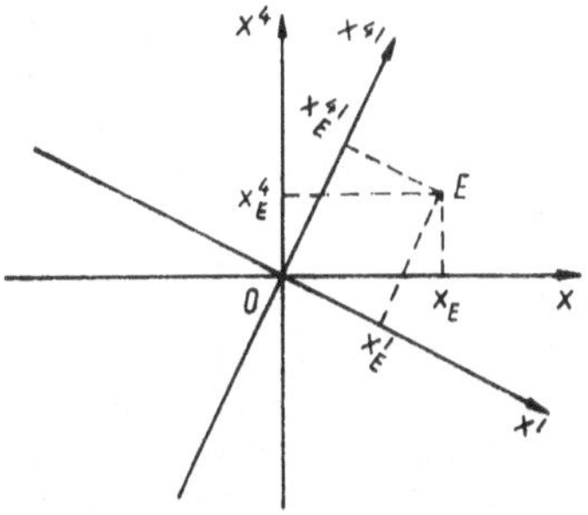

Abb. 1. Ereignis E in gegeneinander bewegten Inertialsystemen S (Koordinaten $\{x^4, x\}$) und S' (Koordinaten $\{x^{4'}, x'\}$)

Die Geometrisierung des Inertialsystems legt es nahe, Zusammenhänge im MINKOWSKI-Raum zeichnerisch darzustellen. Man unterdrückt dabei oft zwei räumliche Dimensionen und veranschaulicht ein MINKOWSKI-System (Intertialsystem) durch ein kartesisches x^4-x-Koordinatensystem in der Zeichenebene (Abb. 1). Dabei muß man aber beachten, daß man die Verhältnisse in einem indefiniten Raum ($\eta_{11} = -1$) nicht vollständig in einem definiten Raum (Zeichenebene) wiedergeben kann. Abb. 1 zeigt zwei gegeneinander gedrehte MINKOWSKI-Systeme S und S' mit unterschiedlichen Zeitachsen x^1 und $x^{4'}$ bei gleichem Koordinatenursprung 0 und veranschaulicht damit die spezielle LORENTZ-Drehung (2.19) ($x^1 = x$). Die Zeichnung läßt erkennen, daß ein Beobachter in S' dem Ereignis E bei Verwendung gleicher Maßstäbe und Uhren andere Zeit- und Ortsangaben (nämlich t_E', x_E') zuordnen muß als ein Beobachter in S (der t_E und x_E mißt) und demonstriert damit insbesondere die Relativität der Gleichzeitigkeit. Sie zeigt auch, daß jedes Inertialsystem seine eigenen dreidimensionalen Ortsräume $x^4 = \text{const}$ bzw. $x^{4'} = \text{const}$ besitzt. Wegen (2.8) gilt

$$x^4 = \text{const}: \overset{3}{\mathrm{d}s^2} = \mathrm{d}x^{1^2} + \mathrm{d}x^{2^2} + \mathrm{d}x^{3^2} \quad \text{in } S, \qquad (2.20)$$

$$x^{4'} = \text{const}: \overset{3}{\mathrm{d}s'^2} = \mathrm{d}x^{1'^2} + \mathrm{d}x^{2'^2} + \mathrm{d}x^{3'^2} \quad \text{in } S'; \qquad (2.21)$$

die Ortsräume haben definite euklidische Metriken. Man kann zwar, wie das in der nichtrelativistischen Physik üblich ist, die überabzählbar vielen Zeitschnitte $x^4 = \text{const}$ von S miteinander identifizieren und von *dem* Ortsraum des Intertialsystems S mit der Metrik (2.20) sprechen, man muß aber immer zwischen dem Ortsraum von S und dem Ortsraum eines gegenüber S bewegten Inertialsystems S' (geometrisch: eines Koordinatensystems S' mit einer gegenüber der Zeitachse von S gedrehten Zeitachse) unterscheiden.

C. Transformation der physikalischen Eigenschaften. Nach den Überlegungen zu den Koordinatentransformationen wollen wir uns jetzt der Frage zuwenden, wie sich die *physikalischen Eigenschaften*, die ja stets auf bestimmte Koordinatensysteme bezogen werden, beim Wechsel des Bezugssystems transformieren, wie sich also physikalische Daten aus einem Bezugssystem in ein anderes umrechnen lassen.

In den Bilanzgleichungen und den elektrodynamischen Grundgleichungen treten die physikalischen Größen als Felder in den Orts- und Zeitkoordinaten eines beliebig gewählten Inertialsystems auf. Mit der Identifizierung von Inertialsystem und Viererkoordinatensystem werden diese Größen zu geometrischen Objekten im vierdimensionalen MINKOWSKI-Raum. Das spezielle Relativitätsprinzip fordert dann, daß die physikalischen Grundgesetze, die ja Beziehungen zwischen den physikalischen Größen ausdrücken, in allen Systemen von MINKOWSKI-

Koordinaten die gleiche Form haben sollen. Eine mathematisch völlig äquivalente Aussage ist aber bereits in der nichtrelativistischen Physik bekannt, wo die Naturgesetze in allen (gegeneinander gedrehten oder verschobenen) kartesischen Koordinatensystemen des dreidimensionalen Ortsraumes die gleiche Gestalt besitzen. Erreicht wird diese Invarianz gegen Drehungen und Translationen des Koordinatensystems dadurch, daß die physikalischen Eigenschaften durch dreidimensionale Invarianten (Tensoren 0. Stufe), Vektoren (Tensoren 1. Stufe) oder Tensoren (2. und höherer Stufe) beschrieben werden. Dies sind Objekte, deren Transformationsgesetze *Darstellungen* der Gruppe der orthogonalen Drehungen im dreidimensionalen euklidischen Raum sind.

In Verallgemeinerung dieser Erkenntnis läßt sich die Forminvarianz der Naturgesetze gegenüber Drehungen und Translationen der MINKOWSKI-Systeme dadurch sichern, daß die physikalischen Eigenschaften durch Objekte charakterisiert werden, deren Transformationen *Darstellungen der* LORENTZ-*Gruppe* sind.

D. Relativistische Bilanzgleichungen. Zur Formulierung der phänomenologischen relativistischen Thermodynamik benötigt man lediglich die (ganzzahligen) Tensordarstellungen der LORENTZ-Gruppe, wie unsere Überlegungen zeigen werden. Die halbzahligen Spinordarstellungen sind für die Beschreibung mikrophysikalischer Phänomene bedeutungsvoll. Indem man jeder LORENTZ-Transformation

$$x^{l'} = A^l{}_m x^m \tag{2.22}$$

eine Transformation

$$T^{i_1' i_2' \cdots i_n'}(x^{l'}) = A^{i_1}{}_{k_1} A^{i_2}{}_{k_2} \cdots A^{i_n}{}_{k_n} T^{k_1 k_2 \cdots k_n}(x^m)^{1)} \tag{2.23}$$

zuordnet, erhält man eine zur LORENTZ-Gruppe homomorphe Transformationsgruppe mit den Elementen (2.23), eine *Darstellung der* LORENTZ-*Gruppe*. Das Produkt aus n LORENTZ-Matrizen kann als $(4^n \times 4^n)$-Matrix aufgefaßt und (2.23) als Transformation der *Komponenten*

---

1) $x^{l'}$ und x^m sind die Koordinaten desselben Punktes im MINKOWSKI-Raum.

eines Vektors in einem 4^n-dimensionalen linearen Vektorraum bei einer Drehung der Basis interpretiert werden. Dieser Vektor wird als Tensor n-ter Stufe bezeichnet; seine Komponenten $T^{k_1 k_2 \cdots k_n}$ sind Feldfunktionen im MINKOWSKI-Raum. Die transformierten Tensorkomponenten haben wir durch einen Strich an jedem Index gekennzeichnet, da sich jeder Index mit einer eigenen LORENTZ-Matrix transformiert. Tensoren nullter bzw. erster Stufe wollen wir auch als Invarianten bzw. als Vierervektoren bezeichnen.

Die Tensoralgebra und -analysis kann fast komplett vom dreidimensionalen Ortsraum übernommen werden. Nur bei der Bildung des Skalarproduktes zwischen zwei Tensorindizes muß die Indefinitheit des Linienelementes (2.8) ($\eta_{44} = -1$) beachtet werden. Beispielsweise ist das Skalarprodukt zwischen dem Index m eines zweistufigen Tensors T^{lm} und dem Index n eines dreistufigen Tensors T^{ink} definiert als $T^{lm} T^{ink} \eta_{mn}$. Vereinfacht wird der Formalismus, wenn untere (kovariante) Indizes, z. B.

$$T^l{}_n = \eta_{mn} T^{lm} \quad \text{oder} \quad T^i{}_m{}^k = \eta_{mn} T^{ink} \tag{2.24}$$

eingeführt werden. Im Skalarprodukt

$$T^l{}_n T^{ink} = T^{lm} T^i{}_m{}^k$$

tritt dann η_{mn} nicht mehr explizit auf. Gemäß (2.14), (2.16) und (2.17) transformiert sich ein Tensor 2. Stufe mit einem kovarianten und einem kontravarianten (oberen) Index folgendermaßen ($\eta^{i'k'} = \eta^{ik} \Rightarrow \eta_{i'k'} = \eta_{ik}$):

$$T^{i'}{}_{k'} = A^i{}_l \overset{-1}{A}{}^s{}_k T^l{}_s. \tag{2.25}$$

Kovariante Indizes transformieren sich also mit der inversen LORENTZ-Matrix. Unter Verwendung der Kettenregel und mit (2.18) bestätigt man leicht, daß der Differentialoperator $\partial/\partial x^i$ ein kovarianter Vierervektor ist.

Nach der Einführung des Tensorbegriffs lassen sich

die Forderungen, die das spezielle Relativitätsprinzip mit den Gleichungen (2.1) und (2.2) an das Transformationsverhalten der extensiven Größen stellt, in einfacher Weise erfüllen. Dazu schreibt man (2.1) und (2.2) in der Form (1.21) auf und identifiziert die noch nicht festgelegte Konstante c mit der Vakuumlichtgeschwindigkeit. Die naheliegende Annahme, daß *die Stromdichten Tensoren n-ter Stufe* ($n \geqq 1$) *und die zugehörigen Quellstärken Tensoren* ($n-1$)*-ter Stufe sind*, sichert dann, daß die Bilanzgleichungen in allen Inertialsystemen die gleiche Form besitzen. Beispielsweise gilt, wenn B^{ik} ein Tensor zweiter Stufe und β^i ein Tensor erster Stufe ist, wegen (2.22, 23)

$$\frac{\partial}{\partial x^{k'}} B^{i'k'} - \beta^{i'} = A^{i}{}_{l} \left(\frac{\partial}{\partial x^k} B^{lk} - \beta^l\right),$$

so daß aus der Gültigkeit der tensoriellen Bilanz $B^{lk}{}_{,k} = \beta^l$ in S die Gültigkeit der Bilanz $B^{i'k'}{}_{,k'} = \beta^{i'}$ in S' folgt und umgekehrt. Wie werden mit Bilanzgleichungen arbeiten, in denen als Stromdichten Tensoren bis zur dritten Stufe auftreten:

$$\Lambda^k{}_{,k} = \alpha, \tag{2.26}$$

$$B^{ik}{}_{,k} = \beta^i, \tag{2.27}$$

$$C^{ikl}{}_{,l} = \gamma^{ik}. \tag{2.28}$$

Wir können feststellen, daß sich die Bilanzgleichungen für Energie (1.22), Impuls (1.23), Masse (1.30; 31), Ladung (1.37) und Entropie (1.47) *ohne Abänderungen als relativistische Gesetze interpretierten lassen.* Eine gewisse Unsicherheit bleibt allerdings bestehen und kann letzten Endes nur durch die physikalische Erfahrung beseitigt werden. Es ist von vornherein nicht klar, von *welcher* Stufe der Tensor ist, der einer konkreten extensiven Größe als Viererstromdichte zugeordnet werden muß. Wird beispielsweise die Eigenschaft Masse durch eine vektorielle Bilanz vom Typ (2.26) beschrieben oder sollte sie mit drei weiteren Bilanzgleichungen, die wir vielleicht aufzuschreiben vergessen haben, zu einer tensoriellen Bilanz vom Typ (2.27) zusammengefaßt werden? Wir gehen im folgenden davon aus, daß die *Massenstromdichte* M^i und die *Entropiestromdichte* S^i Vierervektoren, die entsprechenden Bilanzen also vom Typ (2.26) sind, während die *Viererstromdichten von Energie und Impuls*, wie in (1.24) vorweggenommen, im *zweistufigen Energie-Impuls-Tensor* T^{ik} vereinigt einer Bilanzgleichung vom Typ (2.27) genügen. Untersuchungen an speziellen Systemen, beispielsweise an der staubförmigen Materie im Abschnitt 2.3., erhärten diese Festlegungen. Die experimentellen und theoretischen Untersuchungen zum Transformationsverhalten der elektrodynamischen Größen gaben den Anstoß zur Entwicklung der speziellen Relativitätstheorie. Es kann als bestens gesichert gelten, daß sich die Feldstärken H^{ik} und F^{ik} als Tensoren zweiter Stufe transformieren, so daß die Forminvarianz der MAXWELL-Gleichungen (1.46) den vektoriellen Charakter der elektrischen Viererstromdichte J^i nach sich zieht.

2.2. *Kinematik der Volumenelemente*

2.2.1. *Lichtkegel und Kausalität*

Mit der Strömung extensiver Größen ist eine Übertragung von Information, eine Signalausbreitung verbunden. Wir wollen uns überlegen, welche Auswirkungen die Existenz einer in allen Inertialsystemen konstanten Grenzgeschwindigkeit auf derartige Vorgänge und damit auf die Kinematik extensiver Größen hat. Dazu untersuchen wir ganz allgemein die Bewegung eines materiellen Punktes, der im Laufe der Zeit seine Individualität bewahrt. Dieser materielle Punkt könnte beispielsweise ein Massenpunkt (etwa als mechanisches Modell eines Himmelskörpers) sein. Es kann aber auch an ein Volumenelement im Kontinuum, das so eingeführt wurde, daß durch seine Berandung keine Masse strömt (Massenelement), oder an ein mit der Energie mitbewegtes Volumenelement gedacht werden. Die Bewegung des Punktes können wir dadurch beschreiben, daß wir seine Ortskoordinaten x^α in Abhängigkeit von der Zeit angeben, $x^\alpha = x^\alpha(t)$. In Parameterform

$$x^i = x^i(\lambda) \qquad (\mathrm{i} = 1, 2, 3, 4) \tag{2.29}$$

ist dies die Gleichung einer Kurve im MINKOWSKI-Raum, der *Weltlinie* des Punktes.

Für einen Punkt, der sich mit Unterlichtgeschwindigkeit $\mathrm{v}^\alpha = \dfrac{\mathrm{d}x^\alpha}{\mathrm{d}t}$ bewegt, und für ein mit ihm verbundenes Signal ist

$$\mathrm{d}s^2 = \mathrm{d}t^2 \sum_\alpha{}' (\mathrm{v}^\alpha \mathrm{v}^\alpha - c^2) < 0. \tag{2.30}$$

Mit der Forminvarianz des Linienelementes (2.6) ist automatisch gesichert, daß diese Aussage, wenn sie für *ein* Inertialsystem zutrifft, in *allen* Inertialsystemen gilt. Damit ist es unabhängig von der Wahl des Inertialsystems möglich zu entscheiden, ob zwischen zwei Ereignissen ein Kausalzusammenhang bestehen kann. Betrachten wir ein durch die Orts- und Zeitangabe x^i charakterisiertes Ereignis $E_1 = E(x^i)$ und ein infinitesimal benachbartes Ereignis $E_2 = E(x^i + \mathrm{d}x^i)$, so ist bei

$\mathrm{d}s^2 \leqq 0$ ein Kausalzusammenhang möglich, bei (2.31)

$\mathrm{d}s^2 > 0$ ein Kausalzusammenhang unmöglich. (2.32)

Im zweiten Falle könnte das Ereignis E_1 nur durch ein Signal mit Überlichtgeschwindigkeit das Ereignis E_2 beeinflussen. Alle Erfahrung spricht aber dagegen, daß materielle Punkte (dazu zählen wir auch die Photonen), an welche die Signalausbreitung (Informationsübertragung) immer geknüpft ist, Überlichtgeschwindigkeit erreichen können.

A. Lichtkegel. Als geometrischen Ort aller Ereignisse $E(x^i)$, die mit einem fixierten Ereignis $E(\mathring{x}^2)$ in einem Kausalnexus stehen können, erhält man wegen (2.29) das Innere (Wechselwirkung mit Unterlichtgeschwindigkeit möglich) und die Oberfläche (Wechselwirkung mit Lichtgeschwindigkeit) eines Doppelkegels (Abb. 2)

$$\eta_{ik}(x^i - \mathring{x}^i)\,(x^k - \mathring{x}^k) = 0^{1)} \qquad (2.33)$$

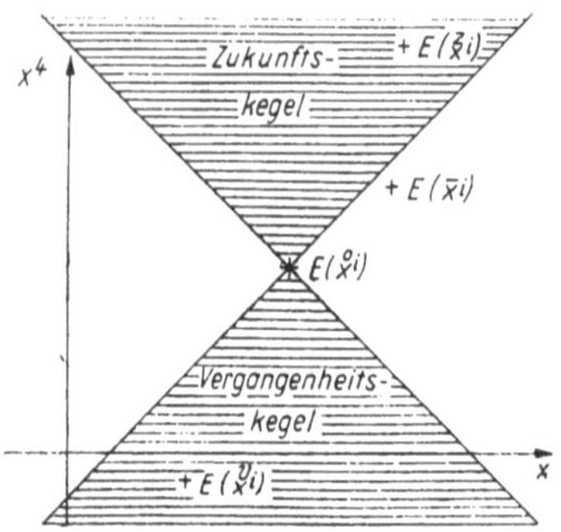

Abb. 2. Lichtkegel zum Ereignis $\mathring{E}(\mathring{x}^i)$ mit den Koordinaten $\mathring{x}^i$. $E(\overset{v}{x}^i)$ kann $E(\mathring{x}^i)$ und $E(\mathring{x}^i)$ kann $E(\overset{z}{x}^i)$ beeinflussen. Zwischen $E(\mathring{x}^i)$ und $E(\bar{x}^i)$ ist kein Kausalzusammenhang möglich

im Minkowski-Raum. Dieser Doppelkegel heißt *Lichtkegel.* Man legt willkürlich einen der beiden Kegel als Einhüllende aller Ereignisse $E(\overset{z}{x}^i)$, die von $E(\mathring{x}^i)$ beeinflußt werden, fest und bezeichnet ihn als *Zukunftskegel* (Vorkegel) zu $E(\mathring{x}^i)$. Der andere Kegel, der *Vergangenheitskegel* (Nachkegel) enthält dann zwangsläufig alle Ereignisse $E(\overset{v}{x}^i)$, die auf $E(\mathring{x}^i)$ Einfluß nehmen können.

---

1) Bei der Herleitung dieser Gleichung nutzt man aus, daß die Komponenten v^α der Höchstgeschwindigkeit (= Lichtgeschwindigkeit) konstant sind,

$$v^\alpha = \frac{dx^\alpha}{dt} = \frac{x^\alpha - \mathring{x}^\alpha}{t - \mathring{t}}.$$

Mit der Festlegung von Zukunft und Vergangenheit für einen Punkt im MINKOWSKI-Raum sind Zukunfts- und Vergangenheitskegel in allen Punkten festgelegt, was man sich durch Kausalitätsbetrachtungen an Ereignissen im Überschneidungsgebiet zweier beliebiger Doppelkegel klarmachen kann. Die Zeitachse des MINKOWSKI-Raumes läßt sich so orientieren, daß sie in das Innere aller Zukunftskegel hineinzeigt.

B. Vierergeschwindigkeit. Wegen des Verbots der Überlichtgeschwindigkeit für materielle Punkte muß es möglich sein, *jeden* Punkt der Weltlinie als Spitze eines Lichtkegels zu wählen, so daß die Weltlinie ganz im

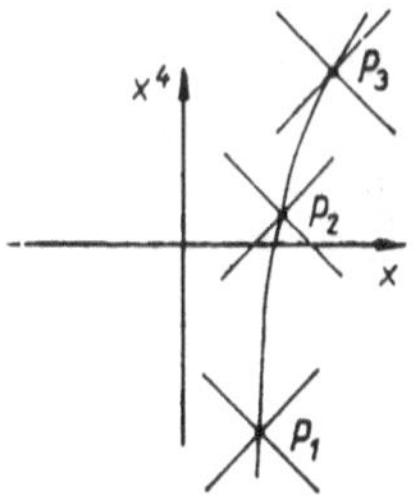

Abb. 3. Weltlinie eines materiellen Punktes mit lokalen Lichtkegeln in den Punkten (Ereignissen) P_1, P_2, P_3

Inneren oder in der Oberfläche der ihr zugeordneten Doppelkegel verläuft (Abb. 3). Für den Tangentenvektor $\mathrm{d}x^i(\lambda)/\mathrm{d}\lambda$ muß also gelten:

$$\frac{\mathrm{d}x^i}{\mathrm{d}\lambda}\frac{\mathrm{d}x^k}{\mathrm{d}\lambda}\eta_{ik} = \left(\frac{\mathrm{d}s}{\mathrm{d}\lambda}\right)^2 \leqq 0. \qquad (2.34)$$

Bewegt sich der Punkt mit *Unterlichtgeschwindigkeit*, so folgt hieraus bei der Parameterwahl $\lambda = \tau \equiv ic^{-1}s$

$$u^i u_i = -c^2. \qquad (2.35)$$

Der so normierte Tangentenvektor der Weltlinie heißt Vierergeschwindigkeit. Wegen $u^\alpha = \mathrm{d}x^\alpha(t)/\mathrm{d}\tau = v^\alpha \times (\mathrm{d}t/\mathrm{d}\tau)$, $u^4 = \mathrm{d}x^4/\mathrm{d}\tau = c(\mathrm{d}t/\mathrm{d}\tau)$ und der Normierung (2.35) besteht zwischen den Komponenten von u^i

($i = 1, 2, 3, 4$) und der gewöhnlichen Geschwindigkeit v^α ($\alpha = 1, 2, 3$) in Matrizenschreibweise folgender Zusammenhang

$$(u^i) = (\gamma v^\alpha, \gamma c), \qquad \gamma = \frac{dt}{d\tau} = \frac{1}{\sqrt{1 - \frac{v^2}{c^2}}}, \qquad v^2 = \sum_{\alpha=1}^{3}{}' v^\alpha v^\alpha. \tag{2.36}$$

Wegen (2.9) und $d\tau' = d\tau$ ($ds' = ds$) ist die Vierergeschwindigkeit u^i ein Tensor erster Stufe,

$$u^{i'} = A^{i}{}_{k} u^k. \tag{2.37}$$

C. Lokales Ruhsystem. Jedem Punkt der Weltlinie kann ein eigenes lokales Inertialsystem so zugeordnet werden, daß seine Zeitachse parallel zur Vierergeschwindigkeit in diesem Punkt ist (Abb. 4). Eines dieser (unend-

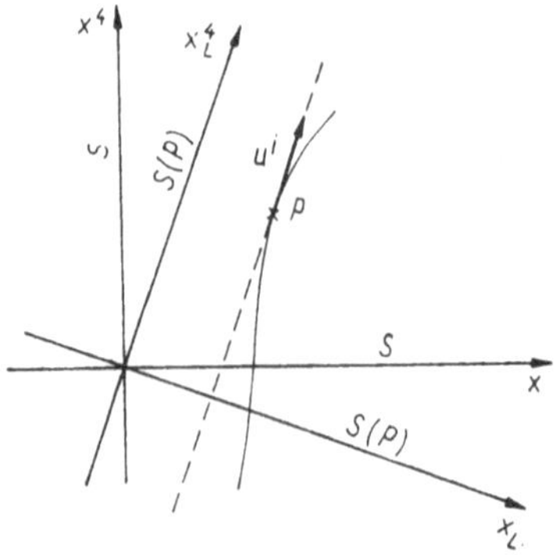

Abb. 4. Das lokale Inertialsystem $S(P)$ am Punkte P mit den Koordinaten x^i_L.

lich vielen) Inertialsysteme — sagen wir das lokale Inertialsystem $S(P)$ am Punkte P — kann auch als globales Koordinatensystem $\{x_L\}$ des MINKOWSKI-Raumes benutzt werden. In ihm gilt am Punkte P (und im allgemeinen nicht in den Nachbarpunkten auf der Weltlinie)

$$\left(u^i(P)\right) = (0, 0, 0, c) = (\delta_4^i). \tag{2.38}$$

Wegen $v^\alpha = 0$ zum Zeitpunkt $t_L(P)$ am Ort $x_L^i(P)$ wird $S(P)$ als lokales mitbewegtes Inertialsystem oder als lokales Ruhsystem des materiellen Punktes am Raum-Zeit-Punkt P bezeichnet (der materielle Punkt ruht in $S(P)$ „kurzzeitig"). Ein Beobachter in $S(P)$, der die Zeitdifferenz ermittelt, die der materielle Punkt benötigt, um von P zu einem infinitesimal benachbarten Punkt P' zu gelangen, erhält wegen $v^\alpha = 0$ und (2.36) $dt_L(P) = d\tau$. τ ist also die Zeit, die für einen auf dem materiellen Punkt sitzenden Beobachter zwischen zwei Ereignissen auf der Weltlinie verstreicht, die *Eigenzeit* des materiellen Punktes. Die Zeitdifferenz dt, die ein in S ruhender Beobachter zwischen P und P' mißt, ist nach (2.36) gegenüber dem Eigenzeitintervall $d\tau$ dilatiert (gedehnt), es gilt

$$dt = \frac{d\tau}{\sqrt{1 - \frac{v^2}{c^2}}}. \tag{2.39}$$

Da man immer ein Inertialsystem finden kann, dessen Zeitachse lokal in Richtung von u^i zeigt, wird die Vierergeschwindigkeit als zeitartiger Vektor bezeichnet. Die Möglichkeit dieser Koordinatenwahl folgt unmittelbar aus der Negativität der Norm $u^i u_i$.

In Anlehnung hieran klassifiziert man ganz allgemein Tensoren erster Stufe A^i nach ihrer Norm in folgender koordinatenunabhängiger Weise:

$$A^i A_i \begin{cases} < 0 : \text{zeitartiger Vektor,} \\ = 0 : \text{isotroper oder Nullvektor,} \\ > 0 : \text{raumartiger Vektor.} \end{cases} \tag{2.40}$$

Wir wollen abschließend die Kausalitätsaussagen auf extensive Größen anwenden. Betrachten wir zunächst als materiellen Punkt ein Volumenelement, durch dessen Berandung keine Masse strömt. Dieses Massenelement bewegt sich, vgl. (1.31), mit der Geschwindigkeit $\mathrm{v}^\alpha = \mathrm{m}^\alpha/\rho$, deren Betrag die Lichtgeschwindigkeit erfahrungsgemäß nicht erreichen kann, so daß wegen (2.30) und der Definition von M^i in (1.36)

$$M^i M_i < 0 \tag{2.41}$$

gelten muß. Wenn M^i, wie behauptet, ein Vierervektor ist, muß dieser zeitartig sein. Auch durch eine einzelne Massenkomponente kann Information übertragen werden. Die Massenstromdichten $\overset{A}{M^i}$ (1.34) sind daher ebenfalls zeitartige Vektoren,

$$\overset{A}{M^i}\overset{A}{M}_i < 0 \quad \text{(keine Summation über } A). \tag{2.42}$$

Im Gegensatz zu Massenelementen können Energieelemente (mit der Energie mitbewegte Volumenelemente) Lichtgeschwindigkeit erreichen (Photonenstrom). Gemäß (1.22) und (1.24) besitzt ein solches Element die Geschwindigkeit $\mathrm{v}^\alpha = \mathrm{e}^\alpha/\mathrm{e} = cT^{4\alpha}/T^{44}$, so daß das Verbot einer Überlichtungsgeschwindigkeit folgendermaßen formuliert werden kann:

$$\sum_{\beta=1}^{3} T^{4\beta}\, T^{4\beta} - T^{44^2} \equiv T^{4i}\, T^4{}_i \leqq 0. \tag{2.43}$$

Diese Beziehung muß an jedem für das thermodynamische System zugänglichen Punkt P des MINKOWSKI-Raumes in jedem Inertialsystem gelten. Um sie koordinatenunabhängig zu formulieren, bilden wir mit einem beliebigen zeitartigen Vektor w^k am Punkte P das Produkt $w^k T_k{}^i$. Analog zu (2.38) finden wir bei beliebig vorgegebenem zeitartigen w^k ein lokales Inertialsystem $S(P)$ mit einer zu w^k parallelen Zeitachse, so daß $w^k = w^4 \times \delta_4^k$ ($w^k w_k = -w^{4^2} \neq 0$) und damit $(w^k/w^4)\, T_k{}^i = T_4{}^i$ am Punkte P gilt. Andererseits läßt sich im vorgegebenen Inertialsystem stets ein (zeitartiger) Vektor w^i definieren, der in Richtung der Zeitachse zeigt, so daß $T_4{}^i = (w^k/w^4)\, T_k{}^i$

ist. Die von der Wahl des Inertialsystems unabhängige Formulierung von (2.43) lautet also

$$w^k w^l T_k{}^i T_{li} \leqq 0. \tag{2.44}$$

Wenn, wie behauptet, Energie und Impuls durch einen Tensor zweiter Stufe charakterisiert werden, so muß dieses Energie-Impuls-Tensorfeld $T^{ik}(x^l)$ an allen Punkten seines Definitionsgebietes G zusammen mit jedem in G erklärten zeitartigen Vektorfeld $w^i(x^l)$ der Ungleichung (2.44), die auch als *starke Energiebedingung* bezeichnet wird, genügen.

2.2.2. Weltlinienbündel und thermodynamisches System

Jedes Kontinuum kann man gedanklich in (dreidimensionale) Volumenelemente einteilen. Die Bewegung eines jeden Volumenelementes wird durch eine Weltlinie im Minkowski-Raum beschrieben. Die zeitliche Entwicklung des ganzen Kontinuums läßt sich demnach durch eine dreidimensionale Weltlinien*schar*

$$x^i = x^i\,(y^\alpha, \lambda)\ (\alpha = 1, 2, 3) \tag{2.45}$$

charakterisieren. Bei festgehaltenem y^α ist dies die Gleichung einer Weltlinie; der fixierte Wert von y^α ist sozusagen der „Name“ des dreidimensionalen Volumenelementes, den es im Laufe seiner Lebensgeschichte beibehält. λ bezeichnet wieder den Weltlinienparameter. Er soll nicht notwendig normiert sein; das Tangentialvektorfeld

$$\xi^i = \frac{\partial x^i(y^\alpha, \lambda)}{\partial \lambda} \tag{2.46}$$

ist dann im allgemeinen kein Feld von Einheitsvektoren. Wir wollen im folgenden Volumenelemente mit Unterlichtgeschwindigkeit betrachten. Für sie gilt wegen (2.34)

$$\xi^i \xi_i < 0. \tag{2.47}$$

Mit (2.47) ist es natürlich stets möglich, durch eine Transformation $\tau = \tau(y^\alpha, \lambda)$ die Eigenzeit $\tau = ic^{-1}s$ als normierten Weltlinienparameter einzuführen. Der zugehörige normierte Tangentialvektor

$$u^i = \frac{\partial}{\partial \tau} x^i(y^\alpha, \tau) = u^i(x^k [y^\alpha, \tau]), \quad u^i u_i = -c^2, \tag{2.48}$$

ist die Vierergeschwindigkeit des Volumenelementes $y^\alpha = \text{const}$. Den Zusammenhang mit der dreidimensionalen Geschwindigkeit entnimmt man wieder (2.36).

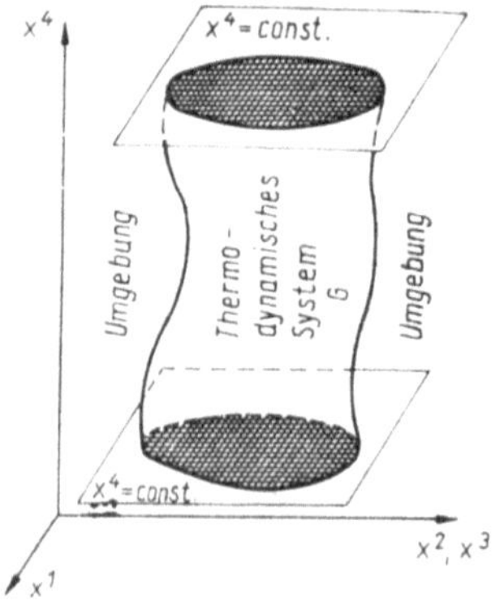

Abb. 5. Thermodynamisches System in einem bestimmten Raum-Zeit-Intervall G in vierdimensionaler Sicht.

Eine zeichnerische Darstellung der Weltlinien verhilft uns zu anschaulichen Vorstellungen über das raum-zeitliche Verhalten thermodynamischer Systeme. Abb. 5 zeigt ein System endlicher räumlicher Ausdehnung. Seine begrenzenden Weltlinien bilden einen dreidimensionalen Schlauch im vierdimensionalen MINKOWSKI-Raum. In dreidimensionaler Sicht erscheint das System zu einem fixierten Zeitpunkt x^4 = const als (dreidimensionale) Schnittfläche zwischen dem Weltlinienbündel und der Ebene x^4 = const. Der Flächeninhalt der Schnittfläche entspricht dem Systemvolumen. In Abb. 5 sind zwei derartige Zeitschnitte als Grund- bzw. Deckfläche eingezeichnet; die zwischen ihnen liegende deformierte Röhre repräsentiert das thermodyamische System zwischen zwei Zeitpunkten. Offenbar hängt die dreidimensionale Gestalt des Systems und damit das Systemvolumen von der Wahl des Inertialsystems, in dem der Zeitschnitt ausgeführt wird, ab: die (dreidimensionale) Schnittfläche einer Ebene $x^{4'}$ = const mit dem Weltlinienbündel hat in einem gegenüber S gedrehten Minkowski-System S' im allgemeinen eine andere Form als die Schnittfläche zwischen x^4 = const und dem Bündel. Wir erkennen daran die Problematik solcher Begriffsbildungen wie „Gesamtmasse, -energie, -impuls oder -entropie des thermodynamischen Systems", die als dreidimensionale Volumenintegrale von der dreidimensionalen Geometrie des Systems und damit von der vorhandenen Willkür in der Wahl der Schnittflächen abhängen[1]). Die von den begrenzenden Weltlinien gebildete dreidimensionale Oberfläche des Bündels, der Mantel, trennt das System von der vierdimensionalen Umgebung. Die während einer bestimmten Zeitdauer mit der Umgebung ausgetauschten Mengen von Energie-Impuls (Wärmemengen, Arbeit) oder von anderen extensiven Größen werden durch Oberflächenintegrale der Stromdichten über den Mantel zu erfassen sein. Auch diese Oberflächenintegrale sind nur unter bestimmten Bedingungen eindeutig (vgl. Abschn. 3.3.2.). Während in der Mantelfläche zeitartige, isotrope und raumartige Vektoren liegen können, enthalten die Schnittflächen nur raumartige Vektoren. Sie werden deshalb als *raumartige Hyperflächen* bezeichnet. In

[1]) Diese Integrale können in der speziellen Relativitätstheorie durchaus Tensoren sein. Von physikalischen Begriffen muß man aber Eindeutigkeit verlangen.

manchen Fällen kann es sinnvoll sein, die zeitliche Entwicklung des Systems zwischen zwei nichtebenen raumartigen Schnittflächen zu betrachten, beispielsweise, wenn in einem Weltlinienbündel zu den Weltlinien orthogonale Hyperflächen existieren. Die bei der Einführung integraler Größen auftretenden Schwierigkeiten veranlassen uns, die Thermodynamik lokal (kontinuumsmechanisch) zu formulieren. Deshalb steht das Volumenelement im Mittelpunkt unseres Interesses. Man kann sich beliebig viele Möglichkeiten ausdenken, wie ein gegebenes System zu einem bestimmten Zeitpunkt in Volumenelemente eingeteilt werden soll. Darüber hinaus kann man innerhalb des Systems die Ortsveränderung der Volumenelemente im Laufe der Zeit vorschreiben. Jeder Einteilung und jedem Bewegungszustand entspricht in vierdimensionaler Sicht ein anderes (zeitartiges) Weltlinienbündel, das den Weltlinienschlauch der Abb. 5 ausfüllt. Der Mantel des Schlauches und damit das vom System eingenommene vierdimensionale Gebiet G im MINKOWSKI-Raum sind durch die Punkte der Systemberandung objektiv vorgegeben.

In der nichtrelativistischen Thermodynamik hängt die Definition der unabhängigen Zustandsvariablen und des thermodynamischen Potentials nicht vom Bewegungszustand der Volumenelemente ab. Es ist ohne weiteres möglich, die GIBBSsche Fundamentalgleichung in „ortsfesten" Volumenelementen oder in den Massenelementen (den mit der Masse mitbewegten Volumenelementen) in äquivalenter Weise zu formulieren. In der Relativitätstheorie geht in die Definition der genannten thermodynamischen Größen das Vierergeschwindigkeitsfeld derjenigen Volumenelemente ein, die (während ihrer ganzen Lebensgeschichte) in „bester Näherung" kleine Systeme im thermodynamischen Gleichgewicht sind. Physikalische Überlegungen schränken zwar die Vielfalt der dafür in Frage kommenden Weltlinienscharen ein, beseitigen die Mehrdeutigkeit aber nicht völlig, wie wir im Abschnitt 3.2.2. sehen werden. Bei den folgenden

Überlegungen zur Kinematik der Volumenelemente brauchen wir uns noch nicht festzulegen; wir interpretieren die Eigenschaften einer *beliebigen zeitartigen* Weltlinienschar (später werden wir die hierbei gewonnenen Aussagen auf die Weltlinien der *Massenelemente* anwenden).

2.3.3 *Vierdimensionale Volumenelemente*

Bei gegebener Parameterdarstellung $x^i = x^i(y^\alpha, \lambda)$ einer Weltlinienschar läßt sich das vierdimensionale Systemvolumen durch die Weltlinien und durch die Flächen $\lambda = \text{const}$ in vierdimensionale Volumenelemente einteilen. Abb. 6 zeigt ein derartiges Volumen-

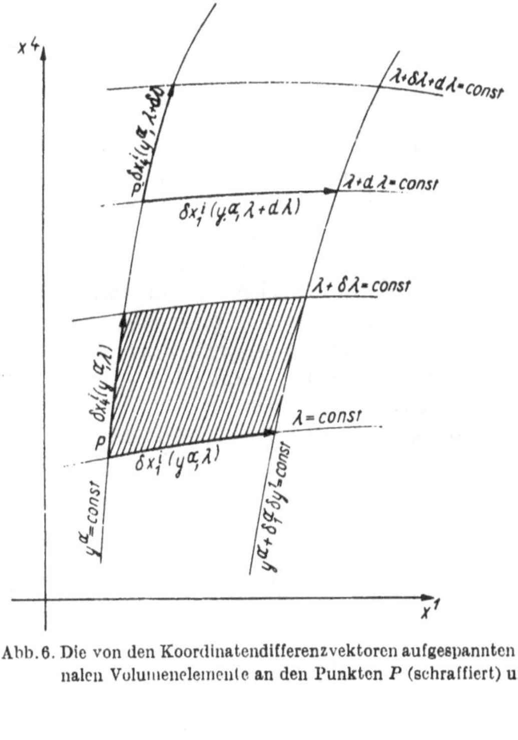

Abb. 6. Die von den Koordinatendifferenzvektoren aufgespannten vierdimensionalen Volumenelemente an den Punkten P (schraffiert) und P'.

element $VE_4(P)$ (schraffierte Fläche) am Schnittpunkt P der Weltlinie $y^\alpha = \text{const}$ mit der Fläche $\lambda = \text{const}$. Es liegt zwischen den infinitesimal benachbarten Flächen $\lambda = \text{const}$ und $\lambda + \delta\lambda = \text{const}$ und wird durch die drei raumartigen Koordinatendifferenzvektoren

$$\begin{aligned} \delta x_1^i(y^\alpha, \lambda) &= x^i(y^1 + \delta y^1, y^2, y^3; \lambda) - x^i(y^1, y^2, y^3; \lambda) \\ &= \frac{\partial x^i}{\partial y^1} \delta y^1; \\ \delta x_2^i(y^\alpha, \lambda) &= \frac{\partial x^i}{\partial y^2} \delta y^2; \quad \delta x_3^i(y^\alpha, \lambda) = \frac{\partial x^i}{\partial y^3} \delta y^3 \end{aligned} \tag{2.49}$$

und durch den zeitartigen Koordinatendifferenzvektor

$$\delta x_4^i(y^\alpha, \lambda) = x^i(y^\alpha, \lambda + \delta\lambda) - x^i(y^\alpha, \lambda) = \frac{\partial x^i}{\partial \lambda} \delta\lambda = \xi^i \delta\lambda \tag{2.50}$$

aufgespannt. In gleicher Weise kann durch dieselben Nachbarweltlinien und durch zwei Hyperflächen mit überall gleicher Parameterdifferenz $\delta\lambda$ jedem Punkt der Weltlinie $y^\alpha = \text{const}$ ein „die Weltlinie begleitendes" Volumenelement mit den zugehörigen Differenzvektoren zugeordnet werden. Um herauszufinden, welche Veränderungen dieses begleitende Volumenelement längs der Weltlinie erleiden muß, wollen wir die infinitesimal benachbarten Vierbeine $\delta x_A^i(y^\alpha, \lambda)$ und $\delta x_A^i(y^\alpha, \lambda + \mathrm{d}\lambda)$, die zu den Volumenelementen in den Nachbarpunkten P und P' gehören (Abb. 6), vergleichen. Dazu wird $\delta x_A^i(y^\alpha, \lambda)$ durch Parallelverschiebung an die Stelle P' mit den Koordinaten $x^i(y^\alpha, \lambda + \mathrm{d}\lambda)$ gebracht. Wir bekommen bei Ausnutzung von $\partial^2 x_A^i/\partial y^\alpha\, \partial\lambda = \partial^2 x_A^i/\partial\lambda\, \partial y^\alpha$. und wegen $\frac{\mathrm{d}}{\mathrm{d}\lambda} \delta y^\alpha = 0$, $\frac{\mathrm{d}}{\mathrm{d}\lambda} \delta\lambda = 0$

$$\frac{\partial}{\partial\lambda} \delta x_A^i = \delta x_{A,k}^i \xi^k = \xi^i_{,k} \delta x_A^k \tag{2.51}$$

oder

$$\delta x_A^i(y^\alpha, \lambda + \mathrm{d}\lambda) = \delta x_A^i(y^\alpha, \lambda) + \xi^i_{,k} \delta x_A^k(y^\alpha, \lambda)\, \mathrm{d}\lambda. \tag{2.52}$$

In dieser infinitesimalen Transformation des Vierbeins $\delta x^i_A(y^\alpha, \lambda)$ am Punkt P in das Vierbein $\delta x^i_A(y^\alpha, \lambda + d\lambda)$ am Punkt P' tritt $\delta^i_k + \xi^i{}_{,k}\, d\lambda$ als Transformationsmatrix auf. Zu ihrer Interpretation untersuchen wir zunächst den relativen Längenunterschied zwischen den einander entsprechenden Differenzvektoren bei P und P'. Mit $(\delta s_A)^2 = \eta_{ik} \delta x^i_A(y^\alpha, \lambda)\, \delta x^k_A(y^\beta, \lambda)$ folgt aus (2.51)

$$\frac{\frac{\partial}{\partial \lambda} \delta s_A}{\delta s_A} = \frac{\xi_{i,k} \delta x^i_A \delta x^k_A}{\eta_{mn} \delta x^m_A \delta x^n_A} = \frac{1}{2} (\xi_{i,k} + \xi_{k,i})\, e^i_A e^k_A \varepsilon_A \tag{2.53}$$

mit $\varepsilon_A = 1$ für $A = 1, 2, 3$ und $\varepsilon_4 = -1$. Dabei wurden die Einheitsvektoren e^i_A zu δx^i_A eingeführt $(e^i_A e^k_A \eta_{ik} = \varepsilon_A)$. Die Parameterdarstellung $x^i = x^i(y^\alpha, \lambda)$ kann als Transformation auf krummlinige (LEGENDREsche) Koordinaten $(y^A) = (y^\alpha, \lambda)$ interpretiert werden. Unter Verwendung der Funktionaldeterminante $\|\partial x^i/\partial y^A\|$ bekommt man $\delta V_4 = \|\partial x^i/\partial y^A\|\, \delta y^1 \delta y^2 \delta y^3 \delta \lambda$ als Volumen von $VE_4(P)$. Der Vergleich der Volumina der Volumenelemente bei P und P' ergibt unter Ausnutzung einer bekannten Formel für die Differentiatation von Determinanten als relative Volumenänderung

$$\frac{\frac{\partial}{\partial \lambda} \delta V_4}{\delta V_4} = \sum_{A=1}^{4} \frac{\partial y^A}{\partial x^i} \frac{\partial}{\partial \lambda} \frac{\partial x^i}{\partial y^A} = \sum_{A=1}^{4} \frac{\partial y^A}{\partial x^i} \frac{\partial \xi^i}{\partial y^A} = \xi^i{}_{,i}. \tag{2.54}$$

$\xi_{i,k}$ kann (wie jeder Tensor zweiter Stufe) in einen symmetrischen spurfreien Anteil, einen symmetrischen Spuranteil und einen antisymmetrischen Anteil aufgespaltet werden $(\xi_{i,k} = \eta_{il} \xi^l{}_{,k})$:

$$\xi_{i,k} = \xi_{ik} + \xi \eta_{ik} + X_{ik}, \tag{2.55}$$

$$\xi_{ik} \equiv \frac{1}{2} \left(\xi_{i,k} + \xi_{k,i} - \frac{1}{2} \xi^s{}_{,s} \eta_{ik} \right),$$

$$\xi \equiv \xi^s{}_{,s}, \quad X_{ik} \equiv \frac{1}{2} (\xi_{i,k} - \xi_{k,i}). \tag{2.56}$$

Ein Blick auf (2.53) zeigt, daß nur die beiden symmetrischen Anteile von $\xi_{i,k}$ bei der Transformation (2.52) des Vierbeins bei P in das Vierbein bei P' eine Längenänderung der Vierbeinvektoren bewirken. $X^i{}_k$ erzeugt also eine *Drehung* der Vierbeinvektoren. Da bei dieser Drehung auch die Winkel (Skalarprodukte) zwischen den vier Differenzvektoren ungeändert bleiben, vermittelt $X^i{}_k$ eine *starre Rotation* des Volumenelementes beim Übergang von P nach P'. Der spurfreie Tensor $\xi^i{}_k$ beeinflußt die Volumenänderung (2.54) nicht und ist daher für eine *volumentreue Gestaltsänderung* von VE_4 verantwortlich. $\xi\eta_{ik}$ führt in (2.52) zu einer gleichmäßigen Streckung aller Differenzvektoren und verursacht somit eine *gestaltstreue Volumenänderung*, die durch Gleichung (2.54) quantitativ erfaßt wird.

2.2.4. Lie-Ableitung längs der Weltlinien

Als nächstes interessiert uns die Frage, wie sich die auf das vierdimensionale Volumenelement VE_4 bezogenen *physikalischen Größen* (Tensoren) beim Übergang $VE_4(P)$ $\to$ $VE_4(P')$ (Abb. 6) transformieren. Deshalb projizieren wir einen beliebigen Tensor erster Stufe A_i auf das Vierbein δx^i_A. Für die Projektionen $A_i \delta x^i_A$ gilt wegen (2.51)

$$\frac{\partial}{\partial\lambda}\left\{A_i(x^r[y^\alpha, \lambda])\,\delta x^i_A\right\} = \mathscr{L}_\xi A_i \delta x^i_A \qquad (2.61)$$

mit

$$\mathscr{L}_\xi A_i = A_{i,m}\xi^m + A_m \xi^m{}_{,k}. \qquad (2.62)$$

Die gesuchte (infinitesimale) Transformation lautet also für einen Vierervektor A_i:

$$A_i \delta x^i_A|_{\lambda+\mathrm{d}\lambda} = A_i \delta x^i_A|_\lambda + (\mathscr{L}_\xi A_i)\,\delta x^i_A\,\mathrm{d}\lambda. \qquad (2.63)$$

Sie wird durch die *Lie-Ableitung* $\mathscr{L}_\xi A_i$ *von* A_i *bezüglich* ξ^m vermittelt. Die Prozedur, die zur Definition der LIE-Ableitung eines Tensors erster Stufe führt, kann auf jeden Index eines höherstufigen Tensors angewandt werden. Aus einer entsprechenden Verallgemeinerung der Definitionsgleichung (2.61) erhält man wiederum mit (2.51) den expliziten Ausdruck für die LIE-Ableitung eines solchen Tensors. Beispielsweise hat man für einen Tensor zweiter Stufe B_{ik}

$$\frac{\partial}{\partial \lambda}\,(B_{ik}\delta x^i_A \delta x^k_B) = (\mathscr{L}_\xi B_{ik})\,\delta x^i_A \delta x^k_B \tag{2.64}$$

zu fordern, woraus man wegen (2.51)

$$\mathscr{L}_\xi B_{ik} \equiv B_{ik,m}\xi^m + B_{im}\xi^m{}_{,k} + B_{mk}\xi^m{}_{,i} \tag{2.65}$$

abliest. Damit man die LIE-Ableitung kontravarianter Indizes bilden kann, muß man zu den Definitionsgleichungen vom Typ (2.62), (2.65) zwei zusätzliche Forderungen hinzunehmen: Die LEIBNIZsche Produktregel möge gelten, und die Verjüngungsoperation sei mit der LIE-Ableitung vertauschbar. Dann gilt beispielsweise $\mathscr{L}_\xi A_i \equiv \mathscr{L}_\xi(\eta_{ik}A^k) = (\mathscr{L}_\xi\eta_{ik})\,A^k + \eta_{ik}\mathscr{L}_\xi A^k$. Mit der LIE-Ableitung der Metrik

$$\mathscr{L}_\xi \eta_{ik} = \xi_{i,k} + \xi_{k,i} \tag{2.66}$$

folgt hieraus

$$\mathscr{L}_\xi A^k \equiv A^k{}_{,l}\xi^l - A^l\xi^k{}_{,l}. \tag{2.67}$$

Der Vergleich mit (2.51) liefert

$$\mathscr{L}_\xi \delta x^k = 0. \tag{2.68}$$

Die LIE-Ableitung einer Invarianten C bildet man nach der Vorschrift

$$\mathscr{L}_\xi C = C_{,i}\xi^i = \frac{\partial}{\partial \lambda}\,C. \tag{2.69}$$

Da man jede Invariante als Skalarprodukt zweier Vektoren darstellen kann, folgt (2.69) aus den vorangegangenen Rechenregeln. An den Definitionsgleichungen sieht man, daß die LIE-Ableitung eines Tensors k-ter Stufe wieder ein Tensor k-ter Stufe ist.

2.2.5. Der lokale Ortsraum der Volumenelemente

Viele Begriffsbildungen der nichtrelativistischen Physik sind so eng mit dem dreidimensionalen Ortsraum verknüpft, daß sie sich auf den ersten Blick einer raumzeitlichen (vierdimensionalen) Verallgemeinerung entziehen. Dies trifft beispielsweise für den Deformationszustand zu, bei dessen Beschreibung mit dem räumlichen Abstand zweier Massenelemente und Verschiebungen im Ortsraum gearbeitet wird. Bei genauerer Analyse zeigt es sich, daß zur Beschreibung des Deformationszustandes und zur Definition anderer physikalischer Begriffe nur der Ortsraum eines lokalen Inertialsystems $S(P)$ (Abb. 4), das sich jedem Punkt P einer Weltlinie zuordnen läßt, benötigt wird. Dieser lokale (d. h. von Punkt zu Punkt unterschiedliche) Ortsraum liegt orthogonal zur Vierergeschwindigkeit in P, die als Tangentialvektor definitionsgemäß die gleiche Richtung wie die Zeitachse des lokalen Inertialsystems besitzt, ist also in koordinatenunabhängiger Weise mit der Weltlinie vorgegeben. Er läßt sich durch drei linear unabhängige Vektoren aufspannen. Durch jeden beliebigen Punkt P eines vierdimensionalen Systemvolumens (Abb. 5) soll genau eine Weltlinie gehen. Damit ist jedem Punkt P im vierdimensionalen Systemvolumen eindeutig ein lokaler Ortsraum zugeordnet.

A. Projektionsformalismus. Jeder in P erklärte Tensor kann durch den Projektionstensor

$$h^i_k = \delta^i_k + \frac{u^i u_k}{c^2}, \quad h^i_k u^k = 0, \tag{2.70}$$

in den lokalen Ortsraum projiziert werden. Im lokalen Inertialsystem $S(P)$ gilt wegen $u^i = c\delta^i_4$ (2.38)

$$(h_{ik}) = \begin{pmatrix} 1 & 0 & 0 & 0 \\ 0 & 1 & 0 & 0 \\ 0 & 0 & 1 & 0 \\ 0 & 0 & 0 & 0 \end{pmatrix} \tag{2.71}$$

Die h_{ik} sind also die Komponenten des metrischen Tensors des lokalen Ortsraumes, bezogen auf ein beliebiges MINKOWSKI-System $\{x^i\}$. Mit der Projektion a^i in den lokalen Ortsraum und der Projektion a auf die Vierergeschwindigkeit,

$$a^i \equiv h^i_k A^k, \quad a \equiv -c^{-1} u_k A^k \quad (a_i u^i = 0) \tag{2.72}$$

läßt sich jeder Vierervektor A^i folgendermaßen zerlegen:

$$A^i = (h^i_k - c^{-2} u^i u_k)\, A^k = a^i + \frac{a}{c}\, u^i. \tag{2.73}$$

Für einen Tensor zweiter Stufe B^{ik} erhalten wir durch Projektion jedes Index parallel und senkrecht zu u^i

$$B^{ik} = b^{ik} + \frac{1}{c^2}\, b^i u^k + \frac{1}{c^2}\, \bar{b}^k u^i + \frac{b}{c^2}\, u^i u^k \tag{2.74}$$

mit

$$b^{ik} \equiv h^i_m h^k_l B^{ml}, \quad b^i \equiv -h^i_l u_k B^{lk}, \quad \bar{b}^i \equiv -h^i_l u_k B^{kl},$$
$$b \equiv c^{-2} u_i u_k B^{ik} \quad (b^{ik} u_k = b^{ki} u_k = 0, \quad b^i u_i = \bar{b}^i u_i = 0). \tag{2.75}$$

Die Projektionen a^i, a, b^{ik}, b^i, $\bar{b}^i$, b sind Tensoren des MINKOWSKI-Raumes. Wegen (2.71) stehen sie mit jedem Index senkrecht auf der Vierergeschwindigkeit. Im lokalen Inertialsystem $S(P)$ am Punkte P gilt mit $u^i = c\delta^i_4$

$$a^\alpha = A^\alpha, \quad a^4 = 0, \quad a = A^4; \quad b^{\alpha\beta} = B^{\alpha\beta}, \quad b^{i4} = 0, b^{4i} = 0,$$
$$b^\alpha = c\, B^{\alpha 4}, \quad b^4 = 0, \quad \bar{b}^\alpha = c\, B^{4\alpha}, \quad \bar{b}^4 = 0, \quad b \equiv B^{44}. \tag{2.76}$$

Die Projektionen in den lokalen Ortsraum besitzen hier also keine vierten (zeitartigen) Komponenten. Sie können als „vierdimensionale“ Formulierungen „dreidimensionaler“ Tensoren angesehen werden.

B. Dreidimensionale Volumenelemente. Im lokalen Ortsraum können wir die geometrischen Veränderungen untersuchen, die ein dreidimensionales Volumenelement im

Laufe seiner Geschichte, d. h. bei Verschiebung auf seiner Weltlinie erfährt. Dabei ist es zweckmäßig, mit der Vierergeschwindigkeit $u^i(x^k)$ ein normiertes Tangentenvektorfeld und die Eigenzeit τ als Weltlinienparameter zu verwenden, also von (2.48) auszugehen. Bei der Benutzung der Formeln des Abschnittes 2.2.2. haben wir dann die Substitution

$$\lambda \to \tau\,, \ \xi^i \to u^i \tag{2.77}$$

vorzunehmen.

Wir charakterisieren die Gestalt des dreidimensionalen Volumenelementes $y^\alpha = \text{const}$ in jedem Punkt $P(x^i[y^\alpha,\tau])$ seiner Weltlinie durch die drei infinitesimalen Vektoren (Abb. 7, dort $A = 1$)

$$\delta_\perp x^i_A(y^\alpha, \tau) = h^i_k(x^l[y^\alpha, \tau])\, \delta x^k_A(y^\alpha, \tau) \quad (A = 1, 2, 3). \tag{2.78}$$

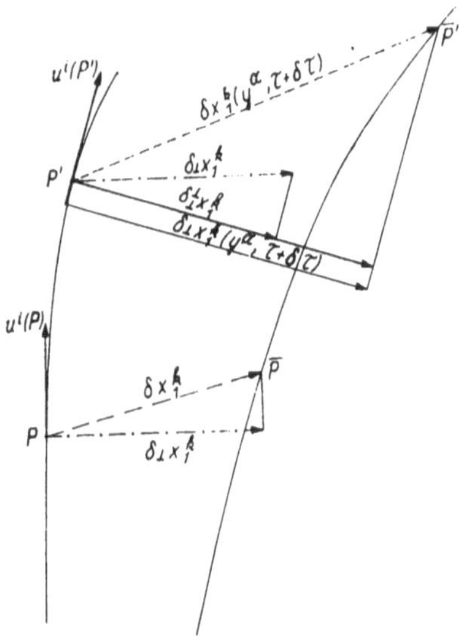

Abb. 7. Koordinatendifferenzen in den lokalen Ortsräumen am Punkte P und am Punkte P' $\left(\delta^\perp_\perp x^k_1 = h^k_m(x^l[y^\alpha, \tau + d\tau])\, \delta_\perp x^m_1[y^\alpha, \tau]\right)$

Da diese durch Projektion der drei raumartigen Koordinatendifferenzvektoren (2.49) in den lokalen Ortsraum von P entstehen, sind sie die Ortsvektoren der Nachbarweltlinien $y^1 + \delta y^1 = \text{const}$, $y^2 = \text{const}$, $y^3 = \text{const}$ usw. im Ortsraum des Volumenelementes $y^\alpha = \text{const}$. Um festzustellen, wie sich $\delta_\perp x^i_A$ $(A = 1, 2, 3)$ längs der Weltlinie $y^\alpha = \text{const}$ ändert, transportieren wir dieses Dreibein durch Parallelverschiebung vom Punkt $P(x^i[y^\alpha, \tau])$ in den Punkt $P'(x^i[y^\alpha, \tau + d\tau)$, projizieren es in den dortigen lokalen Ortsraum und vergleichen es mit dem dortigen Dreibein

$$\delta_\perp x^i_A(y^\alpha, \tau + d\tau) = h^i_k(x^l[y^\alpha, \tau + d\tau])\, \delta x^k_A(y^\alpha, \tau + d\tau). \tag{2.79}$$

Aus (2.52) mit (2.77) folgt nach Projektion am Punkt P' bei Vernachlässigung nichtlinearer Entwicklungsglieder in $d\tau$

$$\delta_\perp x^i_A(P') = h^i_k(P')\, \delta_\perp x^k_A(P) + u^i_{\ ,m}(P)\, h^m_k(P)\, \delta_\perp x^k_A(P)\, d\tau. \tag{2.80}$$

Zur Interpretation des Tensors $u^i_{\ ,m} h^m_k$, der diese infinitesimale Transformation erzeugt, berechnen wir wiederum den relativen Längenunterschied einander entsprechender Vektoren $\delta_\perp x^i_A$ bei P und P'.

$$\delta_\perp s_A = \sqrt{\eta_{ik} \delta_\perp x^i_A \delta_\perp x^k_A} = \sqrt{h_{ik} \delta x^i_A \delta x^k_A} \quad (A = 1, 2, 3) \tag{2.81}$$

ist der im Ortsraum von $y^\alpha = \text{const}$ berechnete Abstand der drei Weltlinien $y^1 + \delta y^1 = \text{const}$, $y^2 = \text{const}$, $y^3 = \text{const}$; $y^1 = \text{const}$, $y^2 + \delta y^2 = \text{const}$, $y^3 = \text{const}$ und $y^1 = \text{const}$, $y^2 = \text{const}$, $y^3 + \delta y^3 = \text{const}$ von der Weltlinie $y^\alpha = \text{const}$. Aus (2.81) folgt bei Benutzung von $u^i u_{i,k} = 0$ und nach einer Entwicklung nach $d\tau$

$$\frac{(\delta_\perp s_A)^{\cdot}}{\delta_\perp s_A} = \frac{1}{2}\,(u_{i,k} + u_{k,i})\, e^i_A e^k_A, \qquad e^i_A = \frac{\delta_\perp x^i_A}{\delta_\perp s_A}. \tag{2.82}$$

Der Punkt bezeichnet die Ableitung nach der Eigenzeit τ. e^i_A ist Einheitsvektor zu $\delta_\perp x^i_A$.

Der Vergleich der Volumina der dreidimensionalen Volumenelemente bei P und P' ergibt (z. B. unter Verwendung von (2.54) mit $\delta V_4 \sim |u^i|\,\delta V_3$, $\lambda \to \tau$)

$$\frac{(\delta V_3)^{\cdot}}{\delta V_3} = u^i{}_{,i}\,. \tag{2.85}$$

In Analogie zu (2.55) zerlegen wir $u^i{}_{,m}h^m_k$ in seine bei orthogonalen Drehungen im dreidimensionalen Ortsraum irreduziblen Bestandteile:

$$u^i{}_{,m}h^m_k = \sigma^i{}_k + \omega^i{}_k + \frac{1}{3}\,\Theta\,h^i_k \tag{2.86}$$

mit

$$\sigma_{ik} \equiv \frac{1}{2}\,h^l_i h^m_k(u_{l,m} + u_{m,l} - \frac{2}{3}\,u^n{}_{,n}h_{lm}),\ \sigma_i{}^i = 0, \tag{2.87}$$

$$\omega_{ik} \equiv \frac{1}{2}\,h^l_i h^m_k(u_{l,m} - u_{m,l}), \tag{2.88}$$

$$\Theta \equiv u_{l,m}h^{lm} = u^l{}_{,l}\,. \tag{2.89}$$

Der antisymmetrische Anteil $\omega^i{}_k$ der die infinitesimale Transformation erzeugenden Matrix (2.86) beeinflußt für sich allein genommen gemäß (2.82) die Länge der Ortsvektoren $\delta_\perp x^i_A$ nicht. Auch die Winkel (Skalarprodukte) zwischen den $\delta_\perp x^i_A$ werden bei der infinitesimalen Transformation mit $\omega^i{}_k$ nicht geändert. $\omega^i{}_k$ bewirkt also eine starre Rotation des lokalen Ortsraumes, eine Drehung des Massenelementes als Ganzes. Man bezeichnet $\omega^i{}_k$ als *Wirbelgeschwindigkeit*. Die Deformation des Volumenelementes wird durch den symmetrischen Anteil des projizierten Geschwindigkeitsgradienten, den *Deformationsgeschwindigkeitstensor*

$$d_{ik} \equiv \frac{1}{2}\,h^l_i h^m_k(u_{l,m} + u_{m,l}) = \sigma_{ik} + \frac{1}{3}\,\Theta h_{ik} \tag{2.90}$$

erfaßt, vgl. (2.82). Aus (2.80) und (2.85) zieht man den Schluß, daß die spurfreie *Schergeschwindigkeit* $\sigma^i{}_k$ eine volumentreue Gestaltsänderung und der Spuranteil $\frac{1}{3}\,\Theta h_{ik}$ eine gestaltstreue Volumenänderung beschreiben. $\Theta = u^i{}_{,i}$ heißt wegen (2.85) *Expansionsgeschwindigkeit*. Aus (2.70) und (2.86) erhalten wir die Identität

$$u^i{}_{,k} \equiv \sigma^i{}_k + \omega^i{}_k + \frac{1}{3}\,\Theta h^i{}_k - \frac{1}{c^2}\,\dot{u}^i u_k. \qquad (2.91)$$

$\dot{u}^i = u^i{}_{,k} u^k$ ist die *Viererbeschleunigung* des Volumenelementes.

2.2.6. Der Deformationstensor

Die Komponenten des Deformationstensors benötigt man als Zustandsvariable bei der Beschreibung des thermodynamischen Systems „Festkörper". Die Charakterisierung des Deformationszustandes beruht auf einem Vergleich zwischen den Lagen, die zwei benachbarte Volumenelemente (Weltlinienpunkte) irgendwann im Laufe ihrer Geschichte einnehmen, mit den Lagen der gleichen Massenelemente im *undeformierten* Zustand. Für die Vergleichbarkeit ist es notwendig, daß der Körper nicht zerreißt, daß also benachbarte Massenelemente im undeformierten Zustand auch im deformierten Zustand benachbart sind.

Wir haben in den vorausgegangenen Abschnitten mit Hilfe benachbarter Weltlinien vierdimensionale und dreidimensionale Volumenelemente definiert und benachbarte Volumenelemente auf einer ausgewählten Weltlinie $y^\alpha = \text{const}$ verglichen. Das dreidimensionale Volumenelement am Punkt $P(x^i[y^\alpha, \tau])$ wird durch die projizierten Differenzvektoren $\delta_\perp x^i_A(y^\alpha, \tau)$ $(A = 1, 2, 3)$ aufgespannt. Zwischen den Skalarprodukten dieser Vektoren im Punkt $P(x^i[y^\alpha, \tau])$ und den Skalarprodukten der entsprechenden Vektoren im Nachbarpunkt

$P'(x^i[y^\alpha, \tau + \delta\tau])$ besteht gemäß (2.80) der Zusammenhang

$$\eta_{ik}\delta_\perp x^i_A(P')\, \delta_\perp x^k_B(P') = \eta_{ik}\delta_\perp x^i_A(P)\, \delta_\perp x^k_B(P) + \mathrm{d}_{ik}\delta_\perp x^i_A(P)\, \delta_\perp x^k_B(P)\, \mathrm{d}\tau . \qquad (2.92)$$

Diese Skalarprodukte geben Auskunft über die Winkel zwischen den Differenzvektoren ($A \neq B$) und über die Längen der Differenzvektoren ($A = B$). Der Deformationsgeschwindigkeitstensor d_{ik} (2.90) gibt an, wie sich diese für den jeweiligen Deformationszustand charakteristischen Größen beim Übergang von einem Punkt zum Nachbarpunkt längs der Weltlinie ändern. Wenn man jedem Punkt der Weltlinie einen Absolutwert der Deformation zuschreiben will, muß man diesen Absolutwert in einem Punkt der Weltlinie definieren und einen Vergleich zwischen Deformationszuständen über beliebige Entfernungen — und nicht nur zwischen Nachbarpunkten — durchführen. Diese Konzeption läßt sich dadurch verwirklichen, daß man dem Deformationsgeschwindigkeitstensor d_{ik} einen Deformationstensor ε_{ik} zuordnet. Dabei soll ε_{ik} durch „Integration längs der Weltlinien" aus d_{ik} oder anders ausgedrückt, d_{ik} durch eine Ableitung in Richtung der Weltlinien aus ε_{ik} hervorgehen. Als Richtungsableitung bieten sich sowohl die Parameterableitung als auch die LIE-Ableitung an, so daß folgende Varianten in der Literatur auftauchen:

$$1. \qquad h^i_l h^k_m \dot{\varepsilon}_{ik} = d_{lm} \qquad (\text{SYNGE, 1959}), \qquad (2.93)$$

$$2. \qquad h^i_l h^k_m \mathscr{L}_u \varepsilon_{ik} = d_{lm} \qquad (\text{RAYNER, 1963}). \qquad (2.94)$$

Damit der symmetrische Tensor ε_{ik} im lokalen Ortsraum mit dem entsprechenden nichtrelativistischen Deformationstensor übereinstimmt, wird in beiden Fällen

$$\varepsilon_{ik} u^k = 0 \qquad (2.95)$$

gefordert. Als Anfangsbedingung der Differentialgleichungen (2.93) bzw. (2.94) möge gelten, daß der Deformationstensor im undeformierten Zustand mit dem Parameterwert $\tau = \tau_0$ verschwindet,

$$\tau = \tau_0 : \varepsilon_{ik}(x^l[y^\alpha, \tau_0]) = 0 . \tag{2.96}$$

Die Varianten (2.93) und (2.94) unterscheiden sich nur in Quadraten der Geschwindigkeitsgradienten und stimmen bei kleinen Deformationen (etwa im Gültigkeitsbereich des HOOKEschen Gesetzes) praktisch überein. Wir bevorzugen die zweite, von C. B. RAYNER eingeführte Variante, die einen in der nichtlinearen Elastizitätstheorie üblichen Ansatz relativistisch verallgemeinert. Gleichung (2.94) läßt sich „integrieren“, wenn man beachtet, daß das Zweifache des Deformationsgeschwindigkeitstensors (2.90) gerade die LIE-Ableitung (2.65) des Projektionstensors h_{ik} ist und daß $\mathscr{L}_u u^i = 0$ gilt. Aus

$$h_i^l h_k^m \mathscr{L}_u \varepsilon_{lk} = \mathscr{L}_u \varepsilon_{ik} = d_{ik} = \frac{1}{2} \mathscr{L}_u h_{ik} \tag{2.97}$$

folgt

$$\varepsilon_{ik} = \frac{1}{2} (h_{ik} - \mathring{h}_{ik}) \tag{2.98}$$

mit

$$\mathscr{L}_u \mathring{h}_{ik} = 0 , \quad u^i \mathring{h}_{ik} = 0 . \tag{2.99}$$

Bei gegebenem u^i-Feld stellt (2.99) für $\mathring{h}_{ik}$ ein partielles Differentialgleichungssystem mit algebraischer Nebenbedingung dar, aus dem $\mathring{h}_{ik}$ unter der Anfangsbedingung (2.96),

$$\mathring{h}_{ik}(x^l[y^\alpha, \tau_0]) = h_{ik}(x^l[y^\alpha, \tau_0]) . \tag{2.100}$$

bestimmt werden kann.

Zur Interpretation betrachten wir die Komponenten des RAYNERschen Deformationstensors in bezug auf den lokalen Ortsraum:

$$\varepsilon_{ik} \delta_\perp x_A^i \delta_\perp x_B^k = \frac{1}{2} (h_{ik} \delta_\perp x_A^i \delta_\perp x_B^k - \mathring{h}_{ik} \delta_\perp x_A^i \delta_\perp x_B^k) . \tag{2.101}$$

Wegen (2.68), (2.78) und (2.99) gilt $\mathscr{L}_u(\mathring{h}_{ik}\delta_\perp x^i_A \delta_\perp x^k_B) = 0$ und somit

$$\begin{aligned} &\mathring{h}_{ik}(x^l[y^\alpha, \tau])\ \delta_\perp x^i_A(y^\alpha, \tau)\ \delta_\perp x^k_B(y^\alpha, \tau) \\ &= \mathring{h}_{ik}(x^l[y^\alpha, \tau_0])\ \delta x^i_A(y^\alpha, \tau_0)\ \delta x^k_B(y^\alpha, \tau_0). \end{aligned} \tag{2.102}$$

Gehen wir von einem *orthogonalen* Dreibein $\delta_\perp x^i_A$ im undeformierten Zustand aus, so verschwindet für $A \neq B$ wegen (2.102) der zweite Summand auf der rechten Seite von (2.101) und

$$\varepsilon_{ik} e^i_A e^k_B = \frac{1}{2}\, h_{ik} e^i_A e^k_B \tag{2.103}$$

charakterisiert als Skalarprodukt von Einheitsvektoren die Winkeländerung, die beim Transport längs der Weltlinie zwischen den ursprünglich orthogonalen Einheitsvektoren auftritt. Für $A = B$ ist (2.101) in der Form

$$\varepsilon_{ik} e^i_A e^k_B = \frac{1}{2}\left(\frac{\delta_\perp s^2_A - \delta_\perp \mathring{s}^2_A}{\delta_\perp s^2_A}\right) \tag{2.104}$$

ein Maß für die relative Abstandsänderung benachbarter Weltlinien im deformierten Zustand gegenüber dem undeformierten. Bei hinreichend kleinen Abstandsänderungen zwischen den Volumenelementen gilt wie in der linearen nichtrelativistischen Elastizitätstheorie

$$\varepsilon_{ik} e^i_A e^k_A \approx \frac{\delta_\perp s_A - \delta_\perp \mathring{s}_A}{\delta_\perp \mathring{s}_A}. \tag{2.105}$$

Den beiden Definitionen des Deformationstensors (2.93) bzw. (2.94) liegt die Idee zugrunde, daß der Deformationstensor im lokalen Ortsraum mit seinem nichtrelativistischen Analogon übereinstimmen möge. Konsequenterweise besitzen diese Deformationstensoren im Ruhsystem mit $u^i = c\delta^i_4$ keine vierten Komponenten, vgl. (2.95). Ein „echt“ vierdimensionaler Deformationstensor ε_{ik} sollte anstelle von (2.94) (bzw. (2.93)) und (2.97) mit Hilfe eines *nichtnormierten* zeitartigen Vierervektors ξ^i (2.46) durch

$$\mathcal{L}_\xi \varepsilon_{ik} = \frac{1}{2} \mathcal{L}_\xi \eta_{ik} = \frac{1}{2} (\xi_{i,k} + \xi_{k,i})$$

definiert werden. Die Überlegungen in den Abschnitten 3.2.1. und 3.2.2. legen es nahe, ξ^i mit dem Temperaturvektor zu identifizieren, $\xi^i = \theta^i = u^i/T$ (T: absolute Temperatur). $\varepsilon_{ik} u^i u^k$ beschreibt dann beispielsweise die durch Temperaturdifferenzen hervorgerufene Deformation.

2.2.7. *Die Ruhmassendichte*

Die Masse eines dreidimensionalen baryzentrischen Massenelementes bleibt im Laufe seiner Geschichte erhalten. Zerlegt man M^i nach dem Muster von (2.72, 73) so erhält man bei Berücksichtigung von (2.76)

$$M^i = \varrho u^i, \; \varrho \equiv -c^{-2} u_i M^i. \tag{2.106}$$

Im lokalen Ruhsystem $S(P)$ mit $u_i = -c\delta_i^4$ zeigt der Vergleich mit der Definition von M^i in (1.36), daß der Tensor nullter Stufe ϱ die von einem im Massenelement sitzenden Beobachter gemessene Massendichte ist. Sie wird als Ruhmassendichte bezeichnet. Für die Masse δM des Massenelementes folgt aus der Kontinuitätsgleichung

$$M^i{}_{,i} = (\varrho u^i)_{,i} = 0 \tag{2.107}$$

und (2.83) der behauptete Erhaltungssatz

$$\frac{\mathrm{d}}{\mathrm{d}\tau} \delta M = \frac{\mathrm{d}}{\mathrm{d}\tau} (\varrho \delta V_3) = (\varrho u^i)_{,i} \, \delta V_3 = 0. \tag{2.108}$$

Zwischen der in einem beliebigen MINKOWSKI-System gemessenen Massendichte $\rho = c^{-1} M^4$ und der Ruhmassendichte besteht wegen (2.36) das Transformationsgesetz

$$\rho = \frac{\varrho}{\sqrt{1 - \frac{\mathrm{v}^2}{c^2}}}. \tag{2.109}$$

2.3. Inkohärente Materie

Inkohärente oder staubförmige Materie besteht aus Massenpunkten, die nicht miteinander wechselwirken. Diese Eigenschaft überträgt sich in der von uns verwendeten kontinuumsmechanischen Beschreibungsweise auf die dreidimensionalen Massenelemente. Wenn keine äußeren Kräfte auf das System einwirken, bewegt sich jedes Massenelement demzufolge geradlinig und gleichförmig im Inertialsystem. Auf jeder Weltlinie gilt also $\mathrm{v}^\alpha = \mathrm{const}$ und wegen (2.36) auch $u^\alpha = \mathrm{const}$, woraus das Verschwinden der Viererbeschleunigung folgt.

$$\dot{u}^i = \frac{\partial}{\partial \tau} u^i(x^k[y^\alpha, \tau]) = u^k u^i{}_{,k} = 0. \qquad (2.110)$$

Nach Multiplikation mit der Ruhmassendichte ϱ läßt sich diese Gleichung unter Verwendung der Kontinuitätsgleichung (2.107) in die Bilanzgleichung

$$\overset{I}{T}{}^{ik}{}_{,k} = 0, \qquad \overset{I}{T}{}^{ik} \equiv \varrho u^i u^k, \qquad (2.111)$$

umformen. Zur Interpretation von $\overset{I}{T}{}^{ik}$ untersuchen wir räumliche und zeitliche Komponenten getrennt. Mit (2.109) entsteht

$$\overset{I}{T}{}^{\alpha\beta} = \frac{1}{c^2} \overset{I}{T}{}^{44} \mathrm{v}^\alpha \mathrm{v}^\beta, \quad \overset{I}{T}{}^{\alpha 4} = \overset{I}{T}{}^{4\alpha} = \frac{1}{c} \overset{I}{T}{}^{44} \mathrm{v}^\alpha, \quad \overset{I}{T}{}^{44} \equiv \gamma \rho c^2$$

$$(\alpha, \beta = 1, 2, 3). \qquad (2.112)$$

In dem gemeinsamen Faktor $\overset{I}{T}{}^{44}$ kann γ für kleine Geschwindigkeiten nach v entwickelt werden. Bis zur zweiten Ordnung erhält man

$$\overset{I}{T}{}^{44} = \rho c^2 + \frac{1}{2} \rho \mathrm{v}^2 + \cdots \qquad (2.113)$$

Der zweite Term ist die Dichte der kinetischen Energie. Weitaus größer ist der erste Term. Er repräsentiert eine

Energieform, die auch dann auftritt, wenn keine Relativbewegung zwischen den Massenelementen vorhanden ist. Ein im Massenelement ruhender Beobachter muß also der Masse des Massenelementes δM die Energie

$$\delta E = \delta M c^2$$

zuschreiben. Durch Integration über eine *ruhende* Materiewolke folgt hieraus die berühmte EINSTEINsche Beziehung

$$E = Mc^2$$

zwischen Energie und Masse des Systems. Die durch die Entwicklungsglieder in (2.113) beschriebenen Energieformen lassen sich nicht voneinander trennen, so daß wir $\overset{I}{T}{}^{44}$ als Energiedichte $\overset{I}{e}$ der inkohärenten Materie zu interpretieren haben. $c\overset{I}{T}{}^{4\alpha} = \overset{I}{T}{}^{44} v^\alpha$ bekommt damit die Bedeutung der von Massenelement mitgeführten Energie, d. h. der Energiestromdichte $\overset{I}{e}{}^i$. Die vierte Komponente ($i = 4$) der Bilanzgleichung (2.111) erweist sich also als spezielle Form des lokalen Energieerhaltungssatzes (1.22) für inkohärente Materie. Die ersten drei Komponenten von (2.111) muß man als Impulsbilanz interpretieren. In erster Ordnung der Entwicklung (2.113) gilt nämlich

$$\overset{I}{T}{}^{\alpha\beta} = \rho v^\alpha v^\beta = \overset{I}{p}{}^{\alpha\beta}, \quad \overset{I}{T}{}^{\alpha 4} = c\rho v^\alpha = c\overset{I}{p}{}^{\alpha}. \tag{2.114}$$

Wegen der Wechselwirkungsfreiheit kann der dreidimensionale Drucktensor $\overset{I}{p}{}^{\alpha\beta}$ nur aus den Komponenten des Strömungsdruckes $\rho v^\alpha v^\beta$ bestehen. $\overset{I}{T}{}^{\alpha\beta}$ ist also der vollständige Drucktensor. ρv^α und damit $c^{-1}\overset{I}{T}{}^{\alpha 4}$ ist die Impulsdichte der inkohärenten Materie. $\overset{I}{T}{}^{\alpha i}{}_{,i}$ geht in (1.23) über.

Diese Überlegungen zeigen, daß die extensiven Größen

Energie und Impuls in relativistischer Sicht nur als Einheit, als extensive Größe Energie-Impuls verstanden werden können und rechtfertigen die Zusammenfassung ihrer Bilanzgleichungen zum vierdimensionalen lokalen Energie-Impuls-Erhaltungssatz (1.24) mit dem *Energie-Impuls-Tensor* T^{ik}. Die Feststellung, daß T^{ik} ein Tensor zweiter Stufe ist, impliziert, daß ρ als Tensor nullter Stufe angesehen werden muß und bestätigt mit (2.106) die in Abschnitt 2.1. gemachte Aussage, daß die Massenstromdichte M^i ein Tensor erster Stufe ist. Dies trifft dann wegen (1.35) auch auf die Massenstromdichten $\overset{A}{M^i}$ der einzelnen Komponenten zu. Übrigens kann $\overset{A}{M^i}$ wegen (2.42) (ebenso wie M^i in (2.106)) durch einen *zeitartigen* normierten Vektor dargestellt werden,

$$\overset{A}{M^i} = \overset{A}{\varrho}\,\overset{A}{u^i}, \quad \overset{A}{u^i}\overset{A}{u_i} = -c^2, \quad \overset{A}{\rho} = \frac{1}{c}\left|\sqrt{-\overset{A}{M^i}\overset{A}{M_i}}\right|. \tag{2.115}$$

(keine Summation über A)

$\overset{A}{u^i}$ ist die Vierergeschwindigkeit und $\overset{A}{\varrho}$ die von einem mit der Komponente A mitbewegten Beobachter gemessene invariante Ruhmassendichte von A. Der Vergleich mit (1.20) und (1.34) ergibt analog zu (2.36) und (2.109)

$$\begin{aligned} \left(\overset{A}{u^i}\right) &= \left(\overset{A}{\gamma}\overset{A}{\mathrm{v}^\alpha},\ \overset{A}{\gamma}c\right), & \overset{A}{\gamma} &\equiv \left(1 - \frac{\overset{A}{\mathrm{v}^2}}{c^2}\right)^{-1/2}, \\ \overset{A}{\rho} &\equiv \overset{A}{\gamma}\overset{A}{\varrho}, & \overset{A}{\mathrm{v}^2} &\equiv \sum_{\alpha=1}^{3} \overset{A}{\mathrm{v}^\alpha}\overset{A}{\mathrm{v}^\alpha}. \end{aligned} \tag{2.116}$$

Aus (2.115) und (1.35) folgt schließlich die Zusammenfassung der Definitionsgleichungen der baryzentrischen Geschwindigkeit und der mittleren Massendichte (1.33) zur vierdimensionalen Definitionsgleichung

$$\varrho u^i = \sum_{A=1}^{K} \overset{A}{\varrho}\overset{A}{u^i} \tag{2.117}$$

für die Ruhmassendichte ϱ und die baryzentrische Geschwindigkeit u^i eines Gemisches aus K Stoffkomponenten.

Wir haben vom Modell der inkohärenten Materie wichtige Hinweise auf den Transformationscharakter der Zustandsgrößen Masse, Energie und Impuls bekommen. Wegen des Fehlens innerer Wechselwirkungen können wir aber keine Aussagen über die Entropie erwarten. Bisher gibt es keine experimentelle Notwendigkeit für die Formulierung weiterer Bilanzgleichungen, die mit (1.51) zu einer tensoriellen Bilanz höherer Stufe zusammengefaßt werden könnten. Deshalb werden wir die Entropiestromdichte S^i als Tensor erster Stufe und die Entropiequellstärke σ als Invariante behandeln.

3. Spezielle thermodynamische Systeme

3.1. Die phänomenologische Methode der Thermodynamik irreversibler Prozesse

Nachdem wir uns mit den thermodynamischen Begriffsbildungen in relativistischer Form vertraut gemacht haben, wollen wir uns der im Abschnitt 1.3. formulierten Aufgabe zuwenden und jene Differentialgleichungen aufstellen, aus denen die Viererstromdichten des Energie-Impulses $T^{ik}(x^l)$, der Masse $M^i(x^l)$ und der anderen extensiven Größen als Funktionen der Koordinaten berechnet werden können. Wir wenden dazu die phänomenologische Methode der Thermodynamik irreversibler Prozesse an, die sich in der nichtrelativistischen Theorie bestens bewährt hat (Zusammenfassende Darstellungen gibt es u. a. von Meixner und Reik, 1959, und von de Groot und Mazur, 1962). Auch die für die relativistische Thermodynamik grundlegenden Arbeiten von Eckart (1940) und Kluitenberg, de Groot und Mazur (1953) benutzen diese Methode. Ein etwas anderer Zugang zur relativistischen Thermodynamik wurde von Stueckelberg und Wanders (1953) entwickelt.

Die phänomenologische Methode beginnt mit der Berechnung der Entropiequellstärke σ, wobei die Bilanzgleichungen der übrigen extensiven Größen und die GIBBSsche Fundamentalgleichung ausgenutzt werden. σ erweist sich als eine Summe von Produkten aus generalisierten Kräften X_A (z. B. Temperaturgradient, Gradienten der chemischen Potentiale) und generalisierten Strömen J_A (z. B. Wärmestrom, Diffusionsströme),

$$\sigma = \sum_A J_A X_A . \tag{3.1}$$

Als Maß der Irreversibilität gibt σ darüber Auskunft, durch welche Größen die im System ablaufenden irreversiblen Prozesse charakterisiert werden. Die Erfahrung sagt, daß die Kräfte die Stöme verursachen. Die mathematisch einfachste Möglichkeit, diesen kausalen Zusammenhang dazustellen, besteht darin, die Ströme als Funktionen der Kräfte aufzufassen:

$$J_A = J_A(X_B) .$$

Beim Verschwinden der Kräfte sollen auch die Ströme verschwinden,

$$J_A(0) = 0 .$$

Bei „nicht allzu großen" Kräften X_B, d. h. in der Nähe des Gleichgewichtszustandes, kann man die Funktionen J_A (X_B) in Potenzreihen nach X_B entwickeln und nach den linearen Gliedern abbrechen. Wegen $J_A(0) = 0$ verschwinden die Absolutglieder der Entwicklung, und wir erhalten die linearen phänomenologischen Beziehungen

$$J_A = \sum_B L_{AB} X_B . \tag{3.2}$$

Die phänomenologischen Koeffizienten L_{AB} (z. B. Wärmeleitungskoeffizient, Viskositätskoeffizienten) müssen gewisse Symmetriebedingungen, die ONSAGER-CASIMIRschen Reziprozitätsbedingungen, erfüllen. Sie sind außerdem Koeffizienten der positiv semidefiniten quadratischen Form

$$\sigma = \sum_{A,B} L_{AB} X_A X_B \geqq 0, \tag{3.3}$$

die aus der Kombination von (3.1) und (3.2) entsteht, und unterliegen demzufolge bestimmten Definitheitsforderungen. Da die J_A i. allg. außer von den X_B auch noch von den unabhängigen Zustandsvariablen abhängen, sind die L_{AB} Funktionen der unabhängigen Zustandsvariablen und dadurch auch Funktionen der Koordinaten. Mit den linearen Ansätzen (3.2) gelingt es auch, die Viererstromdichten T^{ik}, M^i usw. durch die unabhängigen Zustandsvariablen und ihre Ableitungen auszudrücken. Die Viererstromdichten setzt man in die Bilanzgleichungen ein. Dadurch entsteht aus den Bilanzgleichungen ein System gekoppelter partieller Differentialgleichungen zur Bestimmung der Orts- und Zeitabhängigkeit der unabhängigen Zustandsvariablen, das bei geeignet vorgegebenen Rand- und Anfangsbedingungen eindeutige Lösungen besitzt.

Wir möchten betonen, daß der soeben skizzierte Algorithmus in der phänomenologischen Thermodynamit nur empirisch gerechtfertigt werden kann. Eine *Begründung* der einzelnen Schritte des Verfahrens bleibt der statistischen Thermodynamik vorbehalten. Sie ist bisher allerdings nur für sehr spezielle Systeme gegeben worden.

3.2. Einkomponentige Medien

3.2.1. Entropieproduktion und lineare phänomenologische Beziehungen

Einkomponentige Medien, das können Flüssigkeiten, Gase (im folgenden als fluide Medien bezeichnet) oder Festkörper sein, besitzen nur die extensiven Eigenschaften Energie-Impuls, Masse und Entropie und sind daher besonders einfach zu beschreiben.

Allein aus dem lokalen Energie-Impuls-Erhaltungssatz $T^{ik}{}_{,k} = 0$ läßt sich eine weitere Bilanzgleichung, nämlich

$$\{(x^s - \mathfrak{x}^s)\, T^{ik} - (x^i - \mathfrak{x}^i)\, T^{sk}\}_{,k} = T^{is} - T^{si},$$

ableiten, wie man durch Ausdifferenzieren nachprüft. Die $\mathfrak{x}^i$ sind die Koordinaten eines beliebigen Bezugspunktes im MINKOWSKI-Raum. Den räumlichen Anteil identifiziert man mit der Drehimpulsbilanz der nichtrelativistischen Kontinuumsmechanik, die vierte Komponente mit dem Schwerpunktsatz.

Die obige Gleichung ist also eine Viererdrehimpulsbilanz. In Medien ohne innere Spinfreiheitsgrade bilanziert sie sogar den totalen Viererdrehimpuls des Systems. Die experimentell gerechtfertigte Forderung nach Drehimpuls- und Schwerpunkts*erhaltung* im abgeschlossenen System zieht unmittelbar die Symmetrie des Energie-Impuls-Tensors nach sich,

$$T^{ik} = T^{ki}. \tag{3.4}$$

Wenn wir im folgenden die Energie-Impuls-Kontinuitätsgleichung (1.24) mit *symmetrischem* Energie-Impuls-Tensor verwenden, brauchen wir die daraus *abgeleitete* Drehimpulsbilanz nicht zu berücksichtigen. In Medien, deren Teilchen einen Eigendrehimpuls (klassischen Spin) besitzen (COSSERAT-Kontinua), muß aber eine unabhängige Drehimpulsbilanz in die thermodynamische Analyse einbezogen werden.

Die Hauptsätze (Bilanzen) der Thermodynamik einkomponentiger Medien lauten gemäß (1.24), (1.36) und (1.51)

$$T^{ik}{}_{,k} = 0,\ T^{ik} = T^{ki} \quad \text{(1. Hauptsatz)}, \tag{3.5}$$

$$M^{i}{}_{,i} = 0, \tag{3.6}$$

$$S^{i}{}_{,i} = \sigma \geqq 0 \quad \text{(2. Hauptsatz)}. \tag{3.7}$$

Wir wollen zunächst nur solche Wechselwirkungen zwischen System und Umgebung zulassen, bei denen die Umgebung Kraftwirkungen auf die System*oberfläche* ausübt. Derartige mechanische Kraftwirkungen lassen sich durch Randbedingungen auf dem Mantel des Weltlinienbündels (Abb. 5) erfassen. Kräfte, die aus der Systemumgebung auf die Volumenelemente im Systeminneren wirken — dazu gehören die Kräfte der von außen angelegten elektromagnetischen Felder — sollen vorerst nicht behandelt werden.[1]) Da das Modell der inkohärenten Materie einen Grenzfall des einkomponentigen Mediums für verschwindende innere Wechselwirkungen verkörpert, ist zu erwarten, daß der totale Energie-

[1]) S. dazu Abschnitt 3.4.

Impuls-Tensor des Systems T^{ik} als einen wesentlichen Bestandteil den Energie-Impuls-Tensors der inkohärenten Materie (2.111) enthält. Daneben wird T^{ik} noch durch die kurzreichweitigen Wechselwirkungen zwischen den Elementarbausteinen beeinflußt, die in einkomponentigen Medien u. a. zur inneren Zähigkeit und zur Wärmeleitung führen.

Wenn wir im folgenden einen mit einigen Erläuterungen versehenen axiomatischen Weg einschlagen, wollen wir nur eine möglichst klare Herausstellung der in der phänomenologischen Thermodynamik üblichen Annahmen erreichen. Wir machen dabei an keiner Stelle eine Voraussetzung, die bei dem in der nichtrelativistischen Theorie bewährten Vorgehen nicht notwendig wäre, auch wenn die folgenden Schritte nicht überall in der Literatur als (nur empirisch zu rechtfertigende) *Annahmen* gekennzeichnet sind. Im nächsten Abschnitt werden wir sogleich eine physikalische Interpretation der axiomatisch eingeführten Begriffe und Relationen vornehmen.

Bereits in den Abschnitten 1.2. und 1.3. hatten wir festgestellt, daß die Entropie eine von den übrigen Größen abhängende Systemeigenschaft ist. Zur Berechnung von σ ist es notwendig, den Zusammenhang zwischen S^i, T^{ik} und M^i aufzufinden. Wir gehen von der einfachsten (linearen und homogenen) tensoriellen Beziehung zwischen zwei Vierervektoren und einem zweistufigen Tensor aus:

$$S^i = -\theta_k T^{ki} - \Phi M^i \,[1]. \qquad (3.8)$$

Wir werden sehen, daß dies eine Verallgemeinerung der CARNOT-CLAUSIUS-Beziehung (1.50) zwischen Wärmemenge (einer energetischen Größe) und Entropieänderung ist. In diesem Sinne wird der Proportionalitätsvektor θ_k (Tensor erster Stufe) als (reziproker) *Temperaturvektor* bezeichnet. Es wird sich herausstellen, daß er

[1]) Vorzeichenwahl in Hinblick auf die spätere Interpretation

zeitartig ist:

$$\theta_i \theta^i < 0 . \tag{3.9}$$

Die Invariante Φ wird mit der spezifischen Freien Energie in Zusammenhang gebracht werden. Wir setzen (3.8) in (3.7) ein und bekommen unter Verwendung von (3.5) und (3.6)

$$\sigma = -\frac{1}{2} T^{ki}(\theta_{k,i} + \theta_{i,k}) - M^i \Phi_{,i} \geqq 0. \tag{3.10}$$

Im thermodynamischen Gleichgewicht ($\sigma = 0$) muß gelten:

$$-\frac{1}{2} \mathring{T}^{ki}(\mathring{\theta}_{k,i} + \mathring{\theta}_{i,k}) - \mathring{M}^i \mathring{\Phi}_{,i} = 0. \tag{3.11}$$

Hierbei haben wir die Gleichgewichtswerte durch einen Kringel gekennzeichnet. Wir machen drei Annahmen, die sicher nur dann richtig sein können, wenn sich das System in Gleichgewichtsnähe befindet.

1. Die Beziehung (3.11) gilt auch außerhalb des Gleichgewichtes ($\sigma > 0$). Dies schließt ein, daß die Tensorfelder $\mathring{T}^{ik}$, $\mathring{M}_i$, $\mathring{\theta}_k$ und $\mathring{\Phi}$ auch für Nichtgleichgewichtszustände als eigenständige physikalische Begriffe erklärt sein sollen. Dazu stellen wir im folgenden Abschnitt weitere Überlegungen an.
2. Die bisher noch nicht festgelegten Größen θ_k und Φ dürfen mit $\mathring{\theta}_k$ und $\mathring{\Phi}$ aus der in den Nichtgleichgewichtsbereich fortgesetzten Gleichung (3.11) identifiziert werden.

$$\theta_k = \mathring{\theta}_k, \quad \Phi = \mathring{\Phi} . \tag{3.12}$$

Gleichung (3.11) wird sich als Umformung der GIBBSschen Fundamentalgleichung erweisen. Durch die beiden Annahmen wird somit die Gültigkeit dieser Gleichung auch für Nichtgleichgewichtszustände postuliert.

3. Mit dem Massenstrom ist kein irreversibler Effekt verbunden; es gilt auch außerhalb des Gleichgewichtes

$$M^i = \mathring{M}^i . \tag{3.13}$$

Diese Annahme besagt, daß das noch zu formulierende Prinzip vom lokalen Gleichgewicht gerade auf die *Massenelemente* zutrifft.

Mit (3.11), (3.12) und (3.13) bekommen wir folgende Aussage über die Entropiequellstärke:

$$\sigma = -\frac{1}{2}\,(T^{ki} - \mathring{T}^{ki})\,(\theta_{k,i} + \theta_{i,k}) \geqq 0\,. \tag{3.14}$$

Sie hat die Gestalt (3.1) mit den generalisierten Strömen und Kräften

$$(J_A) = (T^{ki} - \mathring{T}^{ki}), \quad (X_A) = \left(-\frac{1}{2}\,[\theta_{k,i} + \theta_{i,k}]\right), \tag{3.15}$$

wo der Index A über alle Indexkombinationen der Vierertensoren läuft. Nach dem Muster (3.2) formulieren wir die linearen phänomenologischen Beziehungen

$$T^{ik} - \mathring{T}^{ik} = -\frac{1}{2}\,L^{iklm}(\theta_{l,m} + \theta_{m,l}). \tag{3.16}$$

Damit haben wir den Energie-Impuls-Tensor T^{ik} durch seinen Gleichgewichtswert $\mathring{T}^{ik}$ und durch einen irreversiblen Anteil (rechte Seite) ausgedrückt. Nach der Berechnung von $\mathring{T}^{ik}$ und $\mathring{M}^i = M^i$ aus den unabhängigen Zustandsvariablen bekommen wir die gewünschten Differentialgleichungen für diese Zustandsvariablen dadurch, daß wir T^{ik} und M^i in die Bilanzgleichungen (3.5) bzw. (3.6) einsetzen.

3.2.2. *Gibbssche Fundamentalgleichung und Zustandsgleichungen*

Wir wollen zeigen, daß die explizite Form von $\mathring{T}^{ik}$ allein durch die GIBBSsche Fundamentalgleichung bestimmt wird. Die Postulierung einer GIBBSschen Fundamentalgleichung beschränkt unsere Überlegungen auf die „Nähe“ zum thermodynamischen Gleichgewicht.

Die „Gleichgewichtsnähe“ der nichtrelativistischen phänomenologischen Theorie in ihrem gegenwärtigen Entwicklungsstadium kommt in der folgenden Grundvoraussetzung zum Ausdruck:

Es sei möglich, das System (gedanklich) so in Volumenelemente einzuteilen, daß diese Volumenelemente als thermodynamische Systeme behandelt werden können. Auch wenn im System irreversible Prozesse ablaufen, soll sich der Zustand der Volumenelemente durch den gleichen Formalismus beschreiben lassen, wie der Zustand eines homogenen thermodynamischen Systems (einer Phase) im Gleichgewicht (Prinzip des lokalen Gleichgewichtes). Diese Annahme impliziert insbesondere die Gültigkeit einer Gibbsschen Fundamentalgleichung im Volumenelement. Das Prinzip des lokalen Gleichgewichtes beruht auf der Gültigkeit einer Kompromisses: Die Volumenelemente sollen so groß sein, daß sich mikroskopische Schwankungserscheinungen nicht mehr bemerkbar machen (Kennzeichen thermodynamischer Systeme), sie sollen andererseits so klein sein, daß sich die Zustandsvariablen entlang der räumlichen Abmessungen eines Volumenelementes und in kleinen Zeitintervallen praktisch nicht ändern (räumliche und zeitliche Homogenität der Volumenelemente). Die letztgenannten Eigenschaften sind eine notwendige Voraussetzung dafür, daß sich *Systemgrößen*, wie die Temperatur oder der hydrostatische Druck, überhaupt als *Feldgrößen* an jeder Stelle des thermodynamischen Systems und zu jedem Zeitpunkt in seiner Geschichte einführen lassen. Die phänomenologische Thermodynamik irreversibler Prozesse ist also dann nicht anwendbar, wenn Prozesse so schnell ablaufen und mit solch großen Inhomogenitäten verbunden sind, daß sich thermodynamische Zustandsfelder nicht mehr definieren lassen. Mit Hilfe der kinetischen Theorie der Transportprozesse in Gasen kann man nach J. Meixner (1941) hierzu folgende anschauliche Aussage machen: Solange Temperatur- bzw. Geschwindigkeitsänderungen über eine mittlere freie Weglänge klein gegenüber der absoluten Temperatur bzw. der Schallgeschwindigkeit bleiben, darf lokales Gleichgewicht vorausgesetzt werden. In Gasen unter Normalbedingungen (mittlere freie Weglänge $10^{-4} - 10^{-5}$ cm) kann man noch Temperaturgradienten bis zu 10^5 K/cm mit den Methoden der phänomenologischen Thermodynamik irreversibler Prozesse behandeln.

In der nichtrelativistischen GIBBSschen Fundamentalgleichung tritt das thermodynamische Potential Entropiedichte (oder spezifische Entropie) als skalare Größe auf. Wenn wir eine skalare relativistische GIBBSsche Fundamentalgleichung in koordinatenunabhängiger Weise formulieren wollen, müssen wir, ausgehend von der Viererstromdichte S^i einen Tensor nullter Stufe als invariante Entropiedichte definieren. Im Abschnitt 2.2.5. haben wir gezeigt, daß dies mit Hilfe des Projektionsformalismus möglich ist. Gemäß (2.76) ist $s = -c^{-2}u_iS^i$ die Entropiedichte in den lokalen Ortsräumen einer Weltlinienkongruenz mit dem Tangentialvektor $u^i(x^k)$. Sie hängt also von der Auswahl des Weltlinienbündels ab, die, wie wir gesehen haben, für ein gegebenes thermodynamisches System nicht willkürfrei vorgenommen werden kann. Natürlich möchte man das Geschwindigkeitsfeld u^i der Volumenelemente und damit das Weltlinienbündel durch physikalische Größen festlegen. Dafür bieten sich aber sowohl die Massenstromdichte M^i als auch der Energie-Impuls-Tensor T^{ik} an:

1. $M^i = \varrho u^i$ (ECKART, 1940), (3.17)

2. $u_iT^{ik} = -eu^k$ (LANDAU und LIFSCHITZ, 1966). (3.18)

In der ECKARTschen Version bewegen sich die Volumenelemente mit der Masse mit, sie sind Massenelemente (ϱ ist die von einem mitbewegten Beobachter gemessene Massendichte). In der Version von LANDAU und LIFSCHITZ definiert die Energieströmung das Geschwindigkeitsfeld (e ist die Energiedichte in einem mit dem Energieelement mitbewegten Inertialsystem). Im thermischen Gleichgewicht stimmen beide Geschwindigkeitsfelder überein, aber auch außerhalb des Gleichgewichtes führen sie in erster Näherung zu äquivalenten Aussagen (ANDERSON, 1970). Wir schließen uns der ECKARTschen Variante an, die eine stärkere Anlehnung an die nichtrelativistische Thermodynamik ermöglicht.

In diesem Sinne werden wir die Gültigkeit der GIBBSschen Fundamentalgleichung in den lokalen Ortsräumen der *Massenelemente* voraussetzen. *Die Massenelemente werden damit als Systeme im lokalen Gleichgewicht angesehen.* Dieser Sachverhalt kommt auch in der Relation $M^i = \mathring{M}^i$ (3.13) zum Ausdruck. Sie gibt der Aufspaltung (2.106)

$$M^i = \mathring{M}^i = \varrho u^i$$

eine thermodynamische Bedeutung: Massendichte ϱ und Vierergeschwindigkeit u^i werden zu thermodynamischen Zustandsvariablen. Bei Bevorzugung der LANDAU-LIFSCHITZ-VARIANTE muß statt (3.13)

$$\theta_i T^{ik} = \theta_i \mathring{T}^{ik}$$

gefordert werden.

Im Sinne einer Analyse könnten wir ohne weitere Voraussetzungen von der bloßen Existenz eines Vierergeschwindigkeitsfeldes v^i, auf das die Annahme des lokalen Gleichgewichtes zutrifft, ausgehen und den Ansatz (3.8) folgendermaßen erweitern:

$$S^i = -\theta_k T^{ki} - \Lambda M^i - \Psi v^i \quad (v^i \neq u^i \sim M^i).$$

Die Divergenz dieses Geschwindigkeitsfeldes, $v^i{}_{,i} = \Theta_v$ wäre als *Volumenbilanz* der ausgezeichneten Volumenelemente zu interpretieren (vgl. (2.85)). Mit den Forderungen $v^i = \mathring{v}^i$ (lokales Gleichgewicht bezüglich v^i); $\theta_k = \mathring{\theta}_k$, $\Lambda = \mathring{\Lambda}$, $\Psi = \mathring{\Psi}$ folgte aus dem Analogon zu (3.11) für die Entropiequellenstärke

$$\sigma = -\frac{1}{2}\,(T^{ki} - \mathring{T}^{ki})\,(\theta_{k,i} + \theta_{i,k}) - (M^i - \mathring{M}^i)\,\Lambda_{,i}.$$

Die linearen phänomenologischen Beziehungen hätten die Gestalt

$$T^{ik} - \mathring{T}^{ik} = -\frac{1}{2}\,L^{iklm}(\theta_{l,m} + \theta_{m,l}) - L^{ikl}\,\Lambda_{,l},$$

$$M^i - \mathring{M}^i = -\frac{1}{2}\,\bar{L}^{ilm}(\theta_{l,m} + \theta_{m,l}) - L^{il}\Lambda_{,l},$$

wovon die zweite einen Selbstdiffusionseffekt beschriebe. Analog zu den noch folgenden Überlegungen könnten die

Größen $\mathring{T}^{ik}$, $\mathring{M}^i$, θ_k, Λ und Ψ interpretiert werden. Speziell für fluide Mediem ergäbe sich $M^i \sim \mathring{s}^i$, $\theta_k = T^{-1}v_k$, $\Lambda = T^{-1}p$ und $\Psi = T^{-1}\mu$, wo T die Temperatur, p den hydrostatischen Druck und μ das chemische Potential des mit der Vierergeschwindigkeit v^i bewegten Volumenelementes bezeichnet. v^i wäre hier eine unabhängige Zustandsvariable und könnte aus den Differentialgleichungen, die man aus den Bilanzgleichungen gewinnt, berechnet werden.

Wir wollen zunächst die Beziehung (3.8) zwischen den extensiven Größen interpretieren. Man erwartet, daß zwischen der Wärmemenge ΔQ, die dem dreidimensionalen Massenelement zugeführt oder entzogen wird, und der Entropieänderung ΔS die CARNOT-CLAUSIUS-Beziehung

$$\Delta S = \frac{\Delta Q}{T} \quad (T > 0)$$

besteht, wobei T die absolute Temperatur des Massenelementes ist. Entsprechend den in (2.72) bis (2.75) zusammengefaßten Vorschriften können wir den Energie-Impuls-Tensor T^{ik} und die Viererstromdichte der Entropie S^i in den zu u^i senkrechten lokalen Ortsraum projizieren. Wegen (2.76) und (1.24) bzw. (1.51) beschreiben die Stromdichten $e^i = -h^i_l u_k T^{kl}$ bzw. $s^i = h^i_k S^k$ den Energie- bzw. den Entropieaustausch zwischen Massenelement und Umgebung. Wenn, wie vorausgesetzt, keine äußeren Volumenkräfte vorhanden sind, ist Wärmetransport die einzige Form der Energieströmung. Die CARNOT-CLAUSIUS-Beziehung besagt also

$$s^l = \frac{1}{T} e^l = -\frac{u_k}{T} T^{ki} h^l_i \quad (T > 0). \tag{3.19}$$

Andererseits folgt aus (3.8) nach Projektion *senkrecht* zu u^i

$$s^l = -\theta_k T^{ki} h^l_i. \tag{3.20}$$

Die beiden Gleichungen lassen sich nur für

$$\theta_k = \frac{u_k}{T} \quad (T > 0) \tag{3.21}$$

in allen Punkten des vierdimensionalen Systemvolumens zur Deckung bringen. Der Temperaturvierervektor zeigt somit in Richtung der Massenstromdichte ($\theta_k \sim M_k$), sein Betrag ist der Temperatur T, die ein im Massenelement sitzender Beobachter mißt, umgekehrt proportional.

Selbstverständlich kann man sich auf den Standpunkt stellen, daß diese *invariante* Temperatur T die natürliche Verallgemeinerung der in der nichtrelativistischen Theorie verwendeten skalaren Temperatur darstellt. Dies entspricht der Möglichkeit, zu den Tensoren T^{ik}, M^i und S^i invariante Dichten der Energie, der Masse und der Entropie mit Hilfe des Projektionsformalismus zu definieren. Stellt man dagegen die Tensoren T^{ik}, M^i und S^i als primäre Größen in den Mittelpunkt der Betrachtung, wie das beispielsweise in (3.5) bis (3.11) geschehen ist, so wird man den primär *vektoriellen* Charakter des Temperaturbegriffes betonen.

Der Schritt von einer skalaren Größe in der nichtrelativistischen Theorie zu einem Vierervektor θ_k in der Relativitätstheorie kommt dadurch zustande, daß die zur reziproken Temperatur konjugierte variable Energie zu einer vierdimensionalen Einheit mit dem Impuls zusammengefügt wird (vgl. (1.11), (1.12)).

Zur Interpretation des anderen Proportionalitätsfaktors in der verallgemeinerten CARNOT-CLAUSIUS-Beziehung (3.8) gelangen wir, wenn wir den zu u^i *parallelen* Anteil von (3.8) untersuchen. Dazu überschrieben wir (3.8) mit u_i. Wir bekommen

$$\Phi = \frac{e - Ts}{\varrho T}. \tag{3.22}$$

Die Intervarianten $e = c^{-2}u_i u_k T^{ik}$, $s = -c^{-2}u_i S^i$ und $\varrho = -c^{-2}u_i M^i$ müssen gemäß (2.72) bis (2.76) als Energiedichte, Massendichte und Entropiedichte des Massenelementes interpretiert werden. Demzufolge ist der Tensor nullter Stufe Φ die spezifische freie Energie dieses Massenelementes, dividiert durch seine absolute Temperatur. Eine solche Bildung wird auch als MASSIEU-Funktion bezeichnet.

Wir können Gleichung (3.22) als LEGENDREsche Transformation $s \to \Phi$ auffassen. Mit dieser Transformation erhält man die Beziehung (3.11) aus der GIBBSschen Fundamentalgleichung der Massenelemente, wie wir noch zeigen wollen. Die beiden Forderungen zur Gültigkeit der Gleichung (3.11) über das Gleichgewicht hinaus lassen sich damit auf die Grundvoraussetzung zurückführen, daß die Massenelemente thermodynamische Systeme sein sollen. Dieser Voraussetzung geben wir jetzt eine mathematische Form, indem wir den Zustand des Massenelementes eines gegebenen einkomponentigen Materials durch die gleichen unabhängigen Zustandsvariablen und das gleiche zugehörige thermodynamische Potential charakterisieren wie den Gleichgewichtszustand jenes Materials. Dabei soll das Potential in gleicher Weise von seinen Zustandsvariablen abhängen wie im Gleichgewichtszustand (Prinzip des lokalen Gleichgewichtes).

A. Fluide Medien. Der Zustand *fluider Medien* kann gemäß (1.7) durch die unabhängigen Zustandsvariablen spezifische innere Energie und spezifisches Volumen vollständig gekennzeichnet werden. Das spezifische Volumen des Massenelementes v ist der Kehrwert seiner Ruhmassendichte ϱ, nach (2.106) gilt also

$$\mathsf{v} \equiv \varrho^{-1} \equiv -c^2(u_i M^i)^{-1}, \quad u^i \sim M^i. \tag{3.23}$$

Die innere Energie eines thermodynamischen Systems ist ein Resultat der Wechselwirkung zwischen den Elementarbausteinen. Man stelle sich vor, daß diese Wechselwirkung abgeschaltet sei. Dann reduziert sich der Energie-Impuls-Tensor des einkomponentigen Mediums auf den Energie-Impuls-Tensor der inkohärenten Materie (2.111), der zur Gesamtenergiedichte e des Massenelementes den Beitrag $\overset{I}{T}{}^{ik} u_i u_k c^{-2} \equiv \varrho c^2$ beisteuert. Wir definieren also die *Dichte der inneren Energie* u bzw. die *spezifische innere Energie* u durch

$$\begin{aligned} u &\equiv e - \varrho c^2, \; e \equiv c^{-2} u_i u_k T^{ik} \\ \mathsf{u} &\equiv \varrho^{-1} u = \mathsf{e} - c^2, \; \mathsf{e} \equiv \varrho^{-1} e. \end{aligned} \tag{3.24}$$

Die spezifische Entropie s im Massenelement ist durch

$$s \equiv -c^{-2}\varrho^{-1}u_i S^i \tag{3.25}$$

gegeben. Der funktionale Zusammenhang

$$s = s(u, v) \tag{3.26}$$

zwischen Potential s und unabhängigen Zustandsvariablen u und v ist voraussetzungsgemäß von der Gleichgewichtsthermodynamik des gerade betrachteten Materials zu übernehmen. Die GIBBSsche Fundamentalgleichung des fluiden Mediums lautet wie in (1.7)

$$\mathrm{d}s = \frac{1}{T}\,\mathrm{d}u + \frac{p}{T}\,\mathrm{d}v. \tag{3.27}$$

Wegen (3.24) gilt aber auch

$$\mathrm{d}s = \frac{1}{T}\,\mathrm{d}e + \frac{p}{T}\,\mathrm{d}v. \tag{3.28}$$

Durch diese Gleichungen sind Temperatur T und hydrostatischer Druck p im Massenelement über erste Ableitungen des Potentials nach den Zustandsvariablen erklärt,

$$T = \left(\frac{\partial s}{\partial u}\right)^{-1} = T(u, v), \qquad p \equiv \frac{\partial s}{\partial v}\left(\frac{\partial s}{\partial u}\right)^{-1} = p(u, v).$$

Auch die Zustandsgleichungen haben die gleiche Funktionalstruktur wie im Gleichgewicht.

Durch die LEGENDREsche Transformation (3.22) führen wir die MASSIEU-Funktion Φ als thermodynamisches Potential ein. Aus (3.28) folgt

$$s \to \Phi = \Phi\left(\frac{1}{T}, \frac{1}{\varrho}\right), \qquad \mathrm{d}\Phi = e\,\mathrm{d}\,\frac{1}{T} - \frac{p}{T}\,\mathrm{d}v. \tag{3.29}$$

Man erhält hier die Zustandsgleichungen gleich in der üblicherweise benutzten Form

$$\mathsf{e} = \mathsf{e}(T, \varrho) = \frac{\partial \Phi}{\partial T^{-1}}, \qquad p = p(T, \varrho) = -T \frac{\partial \Phi}{\partial \mathsf{v}}.$$

(kalorische Zustandsgleichung), (thermische Zustandsgleichung)

(3.30)

Beispielsweise gilt für ideale Gase, die aus Atomen der Masse m bestehen, bei Temperaturen $T \ll 10^8$K entsprechend der klassischen Statistik

$$\mathsf{e} = c^2 + u = c^2 + \frac{3k}{2m} T, \quad p = \frac{k}{m} \varrho T \qquad (3.31)$$

($k = 1{,}380 \cdot 10^{-23}$ Ws/K: BOLTZMANN-Konstante). Für höhere Temperaturen und schnell bewegte Atome liefert die relativistische Statistik

$$\mathsf{e} = \frac{k}{m} T - \frac{K_2'(mc^2k^{-1}T^{-1})}{K_2(mc^2k^{-1}T^{-1})} c^2, \quad p = \frac{k}{m} \varrho T, \qquad (3.32)$$

wo die modifizierte BESSEL-Funktion K_2 in (5.34) erklärt ist. K_2' bedeutet Ableitung nach dem Argument. Wir werden hier zu der interessanten Feststellung geführt, daß man bei der Anwendung der relativistischen Thermodynamik verschiedene Ebenen unterscheiden kann. Selbst bei großen Geschwindigkeiten der Massenelemente ist es oft ausreichend, deren *inneren* Zustand durch kovariant formulierte „nichtrelativistische" Zustandsgleichungen zu beschreiben (s. Gl. (3.31)).

Wir wollen aus der Fundamentalgleichung (3.28) die Beziehung (3.11) herleiten. Dazu beziehen wir die Änderungen von Φ, T^{-1} und v in (3.29) auf die Eigenzeit τ

des Volumenelementes. Mit Hilfe der Umformungen

$$\varrho \frac{\mathrm{d}}{\mathrm{d}\tau} \Phi = \varrho u^i \Phi_{,i} = M^i \Phi_{,i}, \tag{3.33}$$

$$\varrho \mathrm{e} \frac{\mathrm{d}}{\mathrm{d}\tau} \frac{1}{T} = -\frac{\varrho \mathrm{e}}{2c^2} u^i u^k \left[\left(\frac{u_i}{T}\right)_{,k} + \left(\frac{u_k}{T}\right)_{,i}\right], \tag{3.34}$$

$$\frac{\varrho p}{T} \frac{\mathrm{d}}{\mathrm{d}\tau} \mathrm{v} = \frac{\varrho p}{T} u^i \left(\frac{1}{\varrho}\right)_{,i} = \frac{p}{T} u^i{}_{,i}$$

$$= \frac{p}{2} h^{ik} \left[\left(\frac{u_i}{T}\right)_{,k} + \left(\frac{u_k}{T}\right)_{,i}\right], \tag{3.35}$$

bei denen wir die Kontinuitätsgleichung (3.6) und die Relation $u^i u_{i,k} = 0$ ausgenutzt sowie den Projektionstensor (2.70) und den Temperaturvektor (3.21) eingeführt haben, folgt aus (3.29) und (3.13):

$$M^i \Phi_{,i} = -\frac{1}{2} \left[\frac{\varrho \mathrm{e}}{c^2} u^i u^k + p h^{ik}\right] [\theta_{i,k} + \theta_{k,i}]. \tag{3.36}$$

Der Vergleich mit (3.11) führt zu der Identifizierung

$$\mathring{T}^{ik} = \varrho \left(1 + \frac{\mathrm{u}(T, \varrho)}{c^2}\right) u^i u^k + p(T, \varrho) h^{ik}. \tag{3.37}$$

Medien, in denen alle generalisierten Ströme J_A verschwinden, obwohl sich in ihnen generalisierte Kräfte X_B (z. B. Temperaturgradienten) herausbilden können, denen also die Fähigkeit zur Wärmeleitung, zur Viskosität oder zur Abwicklung anderer irreversibler Prozesse fehlt, heißen *ideale Medien*. Sie sind durch verschwindende phänomenologische Koeffizienten (Wärmeleitkoeffizient, Viskositätskoeffizienten usw.) charakterisiert, $L_{AB} = 0$ ($\Rightarrow \mathrm{J}_A = 0$) und produzieren daher keine Entropie, $\sigma = 0$. In diesem Sinne folgt mit $L^{iklm} = 0$ für *ideale fluide Medien* aus (3.16) $T^{ik} = \mathring{T}^{ik}$. $\mathring{T}^{ik}$ ist also der *Energie-Impuls-Tensor des idealen fluiden Mediums*. Aus (3.37) und (3.30) lesen wir ab, daß er aus dem thermodynamischen Potential $\Phi(T^{-1}, \varrho^{-1})$ (oder aus den Zustandsgleichungen (3.30)) als Funktion der Zustandsvariablen T, ϱ und u^i berechnet werden kann:

$$\mathring{T}^{ik}(T, \varrho, u_i) = \frac{\varrho}{c^2} \frac{\partial \Phi(T^{-1}, \varrho^{-1})}{\partial T^{-1}} u^i u^k - T \frac{\partial \Phi(T^{-1}, \varrho^{-1})}{\partial \varrho^{-1}} h^{ik} \tag{3.38}$$

Er ist also eine tensorielle Zustandsgröße (Eigenschaft) des Systems „fluides Medium" und faßt in vierdimensionaler Form die kalorische und die thermische Zustandsgleichung zusammen. Erwartungsgemäß enthält $\mathring{T}^{ik}$ den Energie-Impuls-Tensor der inkohärenten Materie $\overset{I}{T}{}^{ik}$ (2.111). Die spezifische innere Energie u ist i. allg. sehr klein gegenüber dem Quadrat der Lichtgeschwindigkeit, $u \ll c^2$, so daß der Masseanteil $\overset{I}{T}{}^{ik} = \varrho u^i u^k$ in T^{ik} dominiert.

B. Festkörper. In analoger Weise können wir den Energie-Impuls-Tensor des *idealen Festkörpers* bestimmen. Erfahrungsgemäß ist die spezifische Entropie in diesem Falle thermodynamisches Potential in den unabhängigen Zustandsvariablen spezifische innere Energie u und Deformationstensor ε_{ik}. In welcher Weise der symmetrische Tensor ε_{ik} den Deformationszustand des Massenelementes charakterisiert, wurde in Abschnitt 2.2.6. besprochen. Eine gegenüber LORENTZ-Transformationen *invariante Größe* wie s muß, wenn sie Funktion eines *Tensors* ε_{ik} sein soll, zumindest noch vom metrischen Tensor η^{ik} oder vom Projektionstensor h^{ik} abhängen, da man aus den Komponenten ε_{ik} allein keinen Tensor nullter Stufe bilden kann. Die gleiche Aussage trifft auch auf die MASSIEU-Funktion $\Phi = (e - Ts) \times T^{-1}$ zu, so daß deren Differential folgende Form haben muß:

$$\mathrm{d}\Phi = e \,\mathrm{d}\frac{1}{T} + \frac{\partial \Phi}{\partial \varepsilon_{ik}} \mathrm{d}\varepsilon_{ik} + \frac{\partial \Phi}{\partial h^{lm}} \mathrm{d}h^{lm}. \tag{3.39}$$

Wenn aber Φ eine Funktion invarianter Bildungen aus ε_{ik} und h^{lm} ist, wenn es also die Struktur $\Phi = \Phi\left(\frac{1}{T}, \varepsilon_{ik}h^{ik}, \varepsilon_{ir}\varepsilon_{ks}h^{ik}h^{rs}, \varepsilon_{ir}\varepsilon_{ks}\varepsilon_{lt}h^{ik}h^{sl}h^{tr}, \ldots\right)$ besitzt, muß folgende Identität gelten:

$$\frac{\partial \Phi}{\partial h^{ik}} = \frac{\partial \Phi}{\partial \varepsilon_{mn}} (\varepsilon_{mi} h_{nk})^{1)}. \tag{3.40}$$

($\frac{\partial \Phi}{\partial \varepsilon_{mn}}$ ist ein kontravarianter Tensor, nach wie vor gilt die Summenkonvention) Aus (3.40) liest man

$$\frac{\partial \Phi}{\partial \varepsilon_{mn}} \varepsilon_{mi} h_{nk} = \frac{\partial \Phi}{\partial \varepsilon_{mn}} \varepsilon_{mk} h_{ni} \tag{3.41}$$

ab. Nicht alle Potentiale Φ besitzen die einfache Funktionalstruktur $\Phi = \Phi\left(\frac{1}{T}, \varepsilon_{ik}, h^{lm}\right)$, die ihrerseits (3.41) zur Folge hat. Sie liegt zwar u. a. beim isotropen Festkörper vor, bei allgemeineren (anisotropen) Festkörpern muß das Potential aber von weiteren Materialtensoren abhängen. Diese können in nichtrelativistischer Näherung oft als *konstante* Tensoren aufgefaßt werden, die man nicht in den Satz der unabhängigen Zustandsvariablen aufzunehmen braucht. Im lokalen Ortsraum der Massenelemente kann man aber im allgemeinen gar keine konstanten Tensoren definieren.

Wenn wir bezüglich u^i die Lie-Ableitung $\mathscr{L}_u$ des Potentials $\Phi\left(\frac{1}{T}, \varepsilon_{ik}, h^{lm}\right)$ bilden und dabei beachten, daß die Lie-Ableitung von Invarianten mit der eigenzeitlichen Ableitung $\mathrm{d}/\mathrm{d}\tau$ übereinstimmt, daß für Lie-Ableitungen die üblichen Rechenregeln für das Differenzieren impliziter Funktionen gelten (Kettenregel)

---

1) In sehr allgemeiner Weise folgt (3.40) aus der Invarianz von Φ gegenüber infinitesimalen Lorentz-Transformationen als Noethersche Identität.

und daß wegen (2.97), (2.70) und (2.66) die Relationen

$$2\mathcal{L}_u\varepsilon_{ik} = \mathcal{L}_u h_{ik} = -h_{im}h_{kn}\mathcal{L}_u h^{mn} = h_i^m h_k^n(u_{m,n} + u_{n,m})$$
$$= Th_i^m h_k^n(\theta_{m,n} + \theta_{n,m}) \tag{3.42}$$

bestehen, so bekommen wir mit (3.33) und (3.34) eine zu (3.36) analoge Gleichung, aus der nach Vergleich mit (3.11) der *Energie-Impuls-Tensor des idealen Festkörpers*

$$\mathring{T}^{ik}(T, \varrho, \varepsilon_{ik}, u^i)$$
$$= c^{-2}\varrho \frac{\partial \Phi}{\partial T^{-1}} u^i u^k - \varrho T \left[\frac{\partial \Phi}{\partial \varepsilon_{mn}} (h_m^i h_n^k - \varepsilon_m^i h_n^k - \varepsilon_n^i h_m^k\right] \tag{3.43}$$

abgelesen werden kann. Genau wie beim idealen fluiden Medium ist die Vierergeschwindigkeit u_i der Massenelemente *Eigenvektor* dieses Tensors, so daß

$$e^i = -h_l^i u_k \mathring{T}^{kl} = 0 \tag{3.44}$$

gilt: *Im idealen Medium findet keine Energieströmung relativ zum Massenelement statt, die gesamte Energie wird vom Massenelement* (*konvektiv*) *transportiert*. Durch Projektion senkrecht und parallel zur Vierergeschwindigkeit bekommen wir aus (3.43) mit (3.39)

$$\mathsf{e} \equiv c^{-2}\varrho^{-1}u_i u_k \mathring{T}^{ik} = \frac{\partial \Phi}{\partial T^{-1}} \quad \text{(kalorische ZG)} \tag{3.45}$$

$$p^{ik} \equiv h_m^i h_n^k \mathring{T}^{mn} \equiv -\varrho T \frac{\partial \Phi}{\partial \varepsilon_{mn}} (h_m^i h_n^k - \varepsilon_m^i h_n^k - \varepsilon_n^i h_m^k) \quad \text{(thermische ZG)} \tag{3.46}$$

$\mathsf{e} = u + c^2$ ist wieder die spezifische Gesamtenergie, u die spezifische innere Energie. Der symmetrische *elastische Drucktensor* des Massenelementes p^{ik} besitzt definitionsgemäß die Eigenschaft $u_i p^{ik} = 0$. Zur Veranschaulichung der Begriffsbildung *Drucktensor des*

Massenelementes führe man wieder ein lokales Ruhsystem mit $u^i = c\delta^i_4$ ($\Rightarrow h^4_m = 0 = h^m_4$; $h^\alpha_\beta = \delta^\alpha_\beta$; $\alpha, \beta = 1, 2, 3$) ein.

Die thermische Zustandsgleichung (3.46) stellt den Zusammenhang zwischen Spannung (negativem Druck $-p^{ik}$) und Dehnung (Deformation ε_{ik}) her, enthält also das HOOKEsche Gesetz, das wir wie in der nichtrelativistischen Theorie durch eine Potenzreihenentwicklung der MASSIEU-Funktion gewinnen können. Wenn sich das System im Laufe seiner Entwicklung nur wenig vom undeformierten Zustand $T = T_u$, $\varepsilon_{ik} = 0$ entfernt, gilt bis zur zweiten Ordnung in $\Delta T \equiv T - T_u$ und ε_{ik}:

$$\Phi\left(\frac{1}{T}, \varepsilon_{ik}, h^{lm}\right) = \Phi_u - \frac{1}{T_u}\left[\mathsf{e}_u\left(\frac{\Delta T}{T_u} - \frac{\Delta T^2}{T_u^2}\right) + T_u C_\varepsilon \frac{\Delta T^2}{2T_u^2}\right.$$
$$\left. - \frac{\lambda}{2}(\varepsilon_{rs}h^{rs})^2 - \mu\varepsilon_{rm}\varepsilon_{sn}h^{rs}h^{mn} + m\varepsilon_{ik}h^{ik}\Delta T\right]. \tag{3.47}$$

Der Index u zeigt an, daß es sich um den Wert einer Größe im undeformierten Zustand handelt. Die Symbolik der von T, u^i und ε_{ik} unabhängigen Entwicklungskoeffizienten (Φ_u, e, C_ε, λ, μ und m) wurde gleich der gebräuchlichen physikalischen Begriffsbildung angepaßt (s. u.). Ein in $\varepsilon_{ik}h^{ik}$ lineares Entwicklungsglied kann nicht auftreten, da ein undeformierter Festkörper druckfrei ist ($\varepsilon_{ik} = 0$: $p^{ik} = 0$). Mit (3.47) bekommen die Materialgleichungen (Zustandsgleichungen) (3.43) bzw. (3.45, 46) folgende Gestalt

$$\mathring{T}^{ik} = c^{-2}\varrho\mathsf{e}u^iu^k + p^{ik}, \tag{3.48}$$

$$\mathsf{e} = \mathsf{e}_u + C_\varepsilon(T - T_u) + mT_u\varepsilon_{ik}h^{ik}, \tag{3.49}$$

$$p^{ik} = \varrho[m(T - T_u)\,h^{ik} - \lambda\varepsilon_{rs}h^{rs}h^{ik} - 2\mu\varepsilon^{ik}], \tag{3.50}$$

wobei alle quadratischen Terme in ΔT und ε_{ik} gestrichen wurden. Die letzte Beziehung ist das durch einen Temperaturdruckterm erweiterte HOOKEsche *Gesetz des isotropen Festkörpers,* das als Materialeigenschaften die

LAMÉschen Moduln λ und μ, die hier auf die Masseneinheit bezogen sind, enthält. m kann aus dem Ausdehnungskoeffizienten berechnet werden. $C_\varepsilon = \partial \mathbf{e}(T, \varepsilon_{ik}, h^{lm})/\partial T$ muß als spezifische Wärme bei konstanter Deformation ε_{ik} interpretiert werden. Die spezifische Gleichgewichtsenergie $\mathbf{e}_u$ enthält wegen (3.24) als wesentlichen Anteil das Quadrat der Lichtgeschwindigkeit c^2 („spezifische Energie der inkohärenten Materie“).

3.2.3. Die phänomenologischen Koeffizienten

Im vorangegangenen Abschnitt haben wir uns überlegt, wie die Komponenten des Gleichgewichtswertes des Energie-Impuls-Tensors $\mathring{T}^{ik}$ als Zustandsgrößen aus den unabhängigen Zustandsvariablen berechnet werden können. Im linearen Ansatz für den totalen Energie-Impuls-Tensor T^{ik} (3.16) tritt mit den phänomenologischen Koeffizienten L^{iklm} noch ein zweiter Komplex von Zustandsgrößen auf, mit dem wir uns jetzt eingehender beschäftigen wollen. Die Zustandsgrößen L^{iklm} sind ebenso wie die $\mathring{T}^{ik}$ Funktionen der unabhängigen Zustandsvariablen T, ϱ, u^i usw., sie können aber nicht aus einem thermodynamischen Potential abgeleitet werden. Es lassen sich jedoch einige experimentell gesicherte Aussagen über ihre Definitheit, ihre Symmetrie und ihre Eigenschaften bei Isotropie des Mediums machen. Die *Definitheits*einschränkungen ergeben sich aus der Semidefinitheit der Entropiequellstärke (3.14) (vgl. Bemerkung zu (3.3)), in die wir (3.16) einsetzen können:

$$\sigma = \sum_{A,B} L_{AB} X_A X_B$$

$$= \frac{1}{4} L^{iklm} (\theta_{i,k} + \theta_{k,i}) (\theta_{l,m} + \theta_{m,l}) \geqq 0. \qquad (3.51)$$

Wir wollen die Bedingungen, denen die $(L_{AB}) \equiv (L^{iklm})$ als Koeffizienten einer positiv-semidefiniten quadratischen Form genügen müssen, nicht alle aufzählen. Beispielsweise muß stets $L_{AB} \geqq 0$ für $A = B$ gelten.

Ausgehend vom Prinzip der mikroskopischen Reversibilität und anderen plausiblen Annahmen konnte ONSAGER mit Hilfe der Theorie der Schwankungserscheinungen die *Symmetrie* der Matrix (L_{AB}) für bestimmte Typen von Kräften (X_A) und (X_B) nachweisen. In verallgemeinerter Form lauten diese Symmetrieaussagen

$$L_{AB} = \varepsilon_A \varepsilon_B L_{AB}, \; \varepsilon_A = \begin{cases} 1 & \text{für Kräfte, die bei Bewegungsumkehr ihr Vorzeichen nicht ändern,} \\ -1 & \text{für Kräfte, die bei Bewegungsumkehr ihr Vorzeichen ändern} \end{cases} \tag{3.52}$$

Sie werden meist als ONSAGER-CASIMIRSCHE *Reziprozitätsbeziehungen* (OCRB) bezeichnet. Eine formale Übertragung dieser nichtrelativistisch abgeleiteten Bedingungen in die relativistische Thermodynamik bereitet keine Schwierigkeiten. Bewegungsumkehr besteht darin, die Materieweltlinien des thermodynamischen Systems in umgekehrter Richtung zu durchlaufen, also die Transformation $d\tau \to -d\tau$; $u^i \to -u^i$ auszuführen. Im einkomponentigen Medium ändern dabei alle Kräfte $(X_A) = (\theta_{i,k} + \theta_{k,i})$ wegen $\theta_i \to -\theta_i$ ihr Vorzeichen[1]) $(\varepsilon_A = -1, \varepsilon_B = -1)$, es gilt also nach (3.52)

$$L_{AB} = L_{BA}, \quad \text{d. h. } L^{iklm} = L^{lmik}. \tag{3.53}$$

Allein aus der Symmetrie von T^{ik} und $(\theta_{l,m} + \theta_{m,l})$ folgt schon

$$L^{iklm} = L^{kilm} = L^{ikml}. \tag{3.54}$$

Die *Isotropie* fluider Medien muß sich auch in ihren Zustandsgrößen L_{AB} bemerkbar machen. In der nichtrelativistischen Theorie fordert man, daß sich bei beliebigen Drehungen des kartesischen Ortskoordinatensystems die Form der phänomenologischen Beziehungen

[1]) Derartige Kräfte heißen auch ungerade Kräfte.

(3.2) nicht ändern darf. Dies erreicht man dadurch, daß man nur gleichartige irreduzible Darstellungsvektoren der Drehgruppe durch Proportionalitätsfaktoren verknüpft, beispielsweise skalare Ströme nur mit skalaren Kräften, vektorielle Ströme nur mit vektoriellen Kräften und spurfreie tensorielle Ströme nur mit spurfreien Tensorkräften (CURIEsches Isotropieprinzip). Anders gesagt: Die L_{AB} dürfen als drehungsinvariante Größen nur aus dreidimensionalen KRONECKER-Symbolen und skalaren Materialkoeffizienten konstruiert werden. Im Sinne unseres bisherigen Vorgehens fordern wir für relativistische fluide Medien Isotropie der dreidimensionalen Massenelemente, d. h. Forminvarianz der phänomenologischen Beziehungen (3.2) bei dreidimensionalen Drehungen im lokalen Ortsraum der Massenelemente. Die Rolle des dreidimensionalen KRONECKER-Symbols übernimmt der Projektionstensor h^{ik}, der bei lokalen Drehungen invariant bleibt. Die L_{AB} müssen also aus skalaren Koeffizienten, dem Projektionstensor h^{ik} und der Vierergeschwindigkeit u^i (ebenfalls einer Invariante lokaler Drehungen) aufgebaut sein. Offenbar muß dann L^{iklm} mit den Eigenschaften (3.54) die Gestalt

$$\begin{aligned} L^{iklm} = {} & \eta T\,(h^{il}h^{km} + h^{im}h^{kl}) + \left(\zeta - \frac{2\eta}{3}\right) T h^{lm} h^{ik} \\ & + \varkappa \frac{T^2}{c^4}\,(h^{il}u^m u^k + h^{mk}u^l u^i + h^{mi}u^l u^k + h^{kl}u^m u^i) \\ & + \alpha u^i u^k u^l u^m \end{aligned} \tag{3.55}$$

besitzen. L^{iklm} enthält vier zunächst willkürliche Koeffizienten η, ζ, $\varkappa$ und α, hat also die allgemeine Form eines isotropen Tensors vierter Stufe mit den Symmetrien (3.54). Wir haben mit den Koeffizienten der Schubviskosität η, der Volumenviskosität ζ und der Wärmeleitung $\varkappa$ gleich gebräuchliche Größen eingeführt. Wegen (3.51) sind alle drei nichtnegativ,

$$\eta \geqq 0, \quad \zeta \geqq 0, \quad \varkappa \geqq 0. \tag{3.56}$$

Aus (3.24) und (3.37) folgt

$$u_i u_k (T^{ik} - \overset{0}{T}{}^{ik}) = 0\,, \tag{3.57}$$

so daß man mit (3.16) und (3.55)

$$\alpha = 0 \tag{3.58}$$

bekommt.

Die OCRB (3.53) sind für einkomponentige fluide Medien eine Folge der Isotropie. Das prüft man unmittelbar an (3.55) nach.

Im fluiden Medium mit den unabhängigen Zustandsvariablen T, ϱ, u^i reduziert sich also die Bestimmung der Zustandsgleichungen

$$L^{iklm} = L^{iklm}(T, \varrho, u^i) \tag{3.59}$$

auf die experimentelle Bestimmung oder statistische Berechnung der drei Funktionen

$$\eta = \eta(T, \varrho), \quad \zeta = \zeta\,(T, \varrho), \quad \varkappa = \varkappa(T, \varrho). \tag{3.60}$$

Die spezielle Form (3.55) der phänomenologischen Koeffizienten kann auch beim isotropen Festkörper verwendet werden.

3.2.4. Wärmeleitungsgleichung und Navier-Stokes-Gleichungen

In den beiden vorangegangenen Abschnitten konnten wir zeigen, wie sich der Energie-Impuls-Tensor T^{ik} und die Massenstromdichte M^i durch die Zustandsvariablenfelder $\varrho(x^l)$, $\varepsilon_{ik}(x^l)$, $T(x^l)$, $u^i(x^l)$ und durch den Zustandsvariablengradienten $(T^{-1}u_k)_{,i} + (T^{-1}u_i)_{,k}$ ausdrücken lassen. Für den Energie-Impuls-Tensor geschieht dies im linearen phänomenologischen Ansatz (3.16) unter Verwendung der Zustandsgleichungen (3.38) (fluides Medium) bzw. (3.43) (Festkörper) und (3.55) mit (3.58). Den Zusammenhang zwischen Massenstromdichte und Zustandsvariablen gibt Gleichung (2.106) mit (3.13) an.

Wir vervollständigen nun die Beschreibung der Verteilung und Strömung der extensiven Größen Energie-Impuls und Masse, indem wir jene Gleichungen aufstellen, aus denen die unabhängigen Zustandsvariablenfelder als Funktionen der Koordinaten berechnet werden können. Dazu brauchen wir nur T^{ik} aus (3.16) und M^i aus (2.106) in ihre Bilanzgleichungen (3.5) bzw. (3.6) einzusetzen:

$$\left[\mathring{T}^{ik} - \frac{1}{2} L^{iklm} (\Theta_{l,m} + \Theta_{m,l})\right]_{,k} = 0, \qquad (3.61)$$

$$\mathring{M}^i{}_{,i} = 0. \qquad (3.62)$$

Für *fluide Medien* mit

$$\mathring{T}^{ik} = \varrho\big(1 + c^{-2}u(T, \varrho)\big)\, u^i u^k + p(T, \varrho)\, h^{ik}, \qquad (3.37)$$

$$\mathring{M}^i = \varrho u^i, \qquad (2.106)$$

$$L^{iklm} = \eta T (h^{il} h^{km} + h^{im} h^{kl}) + \left(\zeta - \frac{2\eta}{3}\right) T h^{lm} h^{ik}$$
$$+ \frac{\varkappa T^2}{c^4} (h^{il} u^m u^k + h^{mk} u^l u^i + h^{mi} u^l u^k + h^{kl} u^m u^i) \qquad (3.55)$$

sind dies fünf partielle gekoppelte Differentialgleichungen zweiter Ordnung zur Berechnung der fünf Zustandsvariablenfelder $\Theta_m(x^k) = T^{-1}(x^k)\, u_m(x^k)$ und $\varrho(x^k)$. Bei *Festkörpern* müssen zu den entsprechenden Ausdrücken noch die Definitionsgleichungen des Deformationstensors hinzugenommen werden:

$$\mathring{T}^{ik} = \varrho c^{-2} \mathrm{e}(T, \varepsilon_{lm}, h^{lm})\, u^i u^k + p^{ik}(T, \varrho, \varepsilon_{lm}, h^{lm}), \qquad (3.43, 45, 46)$$

$$\mathring{M}^i = \varrho u^i, \qquad (2.106)$$

$$L^{iklm} = L^{iklm}(T, \varrho, \varepsilon_{rs}, h^{rs}),\ L^{iklm} = L^{lmik} = L^{mlik} = L^{lmki} \qquad (3.53, 54)$$

$$\varepsilon_{ik} = \frac{1}{2} (h_{ik} - \mathring{h}_{ik}),\ \mathscr{L}_u \mathring{h}_{ik} = 0,\ \mathring{h}_{ik} u^k = 0. \qquad (2.98, 99)$$

Bei konkreten Problemstellungen müssen die Zustandsgrößen $\mathring{T}^{ik}$ und L^{iklm} weiter spezialisiert werden. In manchen Fällen können beispielsweise die phänomenologischen Koeffizienten η, ζ und $\varkappa$ als Konstanten angesehen werden. Für ideale Gase bzw. isotrope Festkörper haben wir die spezielle Struktur der Zustandsgleichungen $u = u(T, \varrho)$, $p = p(T, \varrho)$ bzw. $u = u(T, \varepsilon_{lm}, h^{lm})$, $p^{ik} = p^{ik}(T, \varrho, \varepsilon_{lm}, h^{lm})$ (HOOKEsches Gesetz) in den vorangegangenen Abschnitten angegeben. Wir erinnern dabei an den wichtigen Zusammenhang zwischen $\mathring{T}^{ik}$ und dem Potential Φ in (3.38) bzw. (3.43).

Die Gleichungen (3.61), die in relativistischer Form die NAVIER-STOKES-Gleichungen (Impulsbilanz) und die Wärmeleitungsgleichung (Energiebilanz) zusammenfassen, und die Kontinuitätsgleichung (3.62) bilden die Grundgleichungen der relativistischen Thermohydrodynamik.

Die Interpretation der NAVIER-STOKES-FOURIER- Gleichungen (3.61) wird durch eine Aufspaltung in Anteile parallel und senkrecht zur Vierergeschwindigkeit erleichtert. Diese Zerlegung kann insbesondere für die Untersuchung isotroper Systeme nützlich sein. Nach dem Muster (2.74, 75) geben wir dem symmetrischen Energie-Impuls-Tensor die Form

$$T^{ik} = \frac{1}{c^2}\,(eu^iu^k + e^iu^k + e^ku^i) + t^{ik} \tag{3.63}$$

mit

$$t^{ik} = t^{ki}, \qquad t^{ik}u_k = 0, \qquad e^iu_i = 0. \tag{3.64}$$

Im lokal mitbewegten Inertialsystem mit $u^i = c\delta^i_4$ identifizieren wir die Größen e, e^i, t^{ik} durch einen Vergleich mit (1.24) als Energiedichte, Energiestromdichte und Drucktensor des Massenelementes. Den Drucktensor wollen wir noch in einen Spuranteil und einen spurfreien Anteil zerlegen:

$$t^{ik} = \pi^{ik} + \pi h^{ik}, \quad \pi^i_i = 0. \tag{3.65}$$

Wir überschieben die Bilanzgleichung (3.5) des Energie-Impuls-Tensors (3.63) mit u_i und drücken den Gradienten der Vierergeschwindigkeit $u_{i,k}$ wie in (2.91) durch den spurfreien symmetrischen Schergeschwindigkeitstensor σ_{ik}, den antisymmetrischen Wirbelgeschwindigkeitstensor ω_{ik}, die Expansionsgeschwindigkeit Θ und die Viererbeschleunigung $\dot{u}_i$ aus. Verwenden wir dabei die Kontinuitätsgleichung (3.62), so erhalten wir nach Einführung der in (3.24) definierten spezifischen inneren Energie u die *substantielle Bilanz der inneren Energie*

$$\varrho\left(\frac{\mathrm{d}}{\mathrm{d}\tau}\,\mathsf{u} + \pi\,\frac{\mathrm{d}}{\mathrm{d}\tau}\,\mathsf{v}\right) + e^k{}_{,k} + \pi^{ik}\sigma_{ik} = -\left(\frac{e_i}{c^2}\right) e^i\,\frac{\mathrm{d}}{\mathrm{d}\tau}\,u_i\,. \tag{3.66}$$

Nach Überschieben mit h_i^m folgt aus der Energie-Impuls-Bilanz die *substantielle Impulsbilanz*

$$\left[\varrho\left(1 + \frac{\mathsf{u}}{c^2}\right) + \frac{\pi}{c^2}\right]\frac{\mathrm{d}}{\mathrm{d}\tau}\,u^m + \pi_{,k}h^{km} + \pi^{ik}{}_{,k}h_i^m$$
$$= -\frac{1}{c^2}\left[h^{km}\,\frac{\mathrm{d}}{\mathrm{d}\tau}\,e_k + e^k\left(\sigma^m{}_k + \omega^m{}_k + \frac{4}{3}\,\Theta h_k^m\right)\right]. \tag{3.67}$$

Der symmetrisierte Gradient des Temperaturvektors soll ebenfalls auf das Massenelement bezogen werden. Er nimmt die Gestalt (2.74) bei Berücksichtigung von (3.21) und (2.91) an:

$$\frac{1}{2}\,(\theta_{i,k} + \theta_{k,i}) = \frac{1}{T^2c^2}\,\dot{T}u_iu_k - \frac{1}{2\,T^2}\,(u_i\vartheta_k + u_k\vartheta_i) + \frac{d_{ik}}{T} \tag{3.68}$$

mit

$$d_{ik} \equiv \sigma_{ik} + \frac{1}{3}\,\Theta h_{ik}, \quad d_{ik}u^k = 0\,, \tag{3.69}$$

$$\vartheta_k \equiv T_{,m}h_k^m + \frac{T}{c^2}\,\dot{u}_k = \frac{1}{c^2}\,[(Tu_k)_{,i} - (Tu_i)_{,k}]\,u^i,$$
$$\vartheta_ku^k = 0\,. \tag{3.70}$$

In nichtrelativistischer Näherung $\mathrm{v} \ll c$ geht der Deformationsgeschwindigkeitstensor d_{ik} in den symmetrisierten Geschwindigkeitsgradienten $\frac{1}{2}(v_{\alpha,\beta} + v_{\beta,\alpha})$ und der raumartige Temperaturgradient ϑ_k in den Temperaturgradienten $T_{,\alpha}$ $(\alpha, \beta = 1, 2, 3)$ über, wenn die i. allg. sehr kleinen Beschleunigungsglieder vernachlässigt werden. Temperatur- bzw. Geschwindigkeitsgradient sind die generalisierten Kräfte der irreversiblen Prozesse Wärmeleitung bzw. Viskosität. In der Relativitätstheorie sind sie Bestandteile *einer* vierdimensionalen generalisierten Kraft

$$\frac{1}{2}(\theta_{i,k} + \theta_{k,i}) \text{ (vgl. (3.15))}.$$

Die auf das Massenelement bezogene Form der linearen Ansätze ergibt sich durch Projektion der Gleichung (3.16), wobei (3.63) und (3.68) ausgenutzt werden. Für fluide Medien mit (3.37) und (3.55) folgt nach Überschieben mit $h_i^l h_k^m$ und $h_i^l u_k$

$$\pi^{ik} = -2\eta\sigma^{ik}, \; \pi = p - \zeta\Theta, \; e^k = -\varkappa\vartheta^k. \tag{3.71}$$

Wegen $\alpha = 0$ ergibt die Multiplikation mit $u_i u_k$ nur wieder (3.57). Setzt man (3.63) und (3.68) in die Entropiequellstärke (3.14) ein, so folgt

$$T\sigma = -\pi^{ik}\sigma_{ik} - (\pi - p)\,\Theta - \frac{e^k\vartheta_k}{T} \geqq 0 \tag{3.72}$$

und mit der vorigen Gleichung

$$T\sigma = 2\eta\sigma^{ik}\sigma_{ik} + \zeta\Theta^2 + \frac{\varkappa}{T}\,\vartheta^k\vartheta_k \geqq 0 \tag{3.73}$$

Die letzte Form der Entropiequellstärke zeigt noch einmal, daß die Gleichungen (3.71) irreversible Prozesse beschreiben und daß die Koeffizienten η, ζ, $\varkappa$ nichtnegativ sind.

Die beiden ersten Relationen in (3.71) erfassen die innere Reibung des fluiden Mediums. Die erste besagt, daß die durch σ^{ik} charakterisierte volumentreue Verzerrung („Schub“) der Massenelemente eine anisotrope Druckverteilung π^{ik} ($\pi^i_i = 0$) hervorruft. Wie in der nichtrelativistischen Theorie muß dieser Effekt als Schubviskosität interpretiert werden. Die zweite Gleichung beschreibt demzufolge die Volumenviskosität. Mit der Aussage, daß ein Temperaturgradient einen Energiestrom relativ zum Massenelement hervorruft, stellt die letzte Relation das relativistisch verallgemeinerte FOURIERsche Wärmeleitungsgesetz dar. Interessanterweise führt auch die Beschleunigung der Massenelemente zur Wärmeleitung[1]). Dies wurde zuerst von ECKART (1940) bemerkt, der die relativistische Thermodynamik einkomponentiger Medien entwickelt hat. Mit den vorangegangenen Erläuterungen werden die früher eingeführten Bezeichnungen Schubviskositätskoeffizient η, Volumenviskositätskoeffizient ζ und Wärmeleitungskoeffizient $\varkappa$ verständlich.

Wenn wir die linearen Ansätze (3.71) in die substantielle Bilanz der inneren Energie einsetzen und die Zustandsgleichungen (3.30) beachten, bekommen wir die *relativistische Wärmeleitungsgleichung fluider Medien*

$$\begin{aligned} \varrho c_\varrho \frac{\mathrm{d}}{\mathrm{d}\tau} T - (\varkappa T_{,i} h^{ik})_{,k} + \left(\varrho \frac{\partial \mathsf{e}(T, \varrho)}{\partial \varrho} - \frac{p}{\varrho}\right) \frac{\mathrm{d}}{\mathrm{d}\tau} \varrho \\ - 2\eta\sigma^{ik}\sigma_{ik} - \zeta\Theta^2 = \frac{1}{c^2}\left[\left(\varkappa T \frac{\mathrm{d}}{\mathrm{d}\tau} u^k\right)_{,k}\right. \\ \left. + \left(\varkappa \frac{\mathrm{d}}{\mathrm{d}\tau} u^i\right)\left(T_{,i} + \frac{T}{c^2}\frac{\mathrm{d}}{\mathrm{d}\tau} u_i\right)\right]. \end{aligned} \tag{3.74}$$

In gleicher Weise läßt sich die substantielle Impulsbilanz in die relativistischen NAVIER-STOKES-*Gleichungen*

---

[1]) Wie bereits bemerkt, ist Wärmeleitung, oder noch genauer, Transport der inneren Energie, die einzige Form der Energieleitung im einkomponentigen Medium.

(Bewegungsgleichungen)

$$\left[\varrho\left(1+\frac{u(T,\varrho)}{c^2}\right)+\frac{1}{c^2}(p-\zeta\Theta)\right]\frac{\mathrm{d}}{\mathrm{d}\tau}u^m+p_{,k}h^{km}$$

$$-(\zeta\Theta)_{,k}h^{km}-(2\eta\sigma^{ik})_{,k}h_i^m=\frac{1}{c^2}\left[\frac{\varkappa T}{c^2}h^{mi}\frac{\mathrm{d}^2}{\mathrm{d}\tau^2}u_i\right.$$

$$+\frac{1}{c^2}\left(\frac{\mathrm{d}}{\mathrm{d}\tau}u^m\right)\frac{\mathrm{d}}{\mathrm{d}\tau}\left(\varkappa T\right)+h^{mi}\frac{\mathrm{d}}{\mathrm{d}\tau}(\varkappa T_{,k}h_i^k)$$

$$\left.+\varkappa\left(h^{ik}T_{,k}+\frac{T}{c^2}\frac{\mathrm{d}}{\mathrm{d}\tau}u^i\right)\left(\sigma^m{}_i+\omega^m{}_i+\frac{4}{3}\Theta h_i^m\right)\right] \qquad (3.75)$$

umformen. Auf den rechten Seiten dieser Gleichungen stehen die durch irreversible Prozesse hervorgerufenen typisch relativistischen Zusatzeffekte. Sie enthalten alle c^{-2} oder c^{-4} und sind daher außerordentlich klein. Wärmeleitungsgleichung (3.74) und Bewegungsgleichung (3.75) sind als Bestimmungsgleichungen für die Felder $u^i(x^k)$, $T(x^k)$ und $\varrho(x^k)$ wiederum durch die Kontinuitätsgleichung

$$(\varrho u^i)_{,i}=0 \qquad (3.76)$$

zu vervollständigen.

Bemerkenswert ist, daß die thermodynamischen Bewegungsgleichungen (3.75) nicht länger von zweiter Ordnung in den Zeitableitungen der Ortskoordinaten sind, sondern mit dem ersten Term auf der rechten Seite

$$\varkappa Tc^{-4}h^{mi}\ddot{u}_i=\varkappa Tc^{-4}\left(\dddot{x}^m-\frac{1}{c^2}\dot{x}^m\ddot{x}^k\ddot{x}^l\eta_{kl}\right),\qquad \dot{x}^i=u^i, \qquad (3.77)$$

dritte Zeitableitung der Ortskoordinaten enthalten. Eine analoge Bildung tritt in den LORENTZ-DIRACschen Bewegungsgleichungen des Elektrons als Strahlungsdämpfung auf. In der Thermodynamik kommt der Effekt durch den Trägheitsterm im Wärmeleitungsgesetz (3. Gleichung (3.71) mit (3.70)) zustande. Für das ideale fluide Medium mit $\varkappa=0$, $\eta=0$, $\zeta=0$ gehen (3.75) (bzw. (3.67)) in die relativistischen EULERschen *Gleichungen*

$$\left(\frac{e+p}{c^2}\right)\frac{\mathrm{d}}{\mathrm{d}\tau}\,u^i + p_{,k}h^{ki} = 0, \qquad e \equiv \varrho c^2\left(1 + \frac{u(T,\varrho)}{c^2}\right), \tag{3.78}$$

über. Die Wärmeleitungsgleichung (3.74) (bzw. die substantielle Bilanz der inneren Energie (3.66)) macht die Aussage

$$\frac{\mathrm{d}s}{\mathrm{d}\tau} \equiv s_{,i}u^i = 0, \tag{3.79}$$

d. h., die Massenelemente idealer fluider Medien bewegen sich isentropisch.

3.2.5. *Rand- und Übergangsbedingungen*

Eine vollständige Beschreibung thermodynamischer Systeme kann erst dann erfolgen, wenn außer den Bewegungsgleichungen auch die Rand- und Anfangsbedingungen bekannt sind. In den Randbedingungen erfaßt man die Wechselwirkung des Systems mit der Umgebung. Nicht nur im Systeminnern, sondern auch an der Systemberandung wird das Verhalten der extensiven Größen durch die Bilanzgleichungen bestimmt.

Zur Herleitung von Randbedingungen aus den Bilanzen benötigen wir den GAUSSschen Satz im MINKOWSKI-Raum.

$A^i(x^k)$ sei ein im Gebiet G_4 des MINKOWSKI-Raumes stetig differenzierbares Vektorfeld. G_4 sei einfach zusammenhängend und werde durch die geschlossene dreidimensionale Oberfläche (G_4) begrenzt. $\mathrm{d}V_4$ sei ein Volumenelement von G_4, $\mathrm{d}f$ ein (dreidimensionales) Oberflächenelement von (G_4) und n^i der zur (dreidimensionalen) Oberfläche senkrechte Normaleneinheitsvektor, der stets aus V_4 herauszeigen soll. Dann gilt der GAUSSsche Satz

$$\int\limits_{G_4} A^i_{,i}\,\mathrm{d}V_4 = \int\limits_{(G_4)} A^i n_i\,\mathrm{d}f \equiv \int\limits_{(G_4)} A^i\,\mathrm{d}f_i, \tag{3.80}$$

d. h., vierdimensionale Volumenintegrale über Viererdivergenzen können in dreidimensionale Oberflächenintegrale umgewandelt werden, vgl. z. B. SCHMUTZER (1968), S. 149.

Im letzten Schritt haben wir das vektorielle Flächenelement $df^i = n^i\, df$ eingeführt. Die Begriffsbildungen zum vierdimensionalen GAUSSschen Satz im MINKOWSKI-Raum und zum dreidimensionalen GAUSSschen Satz im euklidischen Ortsraum entsprechen sich völlig. So kann als Volumenelement in MINKOWSKI-Koordinaten

$$dV_4 = dx^1\, dx^2\, dx^3\, dx^4 \tag{3.81}$$

gewählt werden. Bei gegebener Gleichung der Oberfläche (V_4)

$$x^i = x^i(u^\alpha) \quad (\alpha = 1, 2, 3) \tag{3.82}$$

in Parameterform erhält man als Flächenelement

$$df = \sqrt{\left| \det \eta_{ik} \frac{\partial x^i}{\partial u^\alpha} \frac{\partial x^k}{\partial u^\beta} \right|}\, du^1\, du^2\, du^3. \tag{3.83}$$

Wir betrachten zwei sich berührende thermodynamische Systeme I und II, beispielsweise eine Flüssigkeit, die durch ein Metallrohr strömt. Hier stimmt die Oberfläche des Flüssigkeitsstrahls mit der inneren Begrenzungsfläche des Rohres überein. In vierdimensionaler Sicht lassen sich derartige Systeme durch zwei sich berührende Weltlinienbündel veranschaulichen, vgl. Abb. 8. Ihre (drei-

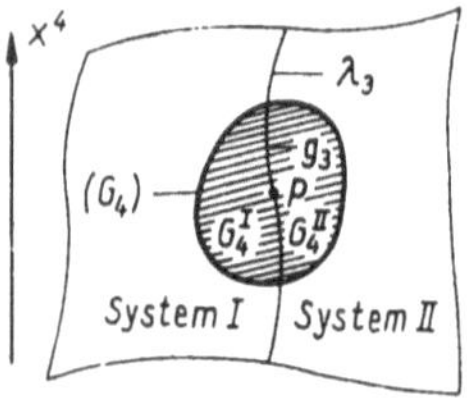

Abb. 8. Zur Ableitung der Übergangsbedingungen. Das Gebiet G_4 (schraffiert) wird auf den Punkt P zusammengezogen

dimensionale) Berührungsfläche im MINKOSWKI-Raum λ_3 kann durchaus endliche Abmessungen besitzen; in diesem Falle besteht der Kontakt zwischen den Systemen nur zeitweise. Zur Herleitung der Übergangsbedingungen für die extensiven Größen betrachten wir einen beliebigen Punkt P auf λ_3. Wir umgeben ihn mit einem vierdimensionalen Gebiet G_4, dessen Gestalt die Abb. 8 (bei Unterdrückung zweier Dimensionen) veranschaulichen soll. Die Oberfläche (G_4) von G_4 schneidet aus λ_3 das (dreidimensionale) Flächenstück g_3 heraus. g_3 zerlegt G_4 so in zwei Teilgebiete G_4^I und G_4^{II}, daß G_4^I ganz im System I und G_4^{II} ganz im System II liegt. Entsprechend wird (G_4) in zwei Oberflächenstücke (G_4^I) und (G_4^{II}) aufgeteilt. Wir integrieren die Bilanzgleichung (1.21), $A^i{}_{,i} = \alpha$, über G_4 und erhalten mit Hilfe des Gaussschen Satzes

$$\int\limits_{(G_4)} \alpha \, \mathrm{d}V_4 = \int\limits_{(G_4^I)} \overset{I}{A^i} \overset{I}{n_i} \, \overset{I}{\mathrm{d}f} + \int\limits_{(G_4^{II})} \overset{II}{A^i} \overset{II}{n_i} \, \overset{II}{\mathrm{d}f}. \tag{3.84}$$

Die Indizes I bzw. II ordnen die Größen A^i, n^i und $\mathrm{d}f$ den Systemen I bzw. II zu. Im allgemeinen muß damit gerechnet werden, daß auf der Berührungsfläche Produktion oder Vernichtung der extensiven Größe stattfindet. α_F sei die Flächenquellstärke, d. h. die pro Zeit- und Flächeneinheit erzeugte bzw. vernichtete Menge der extensiven Größe. In einem ersten Schritt ziehen wir G_4 auf g_3 zusammen. Dabei geht (3.84) mit $\overset{II}{n^i} \to -\overset{I}{n^i} \equiv n^i$, $\overset{II}{\mathrm{d}f} \to \overset{I}{\mathrm{d}f} \equiv \mathrm{d}f$ über in

$$\int\limits_{g_3} \alpha_F \, \mathrm{d}f = \int\limits_{g_3} \left(\overset{II}{A^i} - \overset{I}{A^i}\right) n_i \, \mathrm{d}f. \tag{3.85}$$

In einem zweiten Schritt ziehen wir schließlich g_3 auf P zusammen. Unter Verwendung eines Mittelwertsatzes der Integralrechnung folgt dann aus (3.85)

$$\alpha_F = \left(\overset{II}{A^i} - \overset{I}{A^i}\right) n_i. \tag{3.86}$$

Diese Übergangsbedingung für die Normalenkomponente

der Viererstromdichte einer beliebigen extensiven Größe gilt im Punkt P und, da P ein beliebiger Punkt der Berührungsfläche ist, auf der ganzen Fläche λ_3, an der sich zwei thermodynamische Systeme berühren. Wir wollen (3.86) auf die extensiven Größen zweier aneinander grenzender einkomponentiger Medien anwenden. Diese mögen von unterschiedlicher Konsistenz sein; es soll aber nicht zu Reaktionen, Phasenübergängen oder Vermischungen an der gemeinsamen Grenze kommen. Ein einfaches Beispiel ist die Flüssigkeit, die sich im Gefäß (Rohr) bewegt. Hier grenzt ein fluides Medium an einen Festkörper. Die Flächenquellstärke einer Erhaltungsgröße muß generell verschwinden. Unter unseren Voraussetzungen (keine Mischung!) ist dann sowohl die Normalenkomponente des Massenstromes des Mediums I als auch die Normalenkomponente des Massenstromes des Mediums II an der Berührungsfläche gleich Null,

$$\overset{I}{M}{}^i n_i = 0, \quad \overset{II}{M}{}^i n_i = 0. \tag{3.87}$$

Die Berührungsfläche wird in diesem Falle *gemeinsam* von den „äußeren" Massenelementen der beiden Systeme aufgespannt, so daß der Normaleneinheitsvektor senkrecht auf den begrenzenden Weltlinien beider Systeme steht.[1]) Da Energie und Impuls Erhaltungsgrößen sind, geht die Normalenkomponente des Energie-Impulstensors stetig durch die Brührungsfläche,[2])

$$\overset{I}{T}{}^{ik} n_k = \overset{II}{T}{}^{ik} n_k. \tag{3.88}$$

Für die Entropiestromdichte erhalten wir aus (3.86) und (3.7)

$$\overset{II}{S}{}^i n_i - \overset{I}{S}{}^i n_i = \sigma_F \geqq 0. \tag{3.89}$$

---

[1]) Die beiden Weltlinienscharen auf der gemeinsamen Berührungsfläche sind aber i. allg. nicht identisch.

[2]) Der GAUSSsche Satz kann nicht nur auf vektorielle Bilanzen, sondern auch auf jede Komponente einer tensoriellen Bilanz einzeln angewendet werden.

Über (3.8) können wir S^i durch T^{ik} und M^i ausdrücken. Mit (3.87) und (3.88) folgt dann:

$$\left(\overset{I}{\theta}_k - \overset{II}{\theta}_k\right) \overset{I}{T}{}^{ki} n_i = \sigma_F . \qquad (3.90)$$

Wir wollen die Übergangsbedingungen in drei wichtigen Fällen auswerten. Dabei soll im Hinblick auf viele Aufgabenstellungen der Hydrodynamik, bei denen irreversible Prozesse an der Berührungsfläche keine Rolle spielen, generell $\sigma_F = 0$ gelten. Für das Folgende sind die Aufspaltungen (3.63) und (2.106) von Energie-Impuls-Tensor und Massenstromdichte in Anteile senkrecht und parallel zur Vierergeschwindigkeit wichtig.

1. Eines der beiden Medien — bezeichnen wir es mit I — sei eine ideale Flüssigkeit mit dem Energie-Impuls-Tensor (3.37). Aus (3.88) folgt nach Multiplikation mit $\overset{II}{h}{}^l{}_i$ bzw. $\overset{II}{u}_i$

$$\overset{II}{t}{}^{lk} n_k = \overset{I}{p} n^l, \quad \overset{II}{e}{}^k n_k = 0. \qquad (3.91)$$

Aus (3.87) bekommen wir

$$\overset{I}{u}{}^i n_i \equiv \overset{I}{u}_{\mathrm{n}} = 0 . \qquad (3.92)$$

An der Begrenzung des idealen fluiden Mediums muß also die Normalenkomponente u_{n} seiner Vierergeschwindigkeit Null werden. Diese Forderung verallgemeinert ebenso wie die Gleichungen (3.91) die aus der nichtrelativistischen Hydrodynamik bekannten Übergangsbedingungen für ideale Flüssigkeiten. Die Entropieübergangsbedingung ist identisch erfüllt.

2. Die Druckverteilung im Medium I sei isotrop, $\overset{I}{t}{}^{ik} \sim \overset{I}{h}{}^{ik}$, der Wärmetransport aber nicht gehemmt, $\overset{I}{e}_k \overset{I}{n}{}^k \neq 0$. Aus der Entropieübergangsbedingung folgt damit

$$\overset{I}{u}^k\left(\overset{I}{\theta}_k - \overset{II}{\theta}_k\right) = 0 \text{ oder}$$

$$\overset{II}{T} = -\frac{\overset{II}{u}_k \overset{I}{u}^k}{c^2}\,\overset{I}{T}. \tag{3.93}$$

Diese Gleichung kann als Transformationsgesetz der Temperatur interpretiert werden. Sie stellt beispielsweise eine Verbindung zwischen der Temperatur eines Festkörperthermometers (II) und der Temperatur der wärmeleitenden Flüssigkeit (I) an der gemeinsamen Berührungsfläche her.

3. Beide Medien seien anisotrop bezüglich des Druckes; Energieaustausch durch die Berührungsfläche sei möglich. Dann lassen sich die vier Normalenkomponenten des Energie-Impuls-Tensors unabhängig voneinander variieren, so daß die Entropieübergangsmen bedingung (3.90) nur für

$$\overset{II}{\theta}_k = \overset{I}{\theta}_k \tag{3.94}$$

erfüllt sein kann. Hieraus folgt sofort

$$\overset{II}{T} = \overset{I}{T}, \quad \overset{II}{u}^i = \overset{I}{u}^i, \tag{3.95}$$

d. h., Temperatur und Vierergeschwindigkeit müssen an der Berührungsfläche übereinstimmen. Daraus ergibt sich u. a., daß viskose Flüssigkeiten an starren Grenzwänden haften. In Dreierschreibweise lauten die Gleichungen (3.95)

$$\overset{II}{T} = \overset{I}{T}, \quad \overset{II}{\mathbf{v}} = \overset{I}{\mathbf{v}}. \tag{3.96}$$

Sie entsprechen damit völlig den Übergangsbedingungen der nichtrelativistischen Thermohydrodynamik.

Die hier abgeleiteten Übergangsbedingungen können als *Randbedingungen* für das System I verwendet werden, wenn das Verhalten des Systems II an der Berührungsfläche bekannt ist.

Grenzt beispielsweise eine *viskose wärmeleitende Flüssigkeit* an eine feste Wand ($\overset{II}{u_i}$ vorgegeben) fixierter Oberflächentemperatur ($\overset{II}{T}$ vorgegeben), so werden durch Gleichung (3.95) Temperatur und Geschwindigkeit der Flüssigkeit an der Grenzfläche[1]) vorgeschrieben.

Manchmal ist der Energie-Impuls-Transport $\overset{II}{T^{ik}}n_k$ durch die Oberfläche bekannt. Die Aufgabe besteht dann wegen (3.88) und (3.87) darin, Lösungen der Navier-Stokes-Fourier-Gleichungen (3.61) und der Kontinuitätsgleichung (3.62) unter den Randbedingungen

$$\overset{I}{T^{ik}}n_k \text{ vorgegeben}, \qquad \overset{I}{u^i}\overset{I}{n_i} = 0 \tag{3.97}$$

zu finden. $\overset{I}{T^{ik}}$ kann über den linearen Ansatz (3.16) u. a. durch die Normalenkomponente des Temperaturvektorgradienten ausgedrückt werden.

Bei der Integration der Bewegungsgleichungen der *idealen fluiden Medien* (Eulersche Gleichungen) muß, wie bereits erwähnt, beachtet werden, daß die Normalenkomponente der Vierergeschwindigkeit $\overset{I}{u^i_n}$ an der Grenzfläche verschwindet.

3.3. *Anwendungen*

3.3.1. *Thermodynamisches Gleichgewicht und geometrische Interpretation der Irreversibilität*

Wir haben uns bemüht zu zeigen, daß die integrale, auf die Charakterisierung ganzer Systembereiche ausgerichtete Beschreibungsweise der Gleichgewichtsthermodynamik zu einer lokalen, feldtheoretischen Beschreibungsweise erweitert werden muß, wenn irreversible Zustandsänderungen erfaßt werden sollen. Das systemtheo-

---

[1]) d. h. auf dem Mantel des Weltlinienbündels

retische Denken erfuhr in der Gleichgewichtsthermodynamik eine ganz eigenartige Ausprägung und begründete ihre Sonderstellung unter den klassischen physikalischen Disziplinen. Es ist bewundernswert, mit welcher Virtuosität gerade in der älteren Thermodynamik ein einfaches Instrumentarium zur Lösung tiefgründiger physikalischer Probleme eingesetzt wurde, denken wir nur an die Methode der Kreisprozesse und die theoretische Konstruktion periodisch arbeitender Maschinen im Zusammenhang mit der Perpetuum-mobile-Problematik. Die Thermodynamik irreversibler Prozesse gleicht sich dagegen in ihrem Herangehen an konkrete Aufgabenstellungen den anderen physikalischen Feldtheorien an: Auf alle Fragestellungen — auch die der Thermostatik — müssen die feldtheoretischen Grundgleichungen, für einkomponentige Medien also die NAVIER-STOKES-FOURIER-Gleichungen und die Kontinuitätsgleichung eine Antwort geben. Im allgemeinen werden Rand- und Anfangswertprobleme vorliegen. Es kann in bestimmten Situationen aber auch sinnvoll sein, den Grundgleichungen (ähnlich wie in der Elektrodynamik) eine integrale Form zu geben.

Beginnen wir mit der Untersuchung der Gleichgewichtszustände. Ihre Klassifizierung erfolgt mit Hilfe der Entropiequellstärke $\sigma = \Sigma J_A X_A$, von der wir o. B. d. A. annehmen können, daß sie nur untereinander unabhängige Ströme J_A und untereinander unabhängige Kräfte X_A enthält.

A. Gleichgewichtsbedingungen. Es ist denkbar, daß in einem bestimmten Teilvolumen des Systems während eines bestimmten Zeitintervalls, d. h. in einem Teilgebiet G des Weltlinienbündels, *ein* generalisierter Strom verschwindet. Geschieht dies dadurch, daß die den Strom verursachenden *Kräfte* in G gleich Null sind, so sagen wir, daß sich G im *ungehemmten Gleichgewichtszustand* des durch diesen Strom beschriebenen Prozesses befindet. Ein Strom kann aber auch durch das Verschwinden der phänomenologischen Koeffizienten *gehemmt* sein; es liegt dann *gehemmtes Gleichgewicht* des entsprechenden Prozesses vor. In diesem Sinne unterscheiden wir beim *thermischen Gleichgewicht* des einkomponentigen Mediums (mit σ aus (3.72)) den durch

$$e_i = 0, \quad [(Tu_k)_{,i} - (Tu_i)_{,k}]\, u^i = 0 \tag{3.98}$$

gekennzeichneten ungehemmten Gleichgewichtszustand vom gehemmten Gleichgewichtszustand mit $e_i = 0$, $\varkappa = 0$.

Bemerkenswert ist, daß ungehemmtes thermisches Gleichgewicht im relativistischen System i. allg. nicht mehr durch einen verschwindenden Temperaturgradienten charakterisiert wird und nach (3.98) und (3.70) i. allg. mit einer beschleunigten Bewegung des Mediums verbunden ist. Wie in der nichtrelativistischen Theorie wird *mechanisches Gleichgewicht* fluider Medien durch das Verschwinden beider Reibungsprozesse ($\pi^{ik} = 0$, $\pi - p = 0$) definiert. Im *ungehemmten mechanischen Gleichgewicht* mit

$$t^{ik} = ph^{ik}, \quad \sigma_{ik} = 0, \quad \Theta = 0 \tag{3.99}$$

führt das Medium also eine deformationsfreie ($d_{ik} = 0$) Bewegung aus.

Im Teilgebiet G des Weltlinienbündels herrscht genau dann *thermodynamisches Gleichgewicht,* wenn dort keine Entropie produziert wird, wenn also

$$\sigma = 0 \text{ in } G$$

gilt. In diesem Zustand sind alle generalisierten Ströme Null; der Transport der extensiven Größen geht reversibel vor sich. Ideale Medien befinden sich definitionsgemäß im Zustand des *gehemmten thermodynamischen Gleichgewichtes.* Sind durch Ausgleichsprozesse *alle* generalisierten *Kräfte* abgebaut worden, liegt *ungehemmtes thermodynamisches* Gleichgewicht vor. Fluide Medien müssen in diesem Falle wegen (3.98), (3.99), (3.63) und (3.68) folgende Bedingungen erfüllen[1]):

$$T^{ik} = \mathring{T}^{ik} = \varrho(1 + c^{-2}\mathsf{u})\, uu^{ik} + ph^{ik},$$

$$\frac{1}{2}\,(\theta_{i,k} + \theta_{k,i}) = \frac{\dot{T}^2}{T^2c^2}\, u_i u_k . \qquad (3.100)$$

Für die Entropiestromdichte S^i folgt mit (3.8) $h_i^k S^i = 0$ und daraus mit (3.25)

$$S^i = \varrho s u^i . \quad M^i = \varrho u^i \qquad (3.101)$$

gilt generell. Aus den Bilanzgleichungen für Entropie (3.7) und Masse (3.6) läßt sich dann wegen der Expansionsfreiheit ($\Theta = 0$) $\dot{\mathsf{s}} = 0$ und $\dot{\mathsf{v}} = 0$ ableiten. Gemäß (3.27) kann T als Funktion von s und v aufgefaßt werden, so daß wegen

$$\dot{T} = \frac{\partial T}{\partial \mathsf{s}}\,\dot{\mathsf{s}} + \frac{\partial T}{\partial \mathsf{v}}\,\dot{\mathsf{v}} = 0 \qquad (3.102)$$

die Temperatur längs der Weltlinie konstant bleibt. Als (*kinematische*) *Bedingung* für ungehemmtes thermodynamisches Gleichgewicht bekommen wir damit aus (3.100) eine KILLING-Gleichung[2])

$$\theta_{k,i} + \theta_{i,k} = 0 \qquad (3.103)$$

für den zeitartigen Temperaturvektor.

Die erste Bedingungsgleichung in (3.100) ergibt, in die Energie-Impuls-Bilanz $T^{ik}{}_{,k} = 0$ eingesetzt, die EULERschen Gleichungen (3.78). Kombiniert man diese mit der aus der KILLING-Gleichung und aus (3.68) folgenden Relation $\vartheta_k = 0$, so folgt $[(\mathsf{e} - T\mathsf{s} + p\mathsf{v})T^{-1}]_{,m} h^{mi} = 0$ und, da die Zustandsvaraiablen nicht von der Eigenzeit abhängen,

$$\frac{\mathsf{e} - T\mathsf{s} + p\mathsf{v}}{T} = \text{const}, \qquad (3.104)$$

[1]) Beim Festkörper ist nur T^{ik} durch (3.48) zu ersetzen.

[2]) Allgemein wird die Aussage, daß der symmetrisierte Gradient eines Vierervektors gleich Null ist, als KILLING-Gleichung bezeichnet.

d. h., das relativistische chemische Potential $\mu = e - Ts + pv$, dividiert durch die Temperatur, muß konstant sein. Die Gleichungen (3.103) und (3.104) charakterisieren in anschaulicher Weise das ungehemmte thermodynamische Gleichgewicht fluider Medien.

B. Geometrische Interpretation. Da θ^i Tangentialvektorfeld an die Weltlinien der Massenelemente ist, kann stets ein Parameter λ so eingeführt werden, daß die Weltlinienschar durch

$$x^i = x^i(y^\alpha, \lambda), \qquad \frac{\partial x^i(y^\alpha, \lambda)}{\partial \lambda} = \theta^i[x^k(y^\alpha, \lambda)]$$

beschrieben wird. Betrachten wir jetzt im Inneren des Weltlinienbündels zwei beliebige infinitesimal benachbarte Punkte mit nichtverschwindendem Abstand und verschieben wir beide Punkte entlang der Weltlinien, auf denen sie liegen, um den gleichen infinitesimalen Parameterwert $d\lambda$, so ändert sich aufgrund der KILLING-Gleichung und der Beziehung (2.53) mit $\xi^i = \theta^i$ ihr Abstand nicht. Da diese Aussage auf *alle* Punktpaare im Weltlinienbündel zutrifft, wenn sie *simultan* um $d\lambda$ verschoben werden, vermittelt die Transformation $\lambda \to \lambda + d\lambda$ (λ beliebig) eine infinitesimale Bewegung des MINKOWSKI-Raumes in sich. Jede endliche Verschiebung längs der Weltlinien läßt sich als Aufeinanderfolge infinitesimaler Transformationen auffassen. Wir können also feststellen, daß *die reversiblen Bewegungen thermodynamischer Systeme eine Bewegung des* MINKOWSKI-*Raumes in sich längs der Weltlinien erzeugen.*

Eine zweidimensionale Veranschaulichung der Bewegung eines Raumes in sich bekommt man, wenn man ein Blatt Papier beliebig auf einer Tischplatte bewegt und dabei die Trajektorien der Papierpunkte auf die Tischplatte zeichnet. Sie entsprechen den Weltlinien.

Angeregt durch diese Überlegungen verifiziert man leicht, daß θ^k als Lösung von (3.103),

$$\theta^i = \chi^i + \varepsilon^i{}_k x^k, \qquad \varepsilon_{ik} = -\varepsilon_{ki}, \tag{3.105}$$

erzeugender Vektor einer infinitesimalen inhomogenen LORENTZ-Transformation $x^{i'} = x^i + \theta^i \mathrm{d}\lambda$ ist. χ^i und ε_{ik} sind hier konstante Tensoren. Mit Hilfe des Temperaturvektors können wir nach der in Abschnitt 2.2.3. angegebenen Art und Weise ($\xi^i \to \theta^i$) das Weltlinienbündel in vierdimensionale Volumenelemente einteilen. *Irreversibles Verhalten* geht stets mit einer *Deformation* dieser Volumenelemente bei ihrer Verschiebung längs der Weltlinien einher (in (3.16) verschwinden nicht alle Komponenten des symmetrischen Temperaturgradienten), nur im Gleichgewicht tritt keine (volumentreue) Gestaltsänderung und keine (gestaltstreue) Volumenänderung mehr auf ($\xi_{ik} = 0$, $\xi = 0$, vgl. (2.55) mit $\xi^i \to \theta^i$). Wir sehen, daß sich der Temperaturvektor im Zusammenhang mit der Verschiebung der vierdimensionalen Volumen(Massen-)elemente längs der Weltlinien geometrisch interpretieren läßt (Abschnitt 2.2.3.). Interessant ist vor allem die Geometrisierung der Temperatur T. Aus $\theta^i = T^{-1} u^i$ folgt

$$\mathrm{d}\lambda = T\, \mathrm{d}\tau; \tag{3.106}$$

durch T wird eine für die thermodynamische Kontinuumstheorie charakteristische Auszeichnung eines Weltlinienparameters $\lambda \neq \tau$ vorgenommen.

Das Temperaturvektorfeld ist orientierbar. Man kann festlegen, daß der Temperaturvektor in einem Punkt der Weltlinie in den Zukunftslichtkegel hineinzeigen soll. Diese Festlegung gilt dann wegen $T > 0$ in allen Punkten der Weltlinie.

Der lineare Ansatz (3.16) für den Energie-Impuls-Tensor nimmt nach Einführung der LIE-Ableitung (2.66) $\mathscr{L}_\theta \eta_{lm} = \theta_{l,m} + \theta_{m,l}$ (einer „zeitliche" Ableitung der Metrik η_{lm}) mit

$$T^{ik} = \mathring{T}^{ik} - \frac{1}{2} L^{iklm} \mathscr{L}_\theta \eta_{lm} \tag{3.107}$$

eine Gestalt an, die suggeriert, daß eine Relaxation des Systems zum thermodynamischen Gleichgewicht[1]) hin erfolgt. Es müßte

[1]) mit $\mathscr{L}_\theta \eta_{lm} = 0$, $T^{ik} = \mathring{T}^{ik}$

aber erst noch untersucht werden, unter welchen Randbedingungen dies tatsächlich geschieht. Man erwartet, daß sich insbesondere in isolierten Systemen das Gleichgewicht einstellt.

3.3.2. Integrale Form der thermodynamischen Hauptsätze

Die Hauptsätze der nichtrelativistischen Gleichgewichtsthermodynamik machen Aussagen über die gesamte im System enthaltene Energie, die Gesamtentropie und ggf. über die Gesamtmenge anderer extensiver Größen. Die Frage nach dem Sinn derartiger Gesamtmengen in der relativistischen Thermodynamik war schon im Zusammenhang mit der geometrischen Interpretation des thermodynamischen Systems als Weltlinienbündel im MINKOWSKI-Raum aufgetaucht. Die Schwierigkeiten einer vierdimensionalen Formulierung beginnen mit der Definition eines endlichen vierdimensionalen Systemvolumens. Systeme endlicher *räumlicher* Ausdehnung werden durch einen Weltlinienschlauch *endlicher „Dicke“* charakterisiert; es gibt aber in zeitlicher Richtung i. allg. keinen natürlichen Anfang und kein natürliches Ende dieses Schlauches. Zu einem endlichen vierdimensionalen Volumen gelangen wir nur, wenn wir aus dem Schlauch ein Teilstück herausschneiden (Abb. 9).

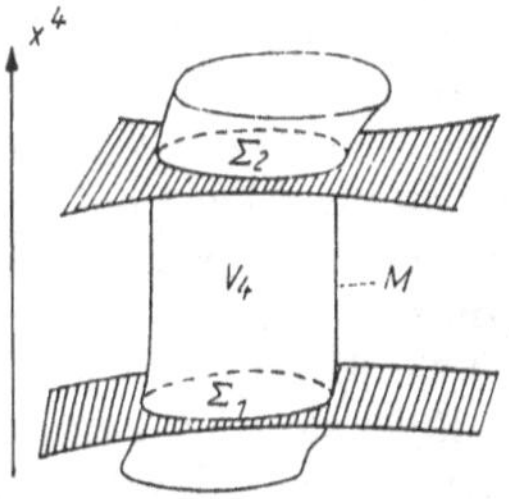

Abb. 9. Zur integralen Form der Hauptsätze. Das vierdimensionale Systemvolumen V_4 wird durch den Mantel M und die raumartigen Schnittflächen Σ_1 und Σ_2 begrenzt

Wir verwenden dazu zwei raumartige dreidimensionale Hyperflächen. Die Schnittflächen sollen mit Σ_1 (Grundfläche) bzw. Σ_2 (Deckfläche, zeitlich später) bezeichnet werden. Sie mögen sich untereinander nicht schneiden. Zusammen mit der zwischen ihnen liegenden dreidimensionalen Schlauchfläche, dem Mantel M, begrenzen sie das vierdimensionale Volumen V_4. Integrieren wir die Bilanzgleichung einer beliebigen extensiven Größe, $A^i{}_{,i} = \alpha$, über dieses Volumen, so erhalten wir mit Hilfe des GAUSSschen Satzes (3.80)

$$\int_{V_4} \alpha \mathrm{d} V_4 = -\int_{\Sigma_1} A^i \mathrm{d} f_i + \int_{\Sigma_2} A^i \mathrm{d} f_i + \int_M A_i \mathrm{d} f^i .$$

Das Minuszeichen bringt zum Ausdruck, daß die Flächenelementvektoren auf Σ_1 ebenso wie die auf Σ_2 in die Zukunft orientiert sind. Wenn die betrachtete extensive Größe eine lokale Erhaltungsgröße ist ($\alpha = 0$) und kein Transport durch die Systembegrenzung (Mantel) stattfindet, ergibt sich der integrale Erhaltungssatz

$$\int_{\Sigma_2} A^i \mathrm{d} f_i = \int_{\Sigma_1} A^i \mathrm{d} f_i = \text{const.} \qquad (3.108)$$

Das Schnittflächenintegral hängt im Gültigkeitsbereich der Voraussetzungen also nicht von der speziellen Wahl der Schnittfläche ab und beschreibt damit eine konstante Größe, eine *Erhaltungsgröße* des Gesamtsystems. Aufgrund der kovarianten Bildung des Integrals transformiert sich diese bei LORENTZ-Transformationen wie ein Tensor 0. Stufe[1]). Die weitere Auswertung des Integrals (3.108) nehmen wir in irgendeinem MINKOWSKI-System $\{x^i\}$ vor. Als schneidende Hyperfläche Σ wählen wir $x^4 = \text{const}$. Da $\mathrm{d}f^i$ senkrecht auf der ebenen Schittfläche steht, gilt $(\mathrm{d}f^i) = (0, 0, 0, \mathrm{d}V)$. $\mathrm{d}V = \mathrm{d}f$ ist das „Flächenelement" des dreidimensionalen euklidischen Raumes $x^4 = \text{const}$, also $\mathrm{d}V = \mathrm{d}x^1\, \mathrm{d}x^2\, \mathrm{d}x^3$. Der

[1]) Eine tensiorielle Bilanz zweiter Stufe führt zu einem konstanten Tensor erster Stufe usw.

„Flächeninhalt" der Schnittfläche ist das dreidimensionale Systemvolumen V_3 zum Zeitpunkt x^4. Aus (3.108) folgt mit (1.20)

$$A \equiv -\frac{1}{c}\int\limits_{\Sigma} A^i \,\mathrm{d}f_i = \frac{1}{c}\int\limits_{V_3} A^4 \mathrm{d}V = \int\limits_{V_3} \mathrm{a}(x^\alpha, t)\,\mathrm{d}V = \text{const.} \tag{3.109}$$

Die von der Wahl der Schnittfläche Σ unabhängige Erhaltungsgröße A gibt also die *Gesamtmenge* einer extensiven Größe im System an.

Mit der Entropie tritt in allen thermodynamischen Systemen eine Größe auf, deren Quellstärke i. allg. nicht verschwindet, so daß man i. allg. keine von der Wahl der Schnittfläche unabhängige Gesamtentropie definieren kann. Eine „integrale" Thermodynamik ist also nur unter speziellen Bedingungen möglich. Die folgenden Überlegungen beziehen sich auf eine derartige spezielle Problemstellung. Sie wird in einem Lehrbuch von Møller (1972) behandelt.

Ein mit der Umgebung zunächst nicht wechselwirkendes System im thermodynamischen Gleichgewicht ($\sigma = 0$) möge nach einer gewissen Zeit der Wechselwirkung mit der Umgebung ($\sigma \neq 0$) wieder isoliert sein und nach einer Relaxationsphase ($\sigma \neq 0$) in einen anderen Gleichgewichtszustand ($\sigma = 0$) übergehen. Die Voraussetzung der Wechselwirkungsfreiheit in den beiden Gleichgewichtszuständen kann beispielsweise ein Festkörper mit freier Oberfläche erfüllen. Sie trifft aber nicht auf eine Flüssigkeit im Gefäß zu, da die Gefäßwände selbst im Gleichgewicht einen Druck auf die Flüssigkeit ausüben. Wir wollen vereinfachend annehmen, daß Temperatur und Geschwindigkeit in beiden Gleichgewichtszuständen konstant seien, so daß in Übereinstimmung mit (3.105)

$$\overset{I}{\theta^i} = X_I = \text{const}, \quad \overset{II}{\theta^i} = X^i_{II} = \text{const} \tag{3.110}$$

($\overset{I}{\theta^i} \neq \overset{II}{\theta^i}$) gilt. Mit den Indizes I und II sollen auch alle anderen Größen des früheren bzw. späteren Gleichgewichtszustandes gekennzeichnet werden. Die Abb. 10 veranschaulicht den Sachverhalt. Eine schraffierte Zone mit dem Volumen V_4^w und dem Mantel M^w, in der aufgrund der Wechselwirkung und der Relaxation Entropie produziert wird, trennt die beiden Gleichgewichts-

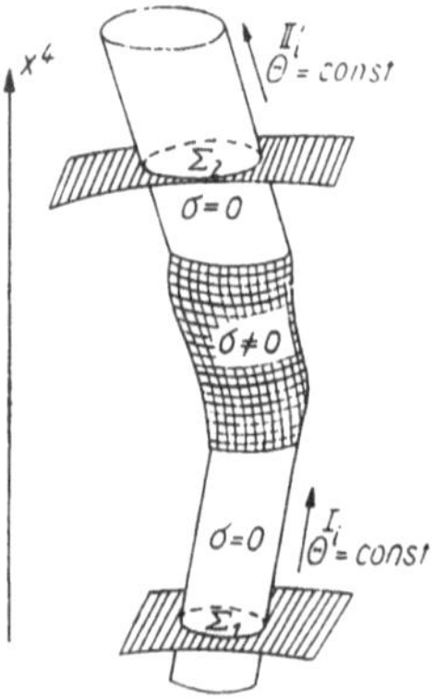

Abb. 10. Zwei durch eine Wechselwirkungszone (schraffiert, $\sigma \neq 0$) getrennte Gleichgewichtszonen ($\sigma = 0$) eines thermodynamischen Systems. Σ_1 und Σ_2 sind raumartige (dreidimensionale) Schnittflächen.

zonen mit $\sigma = 0$. Wir integrieren nach dem Muster (3.108) die Bilanzgleichungen von Energie und Impuls (3.5), Masse (3.6) und Entropie (3.7) über das von den raumartigen Hyperflächen Σ_1 und Σ_2[1]) herausgeschnittene Teilstück des Weltlinienschlauches. Unter Verwendung der Abkürzungen

$$\Delta P^i = P^i_{II} - P^i_I, \quad P^i_{I,II} = -\frac{1}{c}\int\limits_{\Sigma_{1,2}} T^{ik}\, \mathrm{d}f_k,$$

$$\Delta_a P^i = \frac{1}{c}\int\limits_{M^w} T^{ik}\, \mathrm{d}f_k\,^{2})$$ (3.111)

---

[1]) Σ_I und Σ_{II} dürfen V_4^w nicht schneiden.

[2]) Die Integrale über den Mantel können mit Hilfe von (3,83) ausgewertet

$$\Delta M \equiv M_{II} - M_I, \quad M_{I,II} = -\frac{1}{c}\int\limits_{\Sigma_{1,2}} M^k \, \mathrm{d}f_k \quad (3.112)$$

$$\Delta S \equiv S_{II} - S_I, \quad S_{I\,II} = -\frac{1}{c}\int\limits_{\Sigma_{1,2}} S^k \, \mathrm{d}f_k,$$

$$\Delta_a S \equiv \frac{1}{c}\int\limits_{M^w} S^k \, \mathrm{d}f_k, \quad \Delta_i S \equiv -\frac{1}{c}\int\limits_{V_4^w} \sigma \, \mathrm{d}V_4 \quad (3.113)$$

bekommen wir die thermodynamischen Hauptsätze in Integralform:

$$\Delta P^i = \Delta_a P^i \quad \text{(1. Hauptsatz)}, \quad (3.114)$$

$$\Delta M = 0, \quad (3.115)$$

$$\Delta S = \Delta_a S + \Delta_i S, \quad \Delta_i S \geqq 0 \text{ (2. Hauptsatz)}. \quad (3.116)$$

Aufgrund der Überlegungen zu (3.108) und (3.109) und bei Beachtung der physikalischen Bedeutung der Tensorkomponenten T^{ik}, M^k und S^k, die aus (1.24), (1.36) und (1.51) hervorgeht, müssen wir die Tensoren P^i_I, M_I und S_I bzw. als Gesamtviererimpuls (bestehend aus Gesamtenergie $E = P^4 c$ und Gesamtimpuls P^α ($\alpha = 1, 2, 3$)), Gesamtmasse und Gesamtentropie des Gleichgewichtszustandes I und analog die mit II indizierten Größen als Gesamtgrößen des Zustandes II interpretieren. Sie sind unabhängig von der Wahl der raumartigen Hyperflächenschnitte in I bzw. II und können somit als integrale Zustandsgrößen der Gleichgewichtszustände I bzw. II angesehen werden. Auch die bei der Wechselwirkung zu- oder abgeführten Mengen an Viererimpuls $\Delta_a P^i$ und Entropie $\Delta_a S$ und die während der Wechselwirkungs- und Relaxationsphase im Inneren produzierte Entropiemenge $\Delta_i S$ sind insofern willkürfrei definierte Tensorgrößen,

werden. Eine Parameterdarstellung der Mantelfläche erhält man aus der Parameterdarstellung der „äußeren" Weltlinien, die durch eine Bindungsgleichung zwischen den y^α charakterisiert werden können.

als das in ihre Berechnungsvorschrift eingehende Integrationsgebiet, die Wechselwirkungs- und Relaxationszone, ein durch die Dynamik des Systems eindeutig festgelegtes Gebiet des MINKOWSKI-Raumes ist.

Zur Interpretation der Hauptsätze: Eine Viererimpulsdifferenz ΔP^i zwischen den Gleichgewichtszuständen kann nur durch Impulsaustausch mit der Umgebung $\Delta_a P^i$ zustande kommen, da Energie und Impuls lokale Erhaltungsgrößen sind. Welcher Art dieser Austausch ist, wird ersichtlich, wenn man die auf die Massenelemente bezogene Form des Energie-Impuls-Tensors (3.63) in die Definitionsgleichung von $\Delta_a P^i$ einsetzt. Man bekommt, da $\mathrm{d}f^i$ senkrecht auf dem Mantel und damit auf den Weltlinien an der Oberfläche des Weltlinienbündels steht ($u^i|_M \,\mathrm{d}f_i = 0$),

$$\Delta P^i = \Delta_a P^i = \Delta_a A^i + \Delta_a Q^i \tag{3,117}$$

mit

$$\Delta_a A^i = \frac{1}{c} \int\limits_{M^w} t^{ik} \,\mathrm{d}f_k, \quad \Delta_a Q^i = \frac{1}{c^3} \int\limits_{M^w} u^i e^k \,\mathrm{d}f_k. \tag{3.118}$$

Da die Zerlegung des Energie-Impuls-Tensors bezüglich u^i eindeutig ist, sind auch $\Delta_a A^i$ und $\Delta_a Q^i$ eindeutig definierte Tensorgrößen. $e^k \,\mathrm{d}f_k$ gibt die Wärmemenge an, die während eines Zeitintervalls durch die Systemberandung tritt. $\Delta_a Q^i$ ist daher der mit der Umgebung ausgetauschte Wärmeviererimpuls. $\Delta_a A^i$ kann als Arbeitsviererimpuls bezeichnet werden. Gleichung (3.117) enthält wegen $\Delta E = c\Delta P^4$ als vierte Komponente den ersten Hauptsatz, wie er aus der nichtrelativistischen Thermodynamik bekannt ist:

$$\Delta E = \Delta_a A + \Delta_a Q; \quad \Delta_a A \equiv c\Delta_a A^4, \quad \Delta_a Q \equiv c\Delta_a Q^4. \tag{3.119}$$

Die skalaren Wärme- und Arbeitsmengen der nichtrelativistischen Theorie sind also in Wahrheit vierte Komponenten von Vierervektoren. An den ersten drei Komponenten von (3.117) erkennen wir, daß i. allg. die Wärmeübertragung zu einer Impulsänderung führt.

Eine integrale Formulierung der CARNOT-CLAUSIUS-Beziehung zwischen Entropieänderung und Wärmeaustausch mit der Umgebung erfordert weitere Einschränkungen. Um dies zu sehen, setzen wir die lokale CARNOT-CLAUSIUS-Beziehung (3.8) in die Definitionsgleichung von $\Delta_a S$ ein,

$$\Delta_a S = -\frac{1}{c} \int\limits_{M^w} \theta^k T_k{}^i \, \mathrm{d}f_i, \tag{3.120}$$

und vergleichen diesen Ausdruck mit der Definition von $\Delta_a Q^i$. Wir wollen annehmen, daß die Wechselwirkung mit der Umgebung nur in der Zu- oder Abfuhr einer *infinitesimalen Wärmemenge* bestehe, wobei das System aus dem Gleichgewichtszustand I durch eine Folge von Gleichgewichtszuständen reversibel ($\sigma = 0$) in einen infinitesimal benachbarten Gleichgewichtszustand II gebracht wird. Die Wechselwirkungszone, für die jetzt entgegen unseren bisherigen Voraussetzungen ebenfalls $\sigma = 0$ gilt, ist dann infinitesimal klein, man hat über einen infinitesimalen Mantel δM^w zu integrieren Bei einem infinitesimalen, *reversibel* geführten Prozeß ändern sich auch die Zustandsvariablen u^i und T nur infinitesimal. Sie können auf dem Mantel nach ihren Werten im Zustand I entwickelt werden. Bei der Vernachlässigung aller Produkte aus infinitesimalen Größen folgt dann aus (3.118)

$$\delta_a Q^i = \frac{u^i}{c^2} \delta Q, \quad \delta Q = \frac{1}{c} \int\limits_{\delta M^w} e^k \, \mathrm{d}f_k = -\frac{T}{c} \int\limits_{\delta M^w} \frac{u_k}{T} T^{ki} \, \mathrm{d}f_i; \tag{3.121}$$

T bzw. u^k sind Temperatur bzw. Vierergeschwindigkeit der Massenelemente im Zustand I. Die mit dem Wärmeaustausch verbundene Entropieänderung ergibt sich aus (3.120) und (3.121) zu

$$\delta_a S = -\theta_i \delta_a Q^i. \tag{3.122}$$

Aus dieser *integralen* CARNOT-CLAUSIUS-*Beziehung* läßt

sich ein Transformationsgesetz für die Temperatur ableiten. Wegen $\sigma = 0$ auch im Wechselwirkungsbereich ist $\delta_a S$ der *infinitesimalen* Entropiedifferenz $\mathrm{d}S$ zwischen den Gleichgewichtszuständen gleich, vgl. (3.116). Aus (3.121) und (3.122) folgt damit

$$\mathrm{d}S = \delta_a S = \frac{\delta Q}{T} = \frac{\delta_a Q^4 c^2}{T u^4} = \frac{\delta_a Q}{\overline{T}}. \qquad (3.123)$$

ΔS und damit auch $\mathrm{d}S$ ist eine Invariante bei LORENTZ-Transformationen: Ein äußerer Beobachter, für den sich das thermodynamische System mit der Geschwindigkeit v^α bewegt, registriert die gleiche Entropieänderung wie ein mitbewegter Beobachter. Da der äußere Beobachter in Übereinstimmung mit (3.119) feststellt, daß während der Wechselwirkungsphase die Wärmemenge $\delta_a Q = c\delta_a Q^4$ ausgetauscht wurde, ordnet er dem System die Temperatur

$$\overline{T} = \frac{T u^4}{c} = \frac{T}{\sqrt{1 - \frac{\mathrm{v}^2}{c^2}}} \qquad (3.124)$$

als integrierenden Faktor zu, während der mitbewegte Beobachter die Temperatur T mißt (OTT, 1963). Die mit der Wärmeübertragung verbundene Impulsänderung wurde in der älteren Literatur nicht beachtet. Dies führte zu dem falschen Transformationsgesetz

$$\overline{T} = T\sqrt{1 - \frac{\mathrm{v}^2}{c^2}}.$$

Die Überlegungen dieses Abschnittes machen noch einmal deutlich, daß die integrale Beschreibung thermodynamischer Systeme nur unter speziellen Bedingungen möglich ist, und rechtfertigen das feldtheoretische Vorgehen.

3.3.3. Transformation der Temperatur

Wir haben gesehen, daß der Begriff „Temperatur“ in der Relativitätstheorie durch einen zeitartigen Vierervektor θ^i beschrieben wird. Dieser Vektor läßt sich in einem beliebigen Inertialsystem an jedem Raum-Zeit-Punkt des thermodynamischen Systems durch Messung der Geschwindigkeit des Massenelementes u^i und seiner Temperatur T (mit einem mitbewegten Thermometer) eindeutig *bestimmen* und durch LORENTZ-Transformationen in jedes andere Inertialsystem umrechnen. Die Temperatur T des Massenelementes ist als Reziprokes des Betrages von θ^i eine Invariante (Tensor 0. Stufe). Die dennoch auftretenden Diskussionen um die Temperaturtransformation sind letzten Endes Diskussionen um die relativistische Fassung des *nullten* Hauptsatzes. Bekanntlich stellt dieses von FOWLER für die Thermostatik formulierte Grundgesetz fest, daß in allen Systemen eine *skalare Zustandsgröße* mit folgender Eigenschaft existiert: Sie besitzt den gleichen Wert in zwei Systemen (oder in zwei Teilen eines Systems), wenn sich jene Systeme (Teilsysteme) *untereinander* im *thermischen* Gleichgewicht befinden. Diese Zustandsgröße wird Temperatur genannt. Der nullte Hauptsatz ist die theoretische Grundlage der Thermometrie: Ein standardisiertes System, das Thermometer, wird in thermischen Kontakt mit dem System gebracht, dessen Temperatur gemessen werden soll. In der von FOWLER ausgesprochenen Form bezieht sich der nullte Hauptsatz zunächst nur auf Systeme, die sich nicht gegeneinander bewegen.

FOWLERS Formulierung kann ohne weiteres akzeptiert werden, wenn es um die Messung der Temperatur T im Massenelement geht. Das System Massenelement befindet sich ja im (lokalen) thermodynamischen Gleichgewicht, System und Thermometer bewegen sich nicht gegeneinander, ein hinreichend kleines

Thermometer stört den Gleichgewichtszustand nur sehr wenig. Schwieriger ist die Aufgabe, einen Temperaturvergleich zwischen zwei *gegeneinander bewegten* Systemen vorzunehmen und den nullten Hauptsatz auf Systeme mit Relativbewegung auszudehnen. Ein einfaches Beispiel soll die Problematik klarmachen. Eine wärmeleitende Flüssigkeit ohne Viskosität (System I) ströme wirbelfrei durch ein wärmeleitendes Rohr (System II), das in einem Inertialsystem S_R ruhen möge (Abb. 11). Rohr und Flüssigkeit sollen für sich

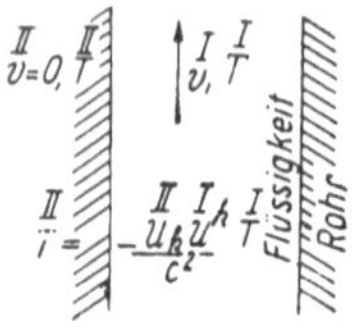

Abb. 11. Thermisches Gleichgewicht zwischen zwei Systemen (Flüssigkeit/Rohr)

und untereinander im *thermischen* Gleichgewicht sein, der Flüssigkeitszustand sei in S_R stationär. In der Flüssigkeit verschwindet die Viererrotation von $\overset{I}{T}\,\overset{I}{u}_i$. Dies folgt unmittelbar aus der thermischen Gleichgewichtsbedingung und der Wirbelfreiheit,

$$\left.\begin{array}{l}\overset{I}{\vartheta}_i = 0\\ \overset{I}{\omega}_{ik} = 0\end{array}\right\} \sim \left(\overset{I}{T}\,\overset{I}{u}_i\right)_{,k} = \left(\overset{I}{T}\,\overset{I}{u}_k\right)_{,i}$$

und hat zur Folge, daß $\overset{I}{T}\,\overset{I}{u}_i$ Vierergradient einer skalaren Feldfunktion χ ist,

$$\overset{I}{T}\,\overset{I}{u}_i = \chi_{,i}\,. \tag{3.125}$$

Man sieht, daß nicht einmal im thermischen Gleichgewicht wirbelfreier Strömungen eine Größe existiert, deren Konstanz im Sinne des FOWLERschen Satzes das thermische Gleichgewicht im System charakterisieren könnte. Erst aus der Stationarität des Flüssigkeitszustandes erhält man eine solche räumlich und zeitlich konstante Größe. Aus $\partial\left(\overset{I}{T}\overset{I}{u}_i\right)/\partial t = 0$ folgt nämlich $\partial\chi/\partial t = \text{const}$. Es gilt somit

$$\overset{I}{T}\overset{I}{u}_4 = \frac{-c\overset{I}{T}}{\sqrt{1-\frac{\overset{I}{\mathrm{v}}^2}{c^2}}} = \text{const} \tag{3.126}$$

in jenem Inertialsystem S_R, in dem das Rohr ruht. Wir können nun das Rohr gleich als Thermometer verwenden und seine (ebenfalls konstante) Temperatur $\overset{II}{T}$ mit der Temperatur $\overset{I}{T}$, die ein mit der Flüssigkeit mitbewegter Beobachter mißt, in Verbindung bringen, wenn wir die Übergangsbedingung (3.93)

$$\overset{II}{T} = -\frac{\overset{II}{u}_k\overset{I}{u}^k}{c^2}\overset{I}{T} \tag{3.127}$$

ausnutzen. Die Interpretation der Entropieproduktionsdichte (3.90) an der Berührungsfläche ergibt, daß (3.127) ganz allein die *Bedingung für thermisches Gleichgewicht* an der Grenzfläche Flüssigkeit — Festkörper ist.[1]) Berücksichtigen wir $\overset{II}{\mathrm{v}}^i = 0 \sim \overset{II}{u}^i = c\delta^i_4$, so folgt aus (3.127) das Transformationsgesetz der Temperatur

$$\overset{II}{T} = \frac{\overset{I}{T}}{\sqrt{1-\frac{\overset{I}{\mathrm{v}}^2}{c^2}}} = \text{const.} \tag{3.128}$$

---

[1]) σ_F in (3.90) enthält neben anderen Beiträgen auch die Entropieproduktionsdichte des Wärmestromes auf der Grenzfläche $\left(\overset{I}{e}_t n^t\right)\left(u^k\left[\overset{I}{\theta}_k - \overset{II}{\theta}_k\right]\right)$, so daß $\overset{I}{u}^k\left(\overset{I}{\theta}_k - \overset{II}{\theta}_k\right) = 0$ ganz allgemein (und nicht nur bei isotropen Flüssigkeiten) die thermische Gleichgewichtsbedingung ist.

Die von einem (in S_R) *ruhenden Beobachter* gemessene konstante Rohrtemperatur $\overset{II}{T}$ charakterisiert den thermischen Gleichgewichtszustand der *bewegten* Flüssigkeit und kann im Sinne der FOWLERschen Temperaturdefinition als Temperatur der Flüssigkeit angesprochen werden. Die Temperaturtransformation (3.124) aus dem vorigen Abschnitt stimmt mit (3.128) überein. Sie beruht im Grunde genommen ebenfalls auf einer Überlegung zum thermischen Gleichgewicht zwischen zwei Systemen mit Relativbewegung. Mit Hilfe der Grundgleichungen (3.61, 3.62) und der Übergangsbedingungen läßt sich im Prinzip die Relativbewegung zweier beliebiger (einkomponentiger) Systeme, die thermodynamisch wechselwirken, behandeln. An die Stelle der Temperaturtransformation treten dabei die Übergangsbedingungen.

Betrachten wir den Fall, daß ein Festkörper als Thermometer in eine strömende Flüssigkeit gehalten wird. Im allgemeinen wird man nicht von *der* Temperatur in der Thermometerumgebung und von *der* Temperatur des Thermometers sprechen können und kein einfaches Transformationsgesetz zwischen den beiden Temperaturverteilungen finden. Ein eindeutiger Zusammenhang zwischen Thermometer- und Flüssigkeitstemperatur läßt sich allenfalls an der Berührungsfläche angeben. Hier gilt die thermische Gleichgewichtsbedingung (3.127), in welcher der Index II das Thermometer und der Index I die Flüssigkeit charakterisiert. Ein im MINKOWSKI-System S_R ruhendes Thermometer hat die Geschwindigkeitskomponenten $u^i = c\delta^i_4$, so daß zwischen der Eigentemperatur $\overset{II}{T}$ des ruhenden Thermometers und der Temperatur $\overset{I}{T}$ eines bewegten Massenelementes der Flüssigkeit an der Berührungsstelle der Zusammenhang

$$\overset{II}{T} = \frac{\overset{I}{T}}{\sqrt{1 - \frac{\overset{I}{\mathrm{v}}{}^2}{c^2}}} \tag{3.129}$$

besteht. Mit einem hinreichend kleinen Thermometer (Temperatur und Geschwindigkeit der Flüssigkeit dürfen sich über Gebiete von der Ausdehnung des Thermometers praktisch nicht ändern) könnte man jedem Raum-Zeit-Punkt der Flüssigkeit eine Temperatur $\overset{II}{T}$ zuordnen, wenn durch den Meßprozeß die Geschwindigkeit der Massenelemente praktisch nicht gestört würde. Das ist bei wärmeleitenden Flüssigkeiten ohne Viskosität denkbar. Viskose Flüssigkeiten haften am Thermometer $\left(\overset{I}{v} = 0\right)$, dieses mißt dann die Temperatur *ruhender* Massenelemente. Ob $\overset{I}{T}\left(1 - \overset{I}{v}^2 c^{-2}\right)^{1/2}$ über die haftende Grenzschicht hinaus in einer kleinen Umgebung des Thermometers konstant ist und damit der bewegten Flüssigkeit von einem äußeren Beobachter als sinnvoller Temperaturwert zugeordnet werden kann, wollen wir hier nicht nachprüfen.

Unsere Überlegungen machen deutlich, daß man alle Fragen zum thermischen Gleichgewicht zweier gegeneinander bewegter Systeme mit Hilfe der in dieser Arbeit dargestellten Temperaturkonzeption, die von einem Temperaturvektor und von der Temperatur der Massenelemente ausgeht, beantworten kann. Man sollte aber nicht versuchen, die komplizierten thermodynamischen Wechselwirkungen zwischen Systemen mit Relativbewegung zur *Grundlage* einer Temperaturdefinition zu machen.

3.3.4. Ausbreitungsgeschwindigkeit der Wärme

Wir hatten schon im Abschnitt 2.2. darauf hingewiesen, daß sich die extensiven Größen wie alle Signalträger nicht mit Überlichtgeschwindigkeit ausbreiten dürfen. Diese Forderung ist auch an die Wärmeleitung, den Transport der extensiven Größe innere Energie, zu stellen. Die klassische Wärmeleitungsgleichung besitzt bekanntlich Lösungen, die eine augenblickliche Übertragung von Wärmemengen über beliebig große Entfernungen beschreiben. Man fragt sich sofort, ob die relativistische Thermodynamik diesen Mangel automatisch beseitigt.

Die relativistische Wärmeleitungsgleichung (3.74) geht

nach Linearisierung der kalorischen Zustandsgleichung

$$\mathsf{u} = \overset{0}{\mathsf{u}} + \overset{1}{\mathsf{u}}, \qquad \overset{1}{\mathsf{u}} = c_\varrho(T - \mathring{T}),$$

$$c_\varrho = \text{const}, \quad \overset{0}{\mathsf{u}} = \text{const}, \qquad \mathring{T} = \text{const}, \qquad (3.130)$$

für ein Medium mit konstanter Dichte und konstanter Geschwindigkeit,

$$\varrho = \text{const}, \qquad u^i = \text{const}, \qquad (3.131)$$

in die einfachere Form

$$\frac{\mathrm{d}}{\mathrm{d}\tau} T^* - \lambda\, T^*_{,i,k} h^{ik} = 0$$
$$\text{mit } T^* \equiv T - \mathring{T}, \quad \lambda \equiv \frac{\varkappa}{\varrho c_\varrho} = \text{const} > 0 \qquad (3.132)$$

über. T^* ist eine auf die konstante Vergleichstemperatur $\mathring{T}$ bezogene Relativtemperatur, λ heißt Temperaturleitzahl[1]). Die erste Gleichung in (3.130) und die Wärmeleitungsgleichung (3.132) machen die Aussagen, daß nur ein Teil der inneren Energie beim Wärmeleitvorgang transportiert wird. Wir wollen diesen Anteil, der die Dichte $\varrho\overset{1}{\mathsf{u}}$ besitzt, als *aktive innere Energie* bezeichnen. Der Wärmestrom e^i muß dann als Stromdichte der aktiven inneren Energie bezüglich der Massenelemente interpretiert werden. Wegen $u^i = \text{const}$ können wir ein Inertialsystem S_R einführen, in dem das ganze Medium ruht. Hier gilt $u^i = c\delta^i_4$ und damit $\mathrm{d}/\mathrm{d}t = \partial/\partial t$, $h^{i4} = 0$, $h^{\alpha\beta} = \delta^{\alpha\beta}$, so daß die Wärmeleitungsgleichung (3.132) genau die aus der klassischen Theorie bekannte Gestalt

$$\frac{\partial}{\partial t} T^* - \lambda \Delta T^* = 0 \text{ mit } \Delta \equiv \delta^{\alpha\beta} \frac{\partial^2}{\partial x^\alpha \partial x^\beta} \qquad (3.133)$$

annimmt. Diese partielle Differentialgleichung vom *parabolischen* Typ bereitet die erwähnten Schwierig-

[1]) Da das lokale Gleichgewicht der Massenelemente stabil sein soll, gilt $c_\varrho > 0$. Zusammen mit $\varkappa > 0$, $\varrho > 0$ folgt daraus $\lambda > 0$.

keiten, indem sie beispielsweise aussagt, daß sich eine räumlich begrenzte Anfangsverteilung der Temperatur und damit der aktiven inneren Energie augenblicklich über beliebig große Raumgebiete verteilt.
(Die Abb. 12a und b zeigen charakteristische räumlich begrenzte Anfangsverteilungen im eindimensionalen Fall.)

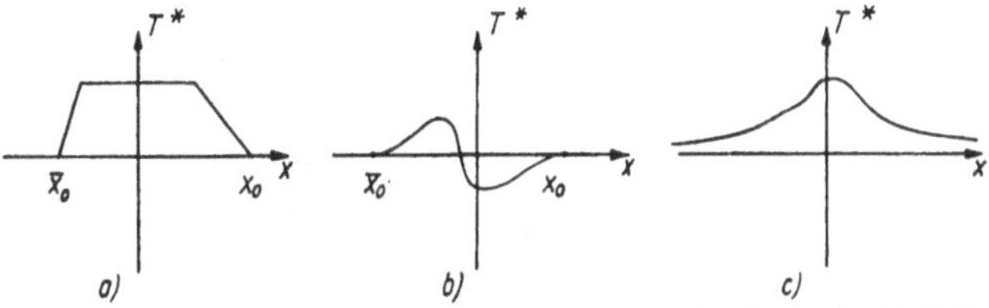

Abb. 12. Anfangsverteilungen der Temperatur T (a) und b) sind unphysikalisch)

Wenn man die Frage untersuchen will, wieso die *kovariant* formulierte Gleichung (3.132) unendlich große Ausbreitungsgeschwindigkeiten zuläßt und damit ein un*relativistisches* Ergebnis liefert, darf man die Anfangsbedingungen nicht vergessen. Untersuchen wir als einfachsten Fall das eindimensionale Anfangswertproblem mit einer Wärmeausbreitung längs der x-Achse von $S_R(x = x^1)$. Gemäß (3.130) und (3.71) sind

$$\overset{1}{u} = \varrho c_\varrho T^*, \, (e^\alpha) = c(T^{4\alpha}) = \left(-\varkappa \frac{\partial T^*}{\partial x}, 0, 0\right) \quad (3.134)$$

die Energiedichte bzw. die Energiestromdichte der aktiven inneren Energie in S_R. Daraus erhält man die Ausbreitungsgeschwindigkeit der aktiven inneren Energie v_u (in x-Richtung)

$$\mathrm{v}_u = \frac{e^1}{\overset{1}{u}} = -\frac{\lambda}{T^*}\frac{\partial T^*}{\partial x} \quad (\lambda > 0). \quad (3.135)$$

Zur Anfangsverteilung der Temperatur zum Zeitpunkt $t = 0$ gehört die Ausbreitungsgeschwindigkeit $\mathrm{v}_u(x, 0)$.

Bereits von dieser Anfangsgeschwindigkeit der aktiven inneren Energie müssen wir fordern, daß sie die Lichtgeschwindigkeit nicht überschreiten darf,

$$[\mathrm{v}_u(x, 0)]^2 \leqq c^2 \tag{3.136}$$

(„starke Energiebedingung", vgl. (2.43) und (2.44)). Die Kurve im $T^*(x, 0)$-x-Diagramm, die eine räumlich begrenzte Anfangsverteilung der Temperatur beschreibt, mündet bei endlichen x-Werten, in Abb. 12 mit x_0 und $\bar{x}_0$ bezeichnet, in die x-Achse ein. Ist der Anstieg der Tangente an $T^*(x, 0)$ in diesen beiden Grenzpunkten ungleich Null (Abb. 12a), so divergiert v_u bei Annäherung an x_0 und $\bar{x}_0$ wegen $\lim\limits_{x \to x_0, \bar{x}_0} \dfrac{\partial T^*(x, 0)}{\partial x} \neq 0$, $\lim\limits_{x \to x_0, \bar{x}_0} T^*(x, 0) = 0$.

Aber auch wenn $T^*(x, 0)$ mit horizontaler Tangente in die x-Achse einmündet (Abb. 12b), wächst v_u bei Annäherung an die beiden Grenzpunkte über alle Grenzen[1]). Eine räumlich begrenzte Anfangsverteilung der Temperatur widerspricht also der physikalischen Forderung (3.136); mit einer derartigen Anfangsbedingung schreibt man dem Wärmeleitvorgang vor, daß er bereits mit unendlich großen Anfangsgeschwindigkeiten einsetzen soll. Die Wärmeleitungsgleichung (3.133) überträgt diese unendlich große Geschwindigkeit auch auf die Wärmeausbreitung zu Zeitpunkten $t > 0$: Mit den Näherungsannahmen (3.130) und (3.131) kann man strenggenommen nur solche Wärmeleitvorgänge behandeln, die mit einer über den ganzen zur Verfügung stehenden Raum verteilten Temperatur $T^*(x, 0)$ beginnen und außerdem der Bedingung (3.136) genügen. Bei eindimensionaler Wärmeleitung im unbegrenzten Medium muß die aktive innere Energie bereits für $t = 0$ über die gesamte x-Achse verteilt sein (Abb. 12c).

Es gibt verschiedene Versuche, aus den NAVIER-STOKES-

[1]) Für jede im Intervall $[x_1, x_0]$ monoton fallende differenzierbare Funktion $f(x)$ mit $f(x_0) = 0$ gilt $\lim\limits_{x \to x_0} \dfrac{f'(x)}{f(x)} = \infty$.

FOURIER-Gleichungen (3.61) bzw. (3.74, 75) Wärmeleitungsgleichungen mit endlichen Ausbreitungsgeschwindigkeiten unter weniger einschneidenden Vorausetzungen als (3.131) abzuleiten. Im allgemeinen ist es aber gar nicht möglich, die Wärmeleitungsgleichung und die NAVIER-STOKES-Gleichungen zu entkoppeln. Es wäre eine interessante Aufgabe, die Ausbreitungsgeschwindigkeit der Energie — zumindest im eindimensionalen Fall — anhand der Stoßwellenlösungen des gekoppelten Differentialgleichungssystems zu untersuchen. Es sei noch angemerkt, daß es bereits in der nichtrelativistischen Wärmeleitungstheorie Versuche gibt, durch ad-hoc-Ansätze zu einer hyperbolischen Wärmeleitungsgleichung zu gelangen.

Beispielsweise kann man mit J. C. MAXWELL (1867) den FOURIERschen Ansatz durch die partielle Zeitableitung des Wärmestromes e_α ($\alpha = 1, 2, 3$) ergänzen,

$$e_\alpha + \tau \frac{\partial}{\partial t} e_\alpha = -\varkappa T_{,\alpha}$$ [1])

und über die Energiebilanz eine Wärmeleitungsgleichung mit einer zweiten Zeitableitung der Temperatur ableiten.

3.3.5. Bewegungsgleichungen des thermodynamischen Massenpunktes

Die Kontinuumsmechanik enthält als Grenzfall die Mechanik des Massenpunktes und der Massenpunktsysteme. Bei einer (zumindest zeitweise) stabilen räumlichen Konzentration der extensiven Größen, wie sie etwa in Himmelskörpern vorliegt, interessiert man sich oft nur für die äußere Dynamik des kontinuierlichen Systems, für die Bewegung des Körpers als Ganzes (Beispiel: Planetenbewegung). Das einfachste mathematische Modell, das dem Rechnung trägt, ist der Masse-

[1]) τ ist eine positive Relaxationszeit.

punkt: Durch Integration der Bilanzgleichungen über das Systemvolumen berechnet man Masse, Impuls, Energie und Drehimpuls des Systems und ordnet diese Größen einem Raumpunkt zu, dessen Bahnkurve ein vereinfachtes Abbild der Bewegung des makroskopischen Körpers ist. Ein Massenpunkt kann also neben der Eigenschaft „Masse“ noch eine ganze Anzahl anderer „innerer Eigenschaften“ (Freiheitsgrade) besitzen, die seine äußere Dynamik beeinflussen. Zur mathematischen Herleitung von Bewegungsgleichungen aus den *relativistischen* Bilanzgleichungen, insbesondere aus der Energie-Impuls-Bilanz als der kontinuumsmechanischen Bewegungsgleichung, gibt es eine umfangreiche Literatur (M. Mathisson (1937), A. Papapetrou (1951), A. H. Taub „(1961, 1964), P. C. Bartum (1965), W. Tulczyjew (1965), K. Westpfahl (1967)).

Für die allgemeine Relativitätstheorie ist die *Spinteilchen*-problematik besonders interessant. Man untersucht, welchen Einfluß die einzelnen Terme einer Multipolentwicklung des Energie-Impuls-Tensors und der Massenstromdichte[1]) eines ausgedehnten Körpers unter dem Einfluß des Gravitationsfeldes auf die Bewegung des zugeordneten Massenpunktes haben. In den Multipolmomenten äußert sich u. a. der Eigendrehimpuls, der klassische Spin eines makroskopischen Körpers. Die von den Dipolmomenten hervorgerufenen Bahnkorrekturen liegen im Bereich experimenteller Nachprüfbarkeit.

In jedem makroskopischen Körper treten irreversible Prozesse auf. Ist der Körper ein thermodynamisch *offenes* System, das Energie und Impuls mit der Umgebung austauscht, so ist zu erwarten, daß die irreversiblen Pozesse im Inneren seine äußere Dynamik beeinflussen. Tatsächlich zeigen bereits einfache Modelluntersuchungen, daß die Bewegungsgleichungen eines

---

[1]) Ähnlich, wie sich eine ausgedehnte Ladungsansammlung durch Gesamtladung, Diplomoment und höhere Momente charakterisieren läßt, kann man auch den Massen- und Energie-Impuls-Konzentrationen Multipolmomente zuordnen.

Massenpunktes mit inneren thermodynamischen Freiheitsgraden („thermodynamischer Massenpunkt“) neuartige Terme aufweisen. Beispielsweise bewirkt der (typisch relativistische) ECKARTsche Beschleunigungsterm im Wärmeleitungsgesetz (vgl. Abschn. 3.2.4.), daß die Bewegungsgleichungen die Form der LORENTZ-DIRACschen Bewegungsgleichungen des Elektrons annehmen und dritte Zeitableitungen der Koordinaten des Massenpunktes enthalten.

Geht man von einem starren, wirbelfreien Körper mit konstanter Temperatur aus, so bekommt man durch Integration über das Weltlinienbündel als Bewegungsgleichung des zugeordneten thermodynamischen Massenpunktes

$$\frac{\mathrm{d}}{\mathrm{d}\lambda}\left(m u^i - \frac{K}{c^4}\frac{\mathrm{d}u^i}{\mathrm{d}\lambda}\right) = \overset{r}{F}{}^i + \overset{a}{F}{}^i,$$

m und K sind Funktionen des zeitlichen Parameters λ und können aus der Energiedichte e bzw. der Wärmeleitfähigkeit $\varkappa$ des Körpers berechnet werden. $\overset{r}{F}{}^i$ steht für die an der Oberfläche angreifenden Kräfte und enthält beispielsweise die Reibungskraft, wenn der Massenpunkt einen Festkörper repräsentiert, der sich in einer Flüssigkeit bewegt („STOKESsches Widerstandsgesetz“). $\overset{a}{F}{}^i$ bezeichnet die äußeren Volumenkräfte, beispielsweise die LORENTZ-Kraft des elektromagnetischen Feldes, wenn der Körper elektrisch geladen ist. Die mit der dritten Zeitableitung der Koordinaten verbundenen Probleme („Selbstbeschleunigung“) überblickt man hier gut, da die innere Dynamik des Körpers bekannt ist. Vielleicht kann man daraus einen Nutzen für die Interpretation ähnlicher Gleichungen in anderen physikalischen Gebieten ziehen.

3.4. Elektrisch geladene fluide Mehrkomponentensysteme

3.4.1. Bilanzgleichungen und Prinzip vom lokalen Gleichgewicht

In vielen physikalischen Spezialdisziplinen spielt das Zusammenwirken von thermodynamischen und elektrodynamischen Erscheinungen eine wichtige Rolle. Da

die MAXWELLsche Theorie des Elektromagnetismus von vornherein eine relativistische Theorie ist, sollte die Vereinigung von Thermodynamik und Elektrodynamik auf relativistischem Niveau erfolgen.
Nur so kann man den Übergang zum nichtrelativistischen Grenzfall einheitlich für Thermodynamik und Elektrodynamik vollziehen.

Wir untersuchen im folgenden ein fluides Medium, das aus K verschiedenen, miteinander reagierenden Stoffkomponenten zusammengesetzt ist. Einige oder alle Komponenten dürfen Träger elektrischer Ladungen sein; als eigenständige Komponenten können auch freie Elektronen und Ionen auftreten. Diese Aufgabenstellung umfaßt die als Magnetohydrodynamik bezeichnete Physik kontinuierlicher Plasmen. Gerade schnell strömende Plasmen sind ein Anwendungsgebiet der relativistischen Thermodynamik.

Im elektrisch geladenen fluiden Mehrstoffsystem müssen wir außer den Bilanzgleichungen für Energie-Impuls (1.24), Masse (1.35, 36), Ladung (1.45) und Entropie (1.51),

$$T^{ik}{}_{,k} = 0, \quad T^{ik} = \overset{Q}{T}{}^{ik} + \overset{E}{T}{}^{ik}, \tag{3.137}$$

$$M^{i}{}_{,i} = 0, \quad M^{i} = \sum_{A=1}^{K}{}' \overset{A}{M}{}^{i}, \tag{3.138}$$

$$J^{i}{}_{,i} = 0, \quad J^{i} = \sum_{A=1}^{K} \overset{A}{\mathrm{e}} \overset{A}{M}{}^{i}, \tag{3.139}$$

$$S^{i}{}_{,i} = \sigma \geqq 0, \tag{3.140}$$

auch die MAXWELL-Gleichungen (1.46),

$$H^{ik}{}_{,k} = \frac{1}{c} J^{i}, \quad F_{ik,l} + F_{li,k} + F_{kl,i} = 0, \tag{3.141}$$

berücksichtigen. Der elektrodynamische Energie-Impuls-Tensor $\overset{E}{T}{}^{ik}$ und der thermohydrodynamische Energie-

Impuls-Tensor $\overset{Q}{T}{}^{ik}$ müssen noch definiert werden. Die Aufspaltung von T^{ik} soll vorläufig nur zum Ausdruck bringen, daß es einen Energie-Impuls-Transport über das elektromagnetische Feld gibt, der keine Entropieströmung verursacht; nur $\overset{Q}{T}{}^{ik}$ soll einen Beitrag zur Entropiestromdichte S^i liefern. Dagegen trägt erfahrungsgemäß die Massenstromdichte $\overset{A}{M}{}^i$ einer jeden Komponente $(A = 1, 2, \ldots, K)$ zur Entropieströmung bei. Aus den Massenstromdichten $\overset{A}{M}{}^i$ kann sowohl die mittlere Massenstromdichte M^i als auch die elektrische Gesamtstromdichte J^i berechnet werden, $\overset{A}{\mathbf{e}}$ ist die konstante spezifische Ladung der Komponente A. Gemäß (1.34) wollen wir die Quellstärken der Massenkomponenten mit $\overset{A}{\gamma}$ $(A = 1, 2, \ldots, K)$ bezeichnen. Im System mögen gleichzeitig R chemische Reaktionen ablaufen. Sie können in der üblichen Symbolsprache der Chemie durch R Reaktionsgleichungen beschrieben werden. Die dabei verwendeten stöchiometrischen Koeffizienten ν_{Ar} $(r = 1, 2, \ldots, R)$ geben an, wieviel *Mole* der Komponente A in der r-ten Reaktion erzeugt $(\nu_{Ar} > 0)$ bzw. vernichtet $(\nu_{Ar} < 0)$ werden. Erfolgt der Umsatz in der r-ten Reaktion mit der Reaktionsgeschwindigkeit ω_r, so erhält man für die pro Zeit- und Volumeneinheit produzierte bzw. vernichtete *Masse* der Komponente A

$$\overset{A}{M}{}^i{}_{,i} = \overset{A}{\gamma} = \sum_{r=1}^{R} \nu_{Ar}\omega_r \overset{A}{m}, \quad \sum_{A=1}^{K} \overset{A}{\gamma} = 0. \tag{3.142}$$

$\overset{A}{m}$ ist die Masse eines Mols der Komponente A. Die durch M^i charakterisierte Gesamtmasse strömt mit der in (1.33) eingeführten mittleren (baryzentrischen) Geschwindigkeit $\mathbf{v}^\alpha$. Die zugeordnete baryzentrische Vierergeschwindigkeit

$$u^i = c(-M^k M_k)^{-1/2} M^i \tag{3.143}$$

hängt mit den analog definierten Vierergeschwindigkeiten der Massenkomponenten in der in (2.117) angegebenen Weise zusammen. Bereits in der nichtrelativistischen Thermodynamik geht man davon aus, daß die baryzentrischen Massenelemente als thermodynamische Systeme im (lokalen) Gleichgewicht angesehen werden können. Dies führt uns zu der Voraussetzung, daß *das Prinzip vom lokalen Gleichgewicht auf die baryzentrischen Massenelemente mit der Vierergeschwindigkeit* u^i *zutreffen möge.*

3.4.2. Berechnung der Entropiequellstärke

In Verallgemeinerung von (3.8) und unter Berücksichtigung der im Anschluß an die Bilanz- und MAXWELL-Gleichungen gemachten Bemerkungen postulieren wir die CARNOT-CLAUSIUS-Beziehung für Mehrkomponentensysteme:

$$S^i = -\theta_k \overset{Q}{T}{}^{ki} - \sum_{A=1}^{K} \overset{A}{\Phi} \overset{A}{M}{}^i . \tag{3.144}$$

Sie kann mit (3.137) und (3.138) auch in die Form

$$S^i = -\theta_k \left(T^{ki} - \overset{E}{T}{}^{ki}\right) - \sum_{A=1}^{K-1} \left(\overset{A}{\Phi} - \overset{K}{\Phi}\right) \overset{A}{M}{}^i - \Phi M^i, \Phi \equiv \overset{K}{\Phi} \tag{3.145}$$

gebracht serden. Um zu zeigen, daß (3.144) kein *willkürliches* Postulat, sondern die Verallgemeinerung experimentell überprüfter nichtrelativistischer Gesetze darstellt, zerlegen wir (3.145) analog zu (3.20) und (3.22) in Anteile senkrecht und parallel zur Vierergeschwindigkeit. Um die Argumentation aus Abschnitt 3.2.2. nicht wiederholen zu müssen, gehen wir gleich davon aus, daß θ_k als (zeitartiger) Temperaturvektor in die Richtung der

Vierergeschwindigkeit jener Volumenelemente zeigt, die sich im lokalen Gleichgewicht befinden,

$$\theta_k = \frac{1}{T}\, u_k . \tag{3.146}$$

Wenn wir (3.145) mit dem (baryzentrischen) Projektionstensor $h_i^l \equiv \delta_i^l + c^{-2} u_i u^l$ überschieben, bekommen wir

$$s^l \equiv \frac{1}{T}\, \overset{Q}{e}{}^l - \sum_{A=1}^{K-1} \left(\overset{A}{\Phi} - \overset{K}{\Phi}\right) \overset{A}{m}{}^l \tag{3.147}$$

mit

$$s^l \equiv S^i h_i^l, \quad \overset{Q}{e}{}^l \equiv -\left(T^{ki} - \overset{E}{T}{}^{ki}\right) h_i^l u_k, \quad \overset{A}{m}{}^l \equiv h_i^l \overset{A}{M}{}^i . \tag{3.148}$$

s^l, $\overset{Q}{e}{}^l$ und $\overset{A}{m}{}^l$ beschreiben die Entropieströmung, eine Energieströmung und die Massenkomponentenströmungen relativ zum baryzentrischen Massenelement. Da der Energietransport über das elektromagnetische Feld nicht notwendig mit einem Entropietransport verbunden ist, müssen wir zwischen $\overset{Q}{T}{}^{ki} h_i^l u_k$ und $T^{ki} h_i^l u_k$ unterscheiden. Die entropiebehaftete Energiestromdiche $\overset{Q}{e}{}^l$ soll wiederum als Wärmestromdichte bezeichnet werden. Der zwischen dem baryzentrischen Massenelement und seiner Umgebung stattfindende Austausch von Komponentenmasse wird allgemein als *Diffusion* bezeichnet.

$$\overset{A}{m}{}^l = \overset{A}{M}{}^l + \frac{1}{c^2}\, u^l u_i \overset{A}{u}{}^i \overset{A}{\varrho} = \overset{A}{\varrho} \left[\overset{A}{u}{}^l + \left(\frac{u_i \overset{A}{u}{}^i}{c^2} \right) u^l \right] \tag{3.149}$$

ist demnach die Diffusionsstromdichte der Komponente A. Offenbar gilt

$$\sum_{A=1}^{K} \overset{A}{m}{}^l = 0 \quad \text{und} \quad -\sum_{A=1}^{K} \overset{A}{\varrho} \left(\frac{u_i \overset{A}{u}{}^i}{c^2} \right) = \varrho . \tag{3.150}$$

Für kleine Relativgeschwindigkeiten der einzelnen Stoffe untereinander liegt der von KLUITENBERG (1954) eingeführte Korrekturfaktor $u_i \overset{A}{u^i} c^{-2}$ sehr nahe bei Eins; dann geht der Ausdruck (3.149) in die üblicherweise verwendete nichtrelativistische Diffusionsstromdichte über. Der diffusionsbedingte Anteil der konduktiven Entropiestromdichte s^l verschwindet erwartungsgemäß im einkomponentigen Medium ($K = 1$), vgl. (3.19). Aus der Gleichgewichtsthermodynamik stofflich offener Systeme wissen wir, daß als Proportionalitätsfaktor zwischen (infinitesimaler) Massenänderung und damit zusammenhängender Entropieänderung das chemische Potential, dividiert durch die absolute Temperatur, auftritt. Dementsprechend führen wir über

$$\overset{A}{\Phi} - \overset{K}{\Phi} \equiv \frac{\overset{A}{\mu} - \overset{K}{\mu}}{T} \tag{3.151}$$

die chemische Potentiale $\overset{A}{\mu}$ ($A = 1, 2, \ldots, K$) der einzelnen Komponenten in Bezug auf das baryzentrische Massenelement ein. Die mit u_i überschobene CARNOT-CLAUSIUS-Beziehung (3.145),

$$\Phi = \frac{1}{T}\left(\overset{Q}{\mathsf{e}} - T\mathsf{s} - \sum_{A=1}^{K-1}{}' \overset{A}{\mathsf{c}}\left(\overset{A}{\mu} - \overset{K}{\mu}\right)\right) \tag{3.152}$$

mit

$$\begin{aligned} \overset{Q}{\mathsf{e}} &\equiv \varrho^{-1} c^{-2} u_i u_k \overset{Q}{T}{}^{ik}, \quad \mathsf{s} \equiv -\varrho^{-1} c^{-2} u_i S^i, \\ \overset{A}{\mathsf{c}} &\equiv -\varrho^{-1} c^{-2} u_i \overset{A}{M}{}^i \equiv -\left(\frac{u_i \overset{A}{u}{}^i}{c^2}\right)\frac{\overset{A}{\varrho}}{\varrho} \end{aligned} \tag{3.153}$$

kann in Analogie zu (3.22) als LEGENDREsche Transformation der spezifischen Entropie s in eine (verallgemeinerte) MASSIEU-Funktion Φ aufgefaßt werden. (Sie stellt, da Φ nicht unabhängig von den anderen Größen in (3.145) definiert ist, keine zusätzliche thermodynamische Bedingungsgleichung dar.) $\overset{Q}{\mathsf{e}}$ ist die spezifische (thermodynamische) Energie, $\overset{A}{\mathsf{c}}$ die auf die baryzentrische Masse bezogene Konzentration der Komponente A ($A = 1, 2, \ldots, K - 1$) im baryzentrischen Massenelement. (Man muß beachten, daß $\overset{A}{\varrho}$ die Massendichte der Komponente A in den *mit der Komponente A mitbewegten Volumenelementen* bezeichnet, während $\left(-c^{-2}u_i\overset{A}{M^i}\right) = -\overset{A}{\varrho}u_i\overset{A}{u^i}c^{-2}$ die Massendichte der Komponente A in den *baryzentrischen Massenelementen* ist). Als Quotient beider Dichten tritt wieder der Korrekturfaktor $u_i\overset{A}{u^i}c^{-2}$ auf. Die von der Thermodynamik vorgenommene Auszeichnung der baryzentrischen Massenelemente macht es notwendig, auch die elektromagnetischen Felder auf diese Massenelemente zu beziehen. Dies geschieht wieder nach dem Muster (2.74). Wir bekommen für die antisymmetrischen elektromagnetischen Feldstärketensoren H_{ik} und F_{ik}:

$$\begin{aligned} H_{ik} &= \mathscr{H}'_{ik} + \frac{1}{c}\,(u_i\mathscr{D}_k - u_k\mathscr{D}_i), \\ F_{ik} &= \mathscr{B}_{ik} + \frac{1}{c}\,(u_i\mathscr{E}_k - u_k\mathscr{E}_i), \end{aligned} \tag{3.154}$$

mit

$$\mathscr{H}_{ik} = h_i^l h_k^m H_{lm}, \quad \mathscr{D}_i = \frac{1}{c}\,H_{ik}u^k \quad (\mathscr{H}_{ik} = -\mathscr{H}_{ki}), \tag{3.155}$$

$$\mathscr{B}_{ik} = h_i^l h_k^m F_{lm}, \quad \mathscr{E}_i = \frac{1}{c}\,F_{ik}u^k \quad (\mathscr{B}_{ik} = -\mathscr{B}_{ki}). \tag{3.156}$$

Unter Verwendung der Definitionsgleichungen (1.43) und (1.44) prüft man im mitbewegten Inertialsystem ($u^i = c\delta_4^i$) leicht nach, daß $\mathscr{D}^i$ bzw. $\mathscr{E}^i$ die dielektrische Verschiebung bzw. die elektrische Feldstärke im baryzentrischen Massenelement sind und daß $\mathscr{H}^{ik}$ bzw. $\mathscr{B}^{ik}$ eineindeutig auf die Komponenten der magnetischen Feldstärke bzw. der magnetischen Induktion abgebildet werden können. Besonders einfach läßt sich diese Zuordnung mit dem in allen Indexpaaren antisymmetrischen vierdimensionalen LEVI-CIVITA-Pseudotensor ε^{iklm} ($\varepsilon^{1234} = 1$) formulieren:

$$\mathcal{H}^i \equiv -\frac{1}{2c}\,\varepsilon^{iklm} u_k \mathcal{H}_{lm}, \quad \mathcal{B}^i = -\frac{1}{2c}\,\varepsilon^{iklm} u_k \mathcal{B}_{lm}. \quad (3.157)$$

$\mathcal{H}^i$ ist die magnetische Feldstärke, $\mathcal{B}^i$ die magnetische Induktion im baryzentrischen Massenelement. Offenbar sind alle vier Feldstärkevektoren $\mathcal{D}^i$, $\mathcal{E}^i$, $\mathcal{H}^i$ und $\mathcal{B}^i$ orthogonal zur Vierergeschwindigkeit. Die Polarisations- und Magnetisierungserscheinungen charakterisiert man durch den antisymmetrischen Tensor M^{ik},

$$M^{ik} \equiv H^{ik} - F^{ik}, \quad M^{ik} \equiv \mathcal{M}^{ik} + \frac{1}{c}\,(u^i \mathcal{P}^k - u^k \mathcal{P}^i). \quad (3.158)$$

Ein mit dem baryzentrischen Massenelement mitbewegter Beobachter stellt in Übereinstimmung mit (1.40) zwischen der Polarisation $\mathcal{P}^i$ und der Magnetisierung

$$\mathcal{M}^i = \frac{1}{2c}\,\varepsilon^{iklm} u_k \mathcal{M}_{lm} \quad (3.159)$$

einerseits und den elektromagnetischen Feldgrößen andererseits den folgenden Zusammenhang fest:

$$\mathcal{P}^i = \mathcal{D}^i - \mathcal{E}^i, \quad \mathcal{M}^i = \mathcal{B}^i - \mathcal{H}^i. \quad (3.160)$$

Die Entropiequellstärke σ berechnen wir in bekannter Weise, indem wir die CARNOT-CLAUSIUS-Beziehung (3.145) in die Entropiebilanz einsetzen. Dabei benötigen wir $\overset{E}{T}{}^{ki}$. Zu der Frage, *wie* der Energie-Impuls-Tensor des elektromagnetischen Feldes im Medium aus den Feldstärketensoren H^{ik}, F^{ik} konstruiert werden sollte, gibt es viele Diskussionen und Vorschläge. Man hat u. a. den symmetrischen ABRAHAMschen Energie-Impuls-Tensor dem unsymmetrischen MINKOWSKI-Tensor gegenübergestellt und physikalische Argumente für die eine oder andere Variante angeführt. Das eingentliche Problem besteht darin, den Energie-Impuls-Tensor T^{ik}, der als lokale Erhaltungsgröße alle Energie- und Impulsformen enthält, in unabhängig voneinander definierte Anteile aufzuspalten. Eine Festlegung des elektromagnetischen Energie-Impuls-Anteils $\overset{E}{T}{}^{ik}$ von T^{ik} ist bedeutungslos, wenn nicht zur gleichen Zeit — unabhängig von dieser Festlegung — eindeutige Berechnungsvorschriften für den restlichen Energie-Impuls-Anteil $\overset{Q}{T}{}^{ik} = T^{ik} - \overset{E}{T}{}^{ik}$ angegeben werden. Die einzige phänomenologische Theorie, die alle Energie- und Impulsformen zu berücksichtigen gestattet, ist die (relativistische) Thermodynamik. Mit ihrer Hilfe hat zuerst KLUITENBERG (1954) eine umfassende Analyse der Aufspaltungsproblematik durchgeführt. Wir wollen zeigen, daß man durch zwei Voraussetzungen zu einer eindeutigen Festlegung der beiden Bestandteile $\overset{Q}{T}{}^{ik}$ und $\overset{E}{T}{}^{ik}$ des Energie-Impuls-Tensors T^{ik} gelangt, wenn man sich der Methoden der phänomenologischen Thermodynamik irreversibler Prozesse bedient. Man muß *erstens* sagen, in welcher Weise $-u_k h^l_i \overset{E}{T}{}^{ki}$, die nichtentropiebehaftete Energieströmung des elektromagnetischen Feldes relativ zum baryzentrischen Massenelement, aus den elektromagnetischen Feldern und den thermodynamischen Zustandsgrößen berechnet werden kann. Wir wählen

$$\overset{E}{e}{}^l \equiv -u_k h^l_i \overset{E}{T}{}^{ki} = -F^{km} H^i{}_m u_k h^l_i . \qquad (3.161)$$

Im lokalen Ruhsystem gilt

$$u^i = c\delta^i_4, \quad \overset{E}{\mathbf{e}} = c\,(\mathbf{E} \times \mathbf{H}), \quad \left(\overset{E}{\mathbf{e}}\right) = \left(\overset{E}{e}{}^1, \overset{E}{e}{}^2, \overset{E}{e}{}^3\right). \qquad (3.162)$$

Mit der Festlegung (3.161) verallgemeinern wir also die nichtrelativistische Aussage, daß der Energietransport über das elektromagnetische Feld auch im polarisierbaren und magnetisierbaren Medium durch den POYNTING-Vektor beschrieben wird.

Die *zweite* Voraussetzung besteht in der Formulierung der GIBBSschen Fundamentalgleichung für das geladene Mehrkomponentensystem (Abschn. 3.4.3).

Zur Berechnung der Entropiequellstärke setzen wir die CARNOT-CLAUSIUS-Beziehung (3.145) mit (3.161) in die Entropiebilanzgleichung (3.140) ein, wobei wir die Bilanzgleichungen (3.137), (3.138) und (3.139) ausnutzen. Bei den anschließenden Umformungen verwenden wir u. a. die aus den MAXWELL-Gleichungen folgende Beziehung

$$(F_{km}H^{im})_{,i} = -\frac{1}{c} J_m F_k{}^m + \frac{1}{2} F_{im,k} H^{im},$$

die Stromdefinition (3.139) und die Definitionsgleichungen (3.154) bis (3.160) der Feldstärkevektoren, der Polarisation und der Magnetisierung im baryzentrischen Massenelement. In $(-\Phi_{,i}M^i)$ ersetzen wir Φ durch (3.152), anstelle von $\left(\overset{A}{\Phi} - \overset{K}{\Phi}\right)$ können die chemischen Potentiale eingeführt werden (3.151). Wir bekommen nach einiger Rechnung:

$$\sigma = -\frac{1}{2}\left[T^{ki} - \overset{1}{T}{}^{ki} - \overset{2}{T}{}^{ki}\right]\left[\theta_{k,i} + \theta_{i,k}\right] - \sum_{A=1}^{K-1}\left[\overset{A}{M}{}^i - \overset{0A}{M}{}^i\right]$$
$$\times\left[\left(\overset{A}{\Phi} - \overset{K}{\Phi}\right)_{,i} + \left(\frac{\overset{A}{\mathsf{e}} - \overset{K}{\mathsf{e}}}{c}\right) F_{ki}\theta^k\right] - \sum_{r=1}^{R} \omega_r \frac{A_r}{T} + X + Y \geqq 0 \tag{3.163}$$

mit den Abkürzungen

$$\overset{1}{T}{}^{ik} \equiv \frac{\varrho\bar{\mathsf{e}}}{c^2} u^i u^k + \bar{p} h^{ik}, \tag{3.164}$$

$$\bar{\mathsf{e}} \equiv \varrho^{-1} c^{-2} T^{ik} u_i u_k - \frac{1}{2}\varrho^{-1}\left(\mathscr{H}^i \mathscr{B}_i + \mathscr{D}^i \mathscr{E}_i + \frac{1}{2} F^{ik} M_{ik}\right), \tag{3.165}$$

$$\overset{2}{T}{}^{ki} \equiv F^{il}F^{k}{}_{l} - \frac{1}{4} F^{mn}F_{mn}\eta^{ik} + A^{kimn}F_{m}{}^{l}M_{nl}, \tag{3.166}$$

$$\overset{0A}{M}{}^{i} \equiv \varrho \overset{A}{c} u^{i}, \quad A r \equiv \sum_{A=1}^{K-1} \left(\overset{A}{\mu} - \overset{K}{\mu}\right) \nu_{Ar}\overset{A}{m}, \tag{3.167}$$

$$A^{kimn} \equiv \frac{1}{2}\,(h^{in}h^{km} + h^{im}h^{kn}) - \frac{1}{c^2}\left(u^k u^m h^{in} + u^i u^m h^{kn} - \frac{1}{2}\,u^i u^k h^{mn}\right) + \frac{1}{2c^4}\,u^i u^k u^m u^n, \tag{3.168}$$

$$X \equiv \frac{\varrho}{T}\left[T\,\frac{\mathrm{ds}}{\mathrm{d}\tau} - \frac{\mathrm{d}\bar{e}}{\mathrm{d}\tau} - \bar{p}\,\frac{\mathrm{dv}}{\mathrm{d}\tau} + \sum_{A=1}^{K-1}\left(\overset{A}{\mu} - \overset{K}{\mu}\right)\frac{\mathrm{d}\overset{A}{c}}{\mathrm{d}\tau} + \mathscr{B}^i\,\frac{\mathrm{d}}{\mathrm{d}\tau}\,(\varrho^{-1}\mathscr{M}_i) + \mathscr{E}^i\,\frac{\mathrm{d}}{\mathrm{d}\tau}\,(\varrho^{-1}\mathscr{P}_i)\right], \tag{3.169}$$

$$Y \equiv \frac{u_{k,i}}{2T}\,(\mathscr{M}^k\mathscr{B}^i - \mathscr{M}^i\mathscr{B}^k + \mathscr{E}^i\mathscr{P}^k - \mathscr{E}^k\mathscr{P}^i)\,. \tag{3.170}$$

Die in (3.167) definierte Größe A_r heißt chemische Affinität.

3.4.3. Gibbssche Fundamentalgleichung und lineare phänomenologische Beziehungen

In der Gleichgewichtsthermodynamik findet man, daß der Zustand eines fluiden Mehrkomponentensystems durch die unabhängigen Zustandsvariablen innere Energie U, Volumen V und Massen $\overset{A}{\mathbf{M}}$ der einzelnen Komponenten eindeutig charakterisiert werden kann. Treten unter dem Einfluß elektromagnetischer Felder auch Polarisations- und Magnetisierungserscheinungen auf, so müssen die Zustandsvariablen noch durch den Polarisationsvektor **P** und den Magnetisierungsvektor **M** erweitert werden. Thermodynamisches Potential in den aufgezählten Variablen ist die Entropie. Da wir annehmen, daß die Voraussetzungen für die Gültigkeit des Prinzips vom lokalen Gleichgewicht im baryzentrischen Massenelement gegeben seien (vgl. Abschn. 3.2.2.), können wir die obigen Aussagen auf das baryzentrische Massenelement übertragen und bei Verwendung spezifischer Größen das thermodynamische Potential spezifische Entropie

$$\mathsf{s} = \mathsf{s}(\tilde{\mathsf{e}}, \mathsf{v}, \varrho^{-1}\mathscr{P}^i, \varrho^{-1}\mathscr{M}^i) \tag{3.171}$$

einführen. Die ersten Ableitungen des Potentials nach den Zustandsvariablen entnimmt man wieder der GIBBSschen Fundamentalgleichung, die nach den Erfahrungen der Gleichgewichtsthermodynamik die Gestalt

$$\mathrm{d}\mathsf{s} = \frac{1}{T}\left[\mathrm{d}\tilde{\mathsf{e}} + \tilde{p}\,\mathrm{d}\mathsf{v} - \sum_{A=1}^{K-1}{}'\left(\overset{A}{\mu} - \overset{K}{\mu}\right)\mathrm{d}\overset{A}{\mathsf{c}} - \mathscr{B}^i\,\mathrm{d}(\varrho^{-1}\mathscr{M}_i) - \mathscr{E}^i\,\mathrm{d}(\varrho^{-1}\mathscr{P}_i)\right] \tag{3.172}$$

besitzt. Wichtig ist hier nur, daß die elektromagnetischen Arbeitsdifferentiale je zwei verschiedene elektrische bzw. magnetische Feldstärkevektoren als zueinander konjugierte Variable enthalten (z. B. wäre auch $\mathscr{H}^i\,\mathrm{d}(\varrho^{-1}\mathscr{M}_i)$ oder $\varrho^{-1}\mathscr{D}^i\mathrm{d}\mathscr{E}_i$ denkbar). Man kann dann die angegebene Gestalt der GIBBSschen Fundamentalgleichung stets eine LEGENDREsche Transformation der bisher noch durch nicht festgelegten Größen $\tilde{\mathsf{e}}$ oder (und) $\tilde{p}$ erreichen[1]). Da der Tensor nullter Stufe s eine Funktion der beiden raumartigen Vierervektoren $\mathscr{P}^i$ und $\mathscr{M}^i$ sein soll, muß er auch vom metrischen Tensor η_{ik} bzw. vom Projektionstensor h_{ik} abhängen, denn aus $\mathscr{P}^i$ und $\mathscr{M}^i$ müssen Invarianten gebildet werden. Aus dieser funktionalen Struktur folgt mit den gleichen Überlegungen, die zu (3.41)

[1]) $\tilde{e}$ ist ein Teil der spezifischen Energie $\varrho^{-1}c^{-2}u^iu^kT_{ik}$, $\tilde{p}h^{ik}$ ein Teil des Drucktensors $h^i_m h^k_n T^{mn}$.

führten, die Bedingung

$$\mathscr{M}^k\mathscr{B}^i - \mathscr{M}^i\mathscr{B}^k + \mathscr{E}^i\mathscr{P}^k - \mathscr{E}^k\mathscr{P}^i = 0, \qquad (3.173)$$

so daß die mit Y bezeichneten Terme in der Entropiequellstärke (3.163) verschwinden müssen. Die differentiellen Änderungen der spezifischen Größen dürfen auf die Eigenzeit τ der Massenelemente bezogen werden. Mit der so spezialisierten GIBBSschen Fundamentalgleichung eliminieren wir $\mathrm{d}s/\mathrm{d}\tau$ in dem mit X bezeichneten Bestandteil der Entropiequellstärke. Es entsteht

$$X = \varrho T^{-1}\left(-\frac{\mathrm{d}(\bar{\mathsf{e}} - \tilde{\mathsf{e}})}{\mathrm{d}\tau}\right) - \left((\bar{p} - \tilde{p})\,\frac{\mathrm{d}\mathsf{v}}{\mathrm{d}\tau}\right).$$

Diese Terme haben keinerlei Bezug zu den in geladenen Mehrkomponentensystemen auftretenden irreversiblen Effekten[1]). Sie sollten deshalb aus der Entropiequellstärke herausfallen. Wir nehmen mit der Identifizierung

$$\tilde{\mathsf{e}} = \bar{\mathsf{e}} \text{ und } \tilde{p} = \bar{p}, \qquad (3.174)$$

aus der $X = 0$ folgt, gleichzeitig die noch ausstehende Festlegung der spezifischen Energie $\tilde{\mathsf{e}}$ und des Druckes $\tilde{p}$ vor. Die eben erörterte Fragestellung taucht in der phänomenologischen Thermodynamik immer wieder auf: Man benötigt experimentelle Erfahrung (und theoretisches Fingerspitzengefühl), um zu entscheiden, welche Terme der GIBBSschen Fundamentalgleichung und welche der Entropiequellstärke zuzuordnen sind.

Bei gegebenenem Potential s bekommt man aus der GIBBSschen Fundamentalgleichung die Zustandsgleichungen. Wenn wir durch eine LEGENDREsche Transformation von den in (3.172) verwendeten unabhängigen Zustandsvariablen zu dem gebräuchlicheren Variablen-

---

[1]) Sieht man von Relaxationserscheinungen der spezifischen Größen ab, die wir in unseren Überlegungen aber generell vernachlässigen.

satz

$$(V_A) = \left(T, \mathsf{v}, \overset{A}{\mathsf{c}}, \mathcal{B}^i, \mathcal{E}^i\right) \tag{3.175}$$

übergehen, besitzen sie die Gestalt

$$\bar{\mathsf{e}} = \bar{\mathsf{e}}(V_A), \quad \bar{p} = \bar{p}(V_A), \quad \overset{A}{\mu} = \overset{A}{\mu}(V_A),$$
$$\mathcal{P}^i = \mathcal{P}^i(V_A), \quad \mathcal{M}^i = \mathcal{M}^i(V_A).$$

Die einfachsten elektromagnetischen Zustandsgleichungen, die der Bedingung (3.173) genügen, sind von der Form $\mathcal{P}^i = \chi\left(T, \mathsf{v}, \overset{A}{\mathsf{c}}\right) \mathcal{E}^i$, $\mathcal{M}^i = \varkappa\left(T, \mathsf{v}, \overset{A}{\mathsf{c}}\right) \mathcal{B}^i$ (χ und $\varkappa$ sind skalare Suszeptibilitätsgrößen), und können mit (3.160) und $\varepsilon = 1 + \chi$, $\mu = (1 - \varkappa)^{-1}$ zu

$$\mathcal{D}^i = \varepsilon\left(T, \mathsf{v}, \overset{A}{\mathsf{c}}\right) \mathcal{E}^i, \quad \mathcal{B}^i = \mu\left(T, \mathsf{v}, \overset{A}{\mathsf{c}}\right) \mathcal{H}^i \tag{3.176}$$

umgeformt werden. Diese Zustandsgleichungen optisch isotroper Medien lassen sich bei Verwendung von (3.154) und (3.157) auch als Relationen zwischen den Feldstärketensoren schreiben:

$$H^{ik} = \mu^{iklm} F_{lm}, \quad \mu^{iklm} \equiv \frac{1}{2\mu}(h^{il}h^{km} - h^{kl}h^{im})$$
$$- \frac{\varepsilon}{2c^2}(h^{il}u^k u^m - h^{kl}u^i u^m - h^{im}u^k u^l + h^{km}u^i u^l). \tag{3.177}$$

μ^{iklm} kann als *Permeabilitätstensor* bezeichnet werden. Für die Materialgleichungen anisotroper Medien gelten sinngemäß die im Anschluß an (3.41) gemachten Bemerkungen.

Die Entropiequellstärke (3.163) mit $X = 0$, $Y = 0$ ist wiederum eine Summe aus Produkten generalisierter Ströme J_A und generalisierter Kräfte X_A:

$$(J_A) \equiv \left(T^{ki} - \overset{1}{T}{}^{ki} - \overset{2}{T}{}^{ki};\ \overset{A}{M}{}^i - \overset{0A}{M}{}^i;\ \omega_r\right), \tag{3.178}$$

$$(X_A) \equiv \left(-\frac{1}{2}\left[\theta_{k,i} + \theta_{i,k}\right];\ -\overset{A}{\psi}_i;\ -\frac{A_r}{T}\right). \tag{3.179}$$

Abkürzend haben wir

$$\overset{A}{\psi}_i \equiv \left(\frac{\overset{A}{\mu} - \overset{K}{\mu}}{T}\right)_{,i} + \left(\frac{\overset{A}{\mathrm{e}} - \overset{K}{\mathrm{e}}}{c}\right) F_{mi}\theta^m \tag{3.180}$$

eingeführt. Ströme und Kräfte sind nach dem Muster (3.2) durch die linearen phänomenologischen Beziehungen

$$T^{ik} = \overset{1}{T}{}^{ik} + \overset{2}{T}{}^{ik} - \frac{1}{2} L^{iklm}(\theta_{l,m} + \theta_{m,l}) - \sum_{B=1}^{K-1} \overset{(B)}{L}{}^{ikl}\overset{B}{\psi}_l - \sum_{r=1}^{R} \overset{(r)}{L}{}^{ik} \frac{A_r}{T}, \tag{3.181}$$

$$\overset{A}{M}{}^i = \overset{0A}{M}{}^i - \frac{1}{2} \overset{(A)}{l}{}^{ilm}(\theta_{l,m} + \theta_{m,l}) - \sum_{B=1}^{K-1} \overset{(A)(B)}{l}{}^{il} \overset{B}{\psi}_l - \sum_{r=1}^{R} \overset{(r)}{l}{}^{i} \frac{A_r}{T} \tag{3.182}$$

$$\omega_s = -\frac{1}{2} \overset{(s)}{\lambda}{}^{lm}(\theta_{l,m} + \theta_{m,l}) - \sum_{B=1}^{K-1} \overset{(s)(B)}{\lambda}{}^{l} \overset{B}{\psi}_l - \sum_{r=1}^{R} \overset{(s)(r)}{\lambda} \frac{A_r}{T} \tag{3.183}$$

verknüpft. $\overset{A}{M}{}^i - \overset{0A}{M}{}^i = \overset{A}{m}{}^i$ ist gerade die Diffusionsstromdichte der Komponente A. Die phänomenologischen Koeffizienten

$$(L_{AB}) = \left(L^{iklm}, \overset{(B)}{L}{}^{ikl}, \overset{(r)}{L}{}^{ik}, \text{usw.}\right) \tag{3.184}$$

sind i. allg. Funktionen der unabhängigen Zustandsvariablen des baryzentrischen Massenelementes (z. B. von V_A (3.175)) und der Vierergeschwindigkeit u^i. Wie beim einkomponentigen Medium wird die Wahl der Koeffizienten L_{AB} durch ONSAGER-CASIMIRsche Reziprozitätsbeziehungen (3.52) eingeschränkt. Außerdem folgt aus (3.164), (3.165) und (3.166) $\left(T^{ik} - \overset{1}{T}{}^{ik} - \overset{2}{T}{}^{ik}\right) u_i u_k = 0$ und aus (3.153) und (3.167) $\left(\overset{A}{M}{}^i - \overset{0A}{M}{}^i\right) u_i = 0$, so daß stets

$$L^{iklm} u_i u_k = 0, \overset{(B)}{L}{}^{ikl} u_i u_k = 0 \ \overset{(r)}{L}{}^{ik} u_i u_k = 0, \tag{3.185}$$

$$\overset{(A)}{l}{}^{ilm} u_i = 0, \overset{(A)(B)}{l}{}^{il} \ u_i = 0, \overset{(r)}{l}{}^{i} u_i = 0 \tag{3.186}$$

gefordert werden muß (vgl. (3.57)). Die L_{AB} unterliegen ferner den aus der Definitheit der quadratischen Form σ folgenden Einschränkungen (vgl. (3.51)). Zu einer Verringerung der Freiheitsgrade kommt es, wenn Isotropie vorausgesetzt werden kann.[1]) Unter dem Einfluß der elektromagnetischen Felder treten aber vielfach Anisotropieeffekte auf, so daß die aus den phänomenologischen Koeffizienten abgeleiteten Materialgrößen (z. B. die Wärmeleitfähigkeit, der OHMsche Widerstand etc.) Tensoren sind.

Der Energie-Impuls-Tensor T^{ik} bzw. die Massenströme $\overset{A}{M}{}^i$ bestehen jeweils aus reversiblen Anteilen $\overset{1}{T}{}^{ik} + \overset{2}{T}{}^{ik}$ bzw. $\overset{0A}{M}{}^i$ (konvektiver Massentransport im baryzentrischen Massenelement) und aus irreversiblen Anteilen. Letztere werden durch die phänomenologischen Koeffizienten charakterisiert, welche die Materialeinflüsse auf die irreversiblen Prozesse enthalten. Die irreversiblen Bestandteile im *Energie-Impuls-Tensor* beschreiben die Effekte *Viskosität und Wärmeleitung.* Hauptursache dieser Effekte ist der Gradient des Temperaturvektors; diesen Haupteffekt beschreibt der dritte Term rechts in (3.181) (L^{iklm}: Tensor der Wärmeleitungs- und Viskositätskoeffizienten). Daneben wird Viskosität und Wärmeleitung auch durch die Gradienten $\left[\left(\overset{A}{\mu} - \overset{K}{\mu}\right) \Big/ T\right]_{,i}$, das elektromagnetische

---

[1]) Im isotropen Fall stehen zur Konstruktion der Tensoren $\overset{(B)}{L}{}^{iklm}$, $\overset{(B)}{L}{}^{ikl}$ usw. nur der Projektionstensor h^{rs}, die Vierergeschwindigkeit u^r und skalare Koeffizienten zur Verfügung, vgl. (3.55), wobei die Symmetrie und die Orthogonalitätsrelationen (3.185) und (3.186) beachtet werden müssen.

Feld und die chemischen Affinitäten A_r verursacht (Kreuzeffekte). Die irreversiblen Glieder der *Massenströme* geben die Ursachen der *Diffusion* an. Haupteffekt ist hier die durch den Gradienten der chemischen Potentiale $\left[\left(\overset{A}{\mu} - \overset{K}{\mu}\right)\Big/ T\right]_{,i}$ und das elektromagnetische Feld verursachte Diffusion (3. Term auf der rechten Seite von (3.182), $\overset{(A)(B)}{l^{il}}$: Tensoren der Diffusionskoeffizienten). Als Kreuzeffekt tritt u. a. Thermodiffusion (im 2. Term enthalten) auf. Die durch (3.183) charakterisierten chemischen Reaktionen sind rein irreversibler Natur; sie werden primär durch die chemischen Affinitäten hervorgerufen (Haupteffekt: letzter Summand in (3.183)). Das OHMsche Gesetz des Ladungstransportes in seiner allgemeinen Form ist in den Ansätzen (3.182) enthalten. Durch die phänomenologischen Ansätze (3.181) bis (3.183) und bei Kenntnis der Zustandsgleichungen ist man in der Lage, T^{ik}, $\overset{A}{M^i}$ und ω_s aus einem beliebigen Satz unabhängiger Zustandsvariablen (einschließlich der Vierergeschwindigkeit) und deren ersten Ableitungen zu berechnen. Wie beim einkomponentigen Medium bekommt man die Differentialgleichungen für das raumzeitliche Verhalten dieser Zustandsvariablen, indem man T^{ik} aus (3.181) in die Energie-Impuls-Bilanz (3.137), $\overset{A}{M^i}$ $(A = 1, \ldots, K - 1)$ und ω_r $(r = 1, \ldots, R)$ in die Massenbilanzen (3. 142), $J^i = \sum_{A=1}^{K-1} \left(\frac{\overset{A}{\mathrm{e}} - \overset{K}{\mathrm{e}}}{c}\right) \overset{A}{M^i} + \overset{K}{\mathrm{e}} M^i$ in die MAXWELL-Gleichungen (3.141) und die Gesamtmassenstromdichte $M^i = \varrho u^i$ in die Gesamtmassenbilanz (3.138) einsetzt. Dadurch werden die Energie-Impuls-Bilanz zur NAVIER-STOKES-FOURIER-Gleichung (Bewegungs- und Wärmeleitungsgleichung), die Gesamtmassenbilanz zur Kontinuitätsgleichung und die Massenbilanzen der Komponenten 1 bis $K - 1$ zu Reaktions-Diffusionsgleichungen. Die MAXWELL-Gleichungen sind über die elektrische Stromdichte und die Materialgleichungen stark mit den thermohydrodynamischen Gleichungen $T^{ik}{}_{,k} = 0$ verkoppelt, die ihrerseits mit $\overset{2}{T}{}^{ik}{}_{,k}$ eine elektromagnetische Kraftdichte enthalten.

3.4.4. Der Energie-Impuls-Tensor des elektromagnetischen Feldes im Medium

Mit Hilfe der Beziehung (3.173) kann der Polarisations- und Magnetisierungsterm $A^{kimn}F_m{}^lM_{nl}$ in $\overset{2}{T}{}^{ki}$ so umgeformt werden, daß der Energie-Impuls-Tensor T^{ik} (3.181) bei Vernachlässigung von Thermodiffusionserscheinungen und chemischen Reaktionen $\left(\overset{(B)}{L}{}^{ikl} = 0,\ \overset{(r)}{L}{}^{ik} = 0\right)$ die Gestalt

$$T^{ik} = \overset{1}{T}{}^{ik} + \overset{2}{T}{}^{ik} - \frac{1}{2} L^{iklm}(\theta_{l,m} + \theta_{m,l}) \qquad (3.187)$$

mit

$$\overset{1}{T}{}^{ik} = \frac{\varrho \bar{e}}{c^2} u^i u^k + \bar{p} h^{ik}, \qquad (3.188)$$

$$\overset{2}{T}{}^{ik} \equiv F^{il}F^k{}_l - \frac{1}{4} F^{mn}F_{mn}\eta^{ik} + M^{il}F^k{}_l$$
$$+ \frac{u^i u^m}{c^2}(M_{ml}F^{kl} - M^{kl}F_{ml}) + \frac{1}{2c^2} u^i u^k M^{mn}F_{mn} \qquad (3.189)$$

annimmt. Eine physikalische Interpretation der Bestandteile von T^{ik} ist nur dann möglich, wenn auch die Zustandsgleichungen oder — als kompakte Form der Zustandsgleichungen — die GIBBSsche Fundamentalgleichung in die Diskussion einbezogen werden. (Nur bei Kenntnis der Zustandsgleichungen lassen sich die Energie-Impuls-Anteile einzeln aus den unabhängigen Zustandsvariablen berechnen). Die der obigen Aufspaltung adäquate GIBBSsche Fundamentalgleichung ist (3.172) mit (3.174),

$$\mathrm{d}s = \frac{1}{T}\left[\mathrm{d}\bar{\mathsf{e}} + \bar{p}\,\mathrm{d}\mathsf{v} - \sum_{A=1}^{K-1}\left(\overset{A}{\mu} - \overset{K}{\mu}\right)\mathrm{d}\overset{A}{\mathsf{c}}\right.$$
$$\left. - \mathscr{B}^i\,\mathrm{d}(\varrho^{-1}\mathscr{M}_i) - \mathscr{E}^i\,\mathrm{d}(\varrho^{-1}\mathscr{P}_i)\right]. \quad (3.190)$$

Der Term $\overset{1}{T}{}^{ik}$ entspricht dem Energie-Impuls-Tensor des idealen fluiden Mediums. Dabei sind $\bar{\mathsf{e}}$ und $\bar{p}$ genau die spezifische Energie und genau der Druck, die in der GIBBSschen Fundamentalgleichung (3.190) als thermo-hydrodynamische Variable verwendet werden. $\overset{2}{T}{}^{ik}$ enthält den Energie-Impuls-Tensor des elektromagnetischen Feldes im Vakuum ($M^{ik} = 0$) und alle Polarisations- und Magnetisierungsglieder, die als Wechselwirkungsterme zwischen elektromagnetischem Feld und Medium gedeutet werden können. Da $\overset{2}{T}{}^{ik}$ auch die Bedingung (3.161) erfüllt, können wir diesen Term als Energie-Impuls-Tensor des elektromagnetischen Feldes im Medium ansehen und die Identifizierung

$$\overset{E}{T}{}^{ik} = \overset{2}{T}{}^{ik}, \qquad \overset{Q}{T}{}^{ik} = \overset{1}{T}{}^{ik} - \frac{1}{2}\,L^{iklm}\,(\theta_{l,m} + \theta_{m,l}) \quad (3.191)$$

vornehmen. Der letzte Summand, $-\frac{1}{2}\,L^{iklm}(\theta_{l,m} + \theta_{m,l})$, beschreibt den Einfluß der irreversiblen Effekte Schub- und Volumenviskosität auf die Energie-Impuls-Verteilung, vgl. (3.68). Für isotrope Wärmeleitungs- und Reibungsvorgänge entnimmt man L^{iklm} der Gleichung (3.55). Durch eine Umdefinition des Druckes $\bar{p}$ und der spezifischen Energie $\bar{\mathsf{e}}$ können vom elektromagnetischen Energie-Impuls-Tensor $\overset{E}{T}{}^{ik}$ Terme abgespaltet und in den Tensor $\overset{Q}{T}{}^{ik}$ hineingezogen werden. Derartige Neuaufteilungen von T^{ik} sind mit einer Variablentransformation in der GIBBSschen Fundamentalgleichung verbunden.

Beispielsweise führt die Transformation

$$\bar{\mathsf{e}}' = \bar{\mathsf{e}} + \frac{1}{4\varrho} F^{mn} M_{mn}, \quad \bar{p}' = \bar{p} + \frac{1}{4} F^{mn} M_{mn} \tag{3.192}$$

zur Neuaufteilung

$$T^{ik} = \frac{\varrho}{c^2} \bar{\mathsf{e}}' u^i u^k + \bar{p}' h^{ik} - \frac{1}{2} L^{iklm}(\theta_{l,m} + \theta_{m,l}) + \overset{A}{T}{}^{ik} \tag{3.193}$$

mit

$$\overset{A}{T}{}^{ik} = F^{kl} H^i{}_l - \frac{1}{4} F^{mn} H_{mn} \eta^{ik} + \frac{1}{c^2} u^i u^m (F^{kl} M_{ml} - M^{kl} F_{ml}). \tag{3.194}$$

Diese Zerlegung des Energie-Impuls-Tensors ist dadurch charakterisiert, daß in der zugehörigen GIBBSschen Fundamentalgleichung die elektromagnetischen Arbeitsterme verschwinden, wenn isotrope Materialgleichungen (3.176) mit konstantem Dielektrizitätsfaktor ε und konstanter Permeabilität μ vorliegen,

$$\mathrm{d}\mathsf{s} = \frac{1}{T} \left[\mathrm{d}\mathsf{e}' + \bar{p}' \, \mathrm{d}\mathsf{v} - \sum_{A=1}^{K-1}{}' \left(\overset{A}{\mu} - \overset{K}{\mu} \right) \mathrm{d}\overset{A}{\mathsf{c}}_i \right], \tag{3.195}$$

so daß die GIBBSsche Fundamentalgleichung formal mit der ungeladener Mehrkomponentensysteme übereinstimmt. Der so ausgezeichnete Energie-Impuls-Tensor $\overset{A}{T}{}^{ik}$ ist der ABRAHAMsche Energie-Impuls-Tensor des elektromagnetischen Feldes, dessen Symmetrie $\overset{A}{T}{}^{ik} = \overset{A}{T}{}^{ki}$ bei Berücksichtigung von (3.173) (oder der isotropen Materialgleichungen) sichtbar gemacht werden kann. Der Aufspaltung (3.193) entspricht die Aufspaltung

$$c^{-2} u_i u_k T^{ik} = \varrho \bar{\mathsf{e}}' + \varrho \mathsf{e}_A \tag{3.196}$$

der baryzentrischen Energiedichte mit

$$\varrho \bar{e}' = (\varrho c^2 + \varrho u), \quad \varrho \overset{A}{e} = \frac{1}{2} (\mu \mathscr{H}^i \mathscr{H}_i + \varepsilon \mathscr{E}^i \mathscr{E}_i). \tag{3.197}$$

Wir hatten uns bereits an anderer Stelle überlegt, daß die Energiedichte ganz wesentlich durch die Massendichte ϱ beeinflußt wird und haben deshalb $\varrho \bar{e}'$ in der angegebenen Weise zerlegt. u ist die spezifische innere Energie, $\varrho \overset{A}{e}$ die Energiedichte des elektromagnetischen Feldes im Medium.

3.4.5. *Das Ohmsche Gesetz und die Grundgleichungen der Magnetohydrodynamik*

Durch Kombination von (3.139) und (3.138) entsteht

$$J^i = \sum_{A=1}^{K-1} \left(\overset{A}{e} - \overset{K}{e} \right) \overset{A}{M^i} + \overset{K}{e} M^i. \tag{3.198}$$

Mit $\overset{A}{M^i}$ $(A = 1, \ldots, K - 1)$ aus (3.182) ist dies die allgemeine Form des relativistischen OHMschen Gesetzes, das, ebenso wie seine nichtrelativistische Näherung, eine Verbindung zwischen elektrischer Stromdichte J^i und elektrischer Feldstärke $\mathscr{E}^i = c^{-1} F_{lm} u^m$ herstellt.

Auch die anderen, in der reinen Elektrodynamik meist unbeachteten Einflüsse auf den elektrischen Strom (z. B. der Gradient von $\left(\overset{A}{\mu} - \overset{K}{\mu} \right) T^{-1}$ oder der in $-\frac{1}{2} \overset{(A)}{l^{ilm}} (\theta_{l,m} + \theta_{m,l})$ enthaltene Kreuzeffekt zwischen Wärmeleitung und elektrischer Stromleitung) sind in der nichtrelativistischen phänomenologischen Thermodynamik im Prinzip bereits bekannt. Interessant ist allerdings, daß über den Kreuzeffekt der Thermodiffusion auch der relativistische Beschleunigungsterm aus der Wärmeleitungskraft (3.70) einen elektrischen Stromfluß hervorruft (SCHMUTZER 1972, 1974).

Wir wollen im folgenden alle Zusatzeffekte vernachlässigen und uns auf ein Zweikomponentenmodell aus Elektronen als Komponente 1 und Ionen als Komponente 2 beschränken. In diesem Fall lautet das OHMsche Gesetz (3.198) mit (3.182):

$$J^i = \overset{e}{\varrho} u^i + \frac{1}{c} l^{ik} F_{kl} u^l \tag{3.199}$$

mit

$$\overset{e}{\varrho} = \varrho \sum_{A=1}^{K} \overset{A}{\mathsf{e}} \overset{A}{c}, \quad l^{ik} = T^{-1} \left(\overset{1}{\mathsf{e}} - \overset{2}{\mathsf{e}}\right)^2 \overset{(1)(1)}{l^{ik}}. \tag{3.200}$$

$\overset{e}{\varrho}$ ist die elektrische Ladungsdichte im baryzentrischen Massenelement, l^{ik} der Tensor der elektrischen Leitfähigkeit. Die elektrische Stromdichte setzt sich somit aus einem konvektiven Transport $\overset{e}{\varrho} u^i$ der im baryzentrischen Massenelement ruhenden Ladungsträger und einem vom elektrischen Feld hervorgerufenen konduktiven Ladungsstrom $(1/c) l^{ik} F_{kl} u^l$ relativ zum Massenelement ($u_i l^{ik} F_{kl} u^l = 0$ wegen (3.186)) zusammen. Im fluiden Medium könnte man Isotropie der Stromleitung erwarten, d. h.

$$l^{ik} = l h^{ik} \quad (l\text{: skalare Leitfähigkeit}). \tag{3.201}$$

Unter dem Einfluß elektromagnetischer Felder, insbesondere des Magnetfeldes, kann es aber zur Ausbildung von Anisotropieeffekten kommen. Isotropie im baryzentrischen Massenelement bedeutet, daß alle Richtungen in dem (lokalen) zu u^i orthogonalen *dreidimensionalen* Raum gleichberechtigt sind. Mit $\mathscr{B}^i$ ist nun eine weitere Richtung ausgezeichnet. In einfacher Erweiterung des ursprünglichen Isotropiekonzeptes wollen wir Isotropie des Leitfähigkeitstensors in dem zu u^i *und* $\mathscr{B}^i$ orthogonalen zweidimensionalen Raum annehmen. Wir bezeichnen den Einheitsvektor in Richtung von $\mathscr{B}^i$ mit $\mathfrak{b}^i$ und den Betrag von $\mathscr{B}^i$ mit $\mathscr{B}$. Als Tensor zweiter Stufe kann l^{ik} in einen symmetrischen Anteil

$\overset{s}{l}{}^{ik}$ und einen antisymmetrischen Anteil $\overset{a}{l}{}^{ik}$ aufgespaltet werden:

$$l^{ik} = \overset{s}{l}{}^{ik} + \overset{a}{l}{}^{ik} \text{ mit } \overset{s}{l}{}^{ik} u_i = 0, \ \overset{a}{l}{}^{ik} u_i = 0 . \tag{3.202}$$

Wegen der vorausgesetzten zweidimensionalen Isotropie müssen $\overset{s}{l}{}^{ik}$ und $\overset{a}{l}{}^{ik}$ folgende Struktur haben:

$$\overset{s}{l}{}^{ik} = l\, h^{ik} + l_1\, b^i b^k , \tag{3.203}$$

$$\overset{a}{l}{}^{ik} = \frac{l_2}{c}\, \varepsilon^{iklm} u_m b_l \equiv -\frac{l_2}{\mathscr{B}}\, \mathscr{B}^{ik} . \tag{3.204}$$

Die skalaren Leitfähigkeitskoeffizienten l, l_1, l_2 können noch Funktionen der unabhängigen Zustandsvariablen sein. Mit (3.203) und (3.204) besitzt l^{ik} die Symmetrieeigenschaft

$$l^{ki}(\mathscr{B}_{mn}) = l^{ik}(-\mathscr{B}_{mn}) . \tag{3.205}$$

Tatsächlich kann man zeigen, daß schon die nichtrelativistischen ONSAGER-CASIMIRschen-Reziprozitätsbedingungen (3.52) bei Anwesenheit eines Magnetfeldes $\mathbf{B}$ zu $L_{AB}(\mathbf{B}) = \varepsilon_A \varepsilon_B L_{BA}\,(-\mathbf{B})$ modifiziert werden müssen. Über die Isotropieforderung konnte dieser Sachverhalt (für den vorliegenden Spezialfall) gleich relativistisch verallgemeinert werden.

Die Reziprozitätsbeziehungen basieren auf dem Prinzip der mikroskopischen Reversibilität der Bewegung der Elementarbausteine des thermodynamischen Systems. Die Bewegungsgleichung elektrisch geladener Teilchen im Magnetfeld bleibt nur dann invariant bei Bewegungsumkehr, wenn in der LORENTZ-Kraft $c^{-1}\mathbf{e}(\mathbf{v} \times \mathbf{B})$ mit $\mathbf{v} \to -\mathbf{v}$ auch die Ersetzung $\mathbf{B} \to -\mathbf{B}$ vorgenommen wird. Die relativistische Verallgemeinerung lautet $F^{ik} \to -F^{ik}$, woraus $\mathscr{B}_{ik} \to -\mathscr{B}_{ik}$ folgt. Dies ist auch wegen der Invarianz der MAXWELL-Gleichungen (3.141) bei Bewegungsumkehr der Ladungsträger $(J^i \to -J^i)$ zu fordern.

Um eine Näherung für kleine Geschwindigkeiten abzuleiten, schreiben wir die ersten drei Komponenten des OHMschen Gesetzes (3.199) unter Verwendung der im Abschnitt 1.4.3. benutzten dreidimensionalen Symbolik auf. Zunächst führen wir die Abkürzungen $E^{*\alpha} \equiv \gamma^{-1}\mathcal{E}^\alpha$ und $B^{*\alpha} \equiv \gamma^{-1}\mathcal{B}^\alpha$ ein, für die sich in kompakter Schreibweise wegen (3.156) und (3.157)

$$\mathbf{E}^* = \mathbf{E} + \frac{1}{c}\,\mathbf{v}\times\mathbf{B}, \qquad \mathbf{B}^* = \mathbf{B} - \frac{1}{c}\,\mathbf{v}\times\mathbf{E} \qquad \times\left(\gamma \equiv \left(1 - \frac{\mathrm{v}^2}{c^2}\right)^{-1/2}\right) \tag{3.206}$$

ergibt. Aus $u_k l^{\alpha k} = 0$ folgt $l^{\alpha 4} = c^{-1} \sum_{\beta=1}^{3}{}' l^{\alpha\beta}\mathrm{v}^\beta$; entsprechend ist $\mathcal{E}_4 = -c^{-1} \sum_{\alpha=1}^{3}{}' \mathrm{v}^\alpha \mathcal{E}^\alpha$. Damit geht (3.199) für $i = \alpha = 1, 2, 3$ in das dreidimensional formulierte relativistische OHMsche Gesetz

$$\mathrm{j}^\alpha = \gamma \overset{e}{\varrho} \mathrm{v}^\alpha + \sum_{\beta=1}^{3} \mathrm{L}^{\alpha\beta}\mathrm{E}^{*\beta} \tag{3.207}$$

mit dem dreidimensionalen Leitfähigkeitstensor

$$\mathrm{L}^{\alpha\beta} = \gamma\left(l^{\alpha\beta} - \frac{1}{c^2}\sum_{\gamma=1}^{3}{}' l^{\alpha\gamma}\mathrm{v}_\gamma \mathrm{v}^\beta\right) \tag{3.208}$$

über, wobei wegen (3.203) und (3.204)

$$l^{\alpha\beta} = l\left(\delta^{\alpha\beta} + \frac{\gamma^2}{c^2}\,\mathrm{v}^\alpha\mathrm{v}^\beta\right) + \frac{l_1\gamma^2\mathrm{B}^{*2}}{\mathcal{B}^2}\,\mathrm{b}^{*\alpha}\mathrm{b}^{*\beta} - \frac{l_2\gamma^2\mathrm{B}^*}{\mathcal{B}}\sum_{\gamma,\delta}\varepsilon^{\alpha\beta\delta}\left(\delta_{\delta\gamma} - \frac{\mathrm{v}_\delta\mathrm{v}_\gamma}{c^2}\right)\mathrm{b}^{*\gamma} \tag{3.209}$$

gilt. $\mathrm{b}^{*\alpha}$ ist der dreidimensionale Einheitsvektor in Richtung von $\mathrm{B}^{*\alpha}$, B^* der Betrag von $\mathrm{B}^{*\alpha}$ und $\varepsilon^{\alpha\beta\delta} = \varepsilon^{\alpha\beta\delta 4}$ der dreidimensionale LEVI-CIVITA-Pseudotensor.

Zwischen $\mathscr{B} = |\mathscr{B}^i|$ und $B^* = |B^{*\alpha}|$ besteht der Zusammenhang

$$\mathscr{B} = \gamma B^* \sqrt{1 - \frac{(vB^*)^2}{B^{*2}c^2}}.$$

Bei den in der Plasmaphysik auftretenden magnetischen Feldstärken ist der LORENTZ-Term $c^{-1}[\mathbf{v} \times \mathbf{B}]$ in $\mathbf{E}^*$ von gleicher Größenordnung wie $\mathbf{E}$. In niedrigster Ordnung einer Entwicklung des Leitfähigkeitstensors nach $\frac{v}{c}$ bekommen wir wegen $\mathbf{B} \approx \mathbf{B}^*$ $(B^\alpha \approx B^{*\alpha})$ und $B \equiv \sqrt{\mathbf{B}^2} \approx B^*$

$$\overset{(o)}{L}{}^{\alpha\beta} = \overset{(o)}{l}\,\delta^{\alpha\beta} + \overset{(o)}{l_1}\,\frac{B^\alpha B^\beta}{B^2} - \overset{(o)}{l_2}\,\varepsilon^{\alpha\beta\gamma}\,\frac{B^\gamma}{B} \tag{3.210}$$

und daraus das in der nichtrelativistischen Magnetohydrodynamik benutzte OHMsche Gesetz

$$\begin{aligned} \mathbf{j} = \overset{c}{\varrho}\mathbf{v} + \overset{(o)}{l}\left[\mathbf{E} + \frac{1}{c}\,\mathbf{v} \times \mathbf{B}\right] + \overset{(o)}{l_1}\,\frac{\mathbf{B}}{B^2}\,(\mathbf{B}\mathbf{E}) \\ + \overset{(o)}{l_2}\,\frac{\mathbf{B}}{B} \times \left[\mathbf{E} + \frac{1}{c}\,\mathbf{v} \times \mathbf{B}\right] \end{aligned} \tag{3.211}$$

(vgl. CAP (1972)).

Der Leitfähigkeitskoeffizient $\overset{(o)}{l_2}$ wird auch als HALL-Leitfähigkeit bezeichnet. Sowohl $\overset{(o)}{l_1}$ als auch $\overset{(o)}{l_2}$ kennzeichnen magnetische Anisotropieeffekte (u. a. den HALL-Effekt). Die relativistischen Korrekturterme in $L^{\alpha\beta}$ sind alle von der Ordnung $\frac{v^2}{c^2}$.

Zum Schluß wollen wir noch die Grundgleichungen der relativistischen Magnetohydrodynamik zusammenstellen. Es sind dies die NAVIER-STOKES-FOURIER-Gleichungen (3.137) mit (3.193), die Kontinuitätsgleichung

(3.138) und die MAXWELL-Gleichungen (3.141):

$$\overset{Q}{T}{}^{ik}{}_{,k} = \frac{1}{c} F^{ik} J_k ; \quad \overset{Q}{T}{}^{ik} \equiv \varrho \left[1 + \frac{u(T, \varrho)}{c^2} \right] u^i u^k$$

$$+ p(T, \varrho) h^{ik} - \frac{1}{2} L^{iklm} \left[\left(\frac{u_l}{T} \right)_{,m} + \left(\frac{u_m}{T} \right)_{,l} \right], \quad (3.212)$$

$$M^i{}_{,i} = 0 ; \quad M^i \equiv \varrho \, u^i , \quad (3.213)$$

$$H^{ik}{}_{,k} = \frac{1}{c} J^i ; \quad J^i \equiv \overset{e}{\varrho} \, u^i + \frac{1}{c} l^{ik} F_{kl} u^l , \quad (3.214)$$

$$F_{ik,l} + F_{li,k} + F_{kl,i} = 0 . \quad (3.215)$$

Dabei konnten in der Viererkraftdichte $\overset{A}{T}{}^{ik}{}_{,k}$ des ABRAHAM-Tensors alle Polarisations- und Magnetisierungsgli der vernachlässigt werden, so daß als Quellterm in den NAVIER-STOKES-FOURIER-Gleichungen nur die LORENTZ-Kraftdichte $c^{-1} F^{ik} J_k$ auftritt. In Plasmen hoher Dichte liegt vollständige Isotropie vor, es dürfen *isotrope* Materialtensoren L^{iklm} der Form (3.55) und l^{ik} der Form (3.201) und isotrope elektromagnetische Zustandsgleichungen (3.176) verwendet werden. Bei Kenntnis der kalorischen und der thermischen Zustandsgleichung kann man aus dem obigen Gleichungssystem die Zustandsfelder $T(x^i)$, $\varrho(x^i)$, $u^i(x^i)$ und $F^{ik}(x^i)$ unter geeignet vorgegebenen Rand- und Anfangsbedingungen berechnen. Zur Bestimmung der expliziten Gestalt der kalorischen Zustandsgleichung $u = u(T, \varrho)$ und der thermischen Zustandsgleichung $p = p(T, \varrho)$ ist man — wie das in der Natur der phänomenologischen Methode liegt — gezwungen, experimentelle Erfahrungen oder statistische Berechnungen heranzuziehen[1]).

Das Gleichungssystem (3.212) bis (3.215) eignet sich auch zur Beschreibung von magnetischen und Tensor-

[1]) Zur relativistischen Verallgemeinerung nichtrelativistisch gewonnener Gleichungen vgl. Abschnitt 3.2.2.

plasmen. In diesen Fällen muß man i. allg. anisotrope Materialgleichungen und insbesondere das anisotrope OHMsche Gesetz (3.199, 203, 204) verwenden, vgl. CAP (1972).

Der Plasmazustand ist dadurch gekennzeichnet, daß pro Volumeneinheit die Zahl der positiven Ladungsträger annähernd gleich der Zahl der negativen Ladungsträger ist, so daß in der nichtrelativistischen Betrachtungsweise $\overset{e}{\varrho} = 0$ gesetzt werden kann. Wir wollen uns nicht um eine Verallgemeinerung dieser Quasineutralitätsaussage bemühen, sondern nur bemerken, daß der Quasineutralität durch die Anfangsverteilung der Ladungen Rechnung getragen werden kann und daß die MAXWELL-Gleichungen bzw. der aus ihnen ableitbare lokale Ladungserhaltungssatz $J^i{}_{,i} = 0$ die weitere zeitliche Entwicklung der Ladungsverteilung regulieren.

ALLGEMEIN-RELATIVISTISCHE THERMODYNAMIK

4. Thermodynamische Systeme als Gravitationsquellen

4.1. Die Einsteinsche Gravitationstheorie in thermodynamischer Sicht

Es ist eine wichtige Erkenntnis der EINSTEINschen Gravitationstheorie, daß die extensiven Größen Energie und Impuls Quellen des Gravitationsfeldes sind. Für die Energie ist diese Aussage sofort plausibel, wenn man an die speziell-relativistische Energie-Masse-Äquivalenz denkt und der aktiven (gravitierenden) Massendichte der NEWTONschen Gravitationstheorie ein Energieäquivalent zuordnet. Energie- und Impulsdichte bilden im Energie-Impuls-Tensor (zusammen mit der Energiestromdichte und dem Drucktensor), eine vierdimensionale Einheit und vermischen sich schon bei LORENTZ-Transformationen, so daß mit der Gravitationswirkung der Energie auch die des Impulses akzeptiert werden muß. Der von der Teilchenzahl abgeleitete Massenbegriff der Thermodynamik hat nur indirekte Bezüge zum Gravitationsfeld. Da Energie und Impuls universell auftreten, müßte man — streng genommen — die Gravitation bei der Beschreibung aller thermodynamischer Systeme berücksichtigen. Im Anwendungsbereich der nichtrelativistischen phänomenologischen Theorie können aber die gravitativen Selbstwechselwirkungen thermodynamischer Systeme meist vernachlässigt werden; die Kraftdichten des Gravitationsfeldes äußerer Quellen gehen — ähnlich wie die Kraftdichte des elektromagnetischen Feldes — als Quellterme der Impulsbilanz in die generalisierten Kräfte ein und beeinflussen im wesentlichen die Diffusionserscheinungen („Kraftfelddiffusion“). Die folgenden allgemein-relativistischen Untersuchungen zum Wechselspiel thermodynamischer und gravitativer Erscheinungen erhalten ihre Motivation vor allem durch Fragestellungen der kosmischen Physik und der Kosmologie (vgl. dazu Zeldovich und Novikov (1971) und im Rahmen der WTB-Reihe Treder (1968) und Dautcourt (1971)). Da die allgemeine Relativitätstheorie mit der Geometrisierung des Gravitationsfeldes unsere physikalischen Vorstellungen von Raum und Zeit bestimmt und die Thermodynamik bei der Behandlung eines physikalischen Grundphänomens — der Irreversibilität — zur Auszeichnung einer Zeitrichtung gelangt, ist eine allgemeinrelativistische Thermodynamik aber auch von erheblichem erkenntnistheoretischem Interesse.

Die Aussagen der allgemeinen Relativitätstheorie, darunter auch solche thermodynamischer Natur, werden heutzutage intensiv experimentell überprüft.

4.2. Die Geometrisierung des Gravitationsfeldes

Die Raum-Zeit-Konzeption der allgemeinen Relativitätstheorie beruht auf einer Verallgemeinerung des vierdimensionalen pseudoeuklidischen Minkowski-Raumes zu einem vierdimensionalen (pseudo-)Riemannschen Raum. Es kann nicht unsere Aufgabe sein, lückenlos jene Gedankengänge darzustellen, die diese Verallgemeinerung notwendig erscheinen lassen. Wir möchten nur einige wichtige Gesichtspunkte hervorheben:

1. Wenn man den Ort und den Zeitpunkt eines physikalischen Ereignisses charakterisieren will, muß man nicht unbedingt ein „einfaches" Bezugssystem (Koordinatensystem) — etwa ein Inertialsystem — benutzen. Man denke nur an die Verwendung rotierender (beschleunigter) Bezugssysteme in der Mechanik. Jedes Bezugssystem, das es erlaubt, einem beliebigen Ereignis eindeutig vier (raum-zeitliche) Koordinatenwerte zuzuordnen, ist zur Formulierung der Naturgesetze geeignet. Die Koordinaten und die physikalischen Eigenschaften eines Ereignisses, das in zwei unterschiedlichen Bezugssystemen beobachtet wird, müssen sich eineindeutig ineinander umrechnen lassen. An die Stelle der Lorentz-Transformation, die zwischen Inertialsystemen vermittelt, tritt jetzt die beliebige Koordinatentransformation $x^{i'} = x^{i'}(x^k)$, wobei die $x^{i'}$ irgendwelche Funktionen der x^k sind. Punktmengen, in denen jedes Element (jeder Punkt) einschließlich einer kleinen Umgebung

durch ein n-Tupel von reellen Koordinatenwerten bis auf beliebige Koordinatentransformationen eindeutig gekennzeichnet ist, bezeichnet man als reelle n-dimensionale *Mannigfaltigkeiten*. Das Raum-Zeit-Kontinuum kann also als *reelle vierdimensionale Mannigfaltigkeit* und jedes Ereignis als Element (Punkt) dieser Mannigfaltigkeit aufgefaßt werden.

2. Erfahrungsgemäß gibt es zwischen Ereignissen räumliche und zeitliche Abstände. Man fordert deshalb, daß in der vierdimensionalen Mannigfaltigkeit eine Metrik g_{ik} $(i, k = 1, 2, 3, 4)$ definiert sein soll, mit deren Hilfe sich in einem beliebigen Koordinatensystem $\{x^i\}$ der raum-zeitliche Abstand ds zwischen zwei benachbarten Ereignissen x^i und $x^i + \mathrm{d}x^i$ über die Fundamentalform

$$\mathrm{d}s^2 = g_{ik}(x^l)\,\mathrm{d}x^i\,\mathrm{d}x^k \tag{4.1}$$

angeben läßt (über doppelt auftretende lateinische Indizes wird auch weiterhin von 1 bis 4 summiert). Der Abstand ds soll eine koordinatenunabhängige Bedeutung besitzen. Das ist dann gesichert, wenn ds beim Übergang von einem Koordinatensystem $\{x^i\}$ zum andereren $\{x^{i'}\}$ invariant bleibt,

$$\mathrm{d}s = \mathrm{d}s'. \tag{4.2}$$

Man setzt ferner voraus, daß die Matrix g_{ik} symmetrisch ist und i. allg. eine von Null verschiedene Determinante $|g_{ik}| = g$ besitzt, so daß eine inverse Matrix g^{li} existiert,

$$g_{ik} = g_{ki}, \quad g^{li}g_{ik} = \delta^l_k \quad (|g_{ik}| = g \neq 0). \tag{4.3}$$

Mannigfaltigkeiten mit den Eigenschaften (4.1), (4.2) und (4.3) heißen (vierdimensionale) RIEMANNsche Räume. Die für die Physik relevanten RIEMANNschen Räume bezeichnet man auch als Raum-Zeiten. Mit dem Linienelement (2.8) ist der MINKOWSKI-Raum ein spezieller RIEMANNscher Raum.

3. Die entscheidende Frage, ob jede Raum-Zeit ein MINKOWSKI-Raum ist, wird von der Allgemeinen Relativitätstheorie verneint. (D. h.: Nicht in jeder Raum-Zeit, deren Metrik $g_{ik}(x^l)$ im Koordinatensystem $\{x^k\}$ gegeben ist, läßt sich durch die noch möglichen Koordinatentransformationen $x^{i'} = x^{i'}(x^k)$ ein MINKOWSKI-Koordinatensystem $\{x^{i'}\}$ mit $\mathrm{d}s^2 = \eta_{ik}\,\mathrm{d}x^{i'}\,\mathrm{d}x^{k'} = g_{ik}(x^l)\,\mathrm{d}x^i\,\mathrm{d}x^k$ einführen). Eine Anregung zur Verallgemeinerung der speziell-relativistischen Raum-Zeit-Konzeption bekommt man, wenn man die Bewegung eines unter

dem Einfluß des Schwerefeldes $\mathbf{g}\,(\mathbf{r},\ t)$ stehenden Massenpunktes in einem gegenüber einem Inertialsystem beschleunigten ($\mathbf{a}$) und rotierenden ($\boldsymbol{\omega}$) Bezugssystem untersucht. Die Bewegungsgleichung des Massenpunktes lautet

$$m_T\ddot{\mathbf{r}} = m_S\mathbf{g}(\mathbf{r}, t) - m_T[\mathbf{a} - 2\boldsymbol{\omega} \times \dot{\mathbf{r}} + \boldsymbol{\omega} \times (\boldsymbol{\omega} \times \mathbf{r}) - \dot{\boldsymbol{\omega}} \times \mathbf{r}]. \quad (4.4)$$

Seine Bewegung $\mathbf{r} = \mathbf{r}(t)$ wird nicht von seiner Masse beeinflußt, weil seine schwere Masse m_S im Gravitationsfeld und seine träge Masse m_T gleich sind,[1])

$$m_S = m_T.$$

Diese Aussage wurde bis in die neueste Zeit mit immer besseren Methoden experimentell verifiziert (Roll, Krotkov und Dicke (1964)). Die Gleichheit von träger und schwerer Masse veranlaßte Einstein, eine gemeinsame Wurzel für die zugehörigen Kräfte, also für die Trägheitskräfte (eckige Klammer) und die Gravitationskraft anzunehmen und die Trägheitskräfte als Gravitationswirkungen der sehr weit entfernten Fixsterne zu deuten, die sich gegenüber einem im Koordinatensystem $\{\mathbf{r},\ t\}$ ruhenden Beobachter beschleunigt bewegen. Vernachlässigen wir einmal das Gravitationsfeld $\mathbf{g}(\mathbf{r}, t)$. Dann ist die Spezielle Relativitätstheorie anwendbar. Die Bewegung des Massenpunktes läßt sich von jedem *Inertialsystem* aus als kräftefreie Bewegung klassifizieren. Ist aber im Hinblick auf (4.4) der Begriff „kräftefreie Bewegung“ auch dann noch sinnvoll, wenn beliebige Koordinatensysteme zugelassen werden und das Auftreten von Kräften von der Wahl des Koordinatensystems abhängt? Man kann diese Frage nur dann bejahen, wenn man die kräftefreie Bewegung nicht als Eigenschaft eines willkürlich ausgewählten Koordinatensystems, sondern als Raumeigenschaft ansieht und kräftefreie Weltlinien als *geodätische Linien* („kürzeste“ Verbindungen zwischen zwei Ereignissen) des Minkowski-Raumes definiert. Wenn nun Gravitations- und Trägheitskräfte einen gemeinsamen Ursprung haben, sollte man auch die Bewegung im Gravitationsfeld $\mathbf{g}(\mathbf{r},\ t)$ als kräftefreie Bewegung auffassen können und versuchen, einen allgemeineren vierdimensionalen Raum zu finden, in dem die

[1]) D. h., m_T/m_S ist eine universelle Naturkonstante, die durch geeignete Whal des Maßsystems auf 1 normiert werden kann.

Weltlinien Geodätische sind. Es zeigt sich, daß der RIEMANNsche Raum geeignet ist. Zur Illustration betrachten wir einen RIEMANNschen Raum mit der Fundamentalform

$$ds^2 = dx^{1^2} + dx^{2^2} + dx^{3^2} - \left(1 + \frac{2U(x^1, x^2, x^3)}{c^2}\right) c^2\, dt^2. \qquad (4.5)$$

Die Differentialgleichungen der Geodätischen $x^\alpha = x^\alpha(t)$ dieses Raumes erhält man über das Variationsprinzip $\delta \int\limits_{t_1}^{t_2} ds = 0$ oder über das (für $ds \neq 0$) dazu äquivalente Variationsprinzip

$$-\delta \int\limits_{t_1}^{t_2} \frac{ds^2}{dt^2}\, dt = \delta \int\limits_{t_1}^{t_2} \left[\sum_{\alpha=1}^{3} \dot{x}^{\alpha 2} - c^2 \left(1 + \frac{2U}{c^2}\right)\right] dt = 0 \qquad (4.6)$$

als EULER-LAGRANGE-Gleichungen ($\delta/\delta x^\alpha$: Variationsableitung)

$$-\frac{\delta \left(\frac{ds}{dt}\right)^2}{\delta x^\alpha} = 2\left(\ddot{x}^\alpha + \frac{\partial U(x^\beta)}{\partial x^\alpha}\right) = 0, \; (\alpha = 1, 2, 3). \qquad (4.7)$$

Mit $U(x^1, x^2, x^3)$ als NEWTONschem Gravitationspotential ist dies gerade die NEWTONsche Bewegungsgleichung eines Massenpunktes im stationären Gravitationsfeld. Bei vorgegebenem $U(x^\alpha)$ läßt sich i. allg. keine Koordinatentransformation angeben, die (4.5) in das Linienelement des MINKOWSKI-Raumes (2.8) überführt. Wenn die Verteilung $\rho_N(x^\alpha)$ der aktiven Gravitationsmasse bekannt ist, kann $U(x^\alpha)$ aus der klassischen Gravitationsfeldgleichung

$$\Delta U = 4\pi\varkappa\rho_N \qquad (4.8)$$

berechnet werden. Diese Gleichung ist sicher nur näherungsweise richtig; eine für zeitabhängige Massenverteilungen und Gravitationsfelder verallgemeinerte Gravitationsgleichung muß die Erkenntnis enthalten, daß sich Gravitationswirkungen nicht mit Überlichtgeschwindigkeit ausbreiten dürfen. Die Gleichungen (4.5) bis (4.8) weisen sehr deutlich darauf hin, daß man die Metrik $g_{ik}(x^l)$ als Gravitationsfeld interpretieren muß und daß es notwendig ist, die Gravitationsfeldgleichungen (als

Bestimmungsgleichungen für die Metrik $g_{ik}(x^l)$) im Begriffssystem der RIEMANNschen Geometrie zu formulieren. Die mechanischen Wirkungen des zehnkomponentigen Gravitationsfeldes $g_{ik}(x^l)$ ($g_{ik} = g_{ki}$!) auf ein Testteilchen lassen sich offenbar anhand der geodätischen Linien untersuchen.

4.3. Tensoren im Riemannschen Raum

Der Zustand thermodynamischer Systeme wird in der speziellen Relativitätstheorie durch tensorielle Zustandsvariable charakterisiert, wobei Gravitationswirkungen unberücksichtigt bleiben. Der Übergang vom MINKOWSKI-Raum zum allgemeineren RIEMANNschen Raum zwingt uns also,

1. nach einer Erweiterung des Tensorbegriffes zu suchen und
2. die Metrik $g_{ik}(x^l)$ als Gravitationsfeld in den Kreis der thermodynamischen Zustandsvariablen aufzunehmen.

Wie im MINKOWSKI-Raum gehen wir bei der Einführung der Tensoren von den Koordinatentransformationen aus, lassen aber jetzt allgemeine Koordinatentransformationen

$$x^{i'} = x^{i'}(x^k), \qquad \left|\frac{\partial x^{i'}}{\partial x^k}\right| \neq 0 \tag{4.9}$$

zu. Die Determinantenbedingung sichert die Existenz der inversen Transformationen. Mit (4.9) ist die Umrechnung

$$\mathrm{d}x^{i'} = \frac{\partial x^{i'}}{\partial x^k}\,\mathrm{d}x^k \tag{4.10}$$

der Koordinatendifferentiale verbunden. Hieraus folgt mit (4.2)

$$g_{i'k'} = \frac{\partial x^l}{\partial x^{i'}}\frac{\partial x^m}{\partial x^{k'}}\,g_{lm}, \tag{4.11}$$

das Transformationsgesetz für die Metrik. $\frac{\partial x^l}{\partial x^{i'}}$ ist die zu $\frac{\partial x^{i'}}{\partial x^k}$ inverse Transformationsmatrix,

$$\frac{\partial x^l}{\partial x^{i'}} \frac{\partial x^{i'}}{\partial x^k} = \delta^l_k . \tag{4.12}$$

Als *Invariante* (Tensor 0. Stufe) bezeichnet man jede Größe $T(x^l)$ mit der Eigenschaft

$$T'(x^{i'}) = T(x^k) ; \tag{4.13}$$

ihr Zahlenwert in einem (fixierten) Raumpunkt ist in allen Koordinatensystemen gleich. Die vier Größen $T^i(x^k)$ sind genau dann *kontravariante* Komponenten eines Vierervektors (Tensors 1. Stufe), wenn sie sich wie die Koordinatendifferentiale transformieren:

$$T^{i'}(x^{k'}) = \frac{\partial x^{i'}}{\partial x^k} T^k(x^l) . \tag{4.14}$$

Zu den kontravarianten Komponenten lassen sich kovariante Tensorkomponenten durch

$$T_i = g_{ik} T^k \tag{4.15}$$

definieren. Wegen (4.11) lautet ihr Transformationsgesetz

$$T_{i'}(x^{k'}) = \frac{\partial x^m}{\partial x^{i'}} T_m(x^l) . \tag{4.16}$$

In Verallgemeinerung von (4.14) und (4.16) bezeichnet man die Größen $T^{ik}{}_l{}^{m\cdots}_{\cdots}(x^l)$ genau dann als Komponenten eines Tensors, wenn sich *jeder kontravariante Index* nach dem Transformationsgesetz (4.14) und *jeder kovariante Index* nach dem Transformationsgesetz (4.16) transformiert, wenn also

$$T^{i'k'}{}_{l'}{}^{m'\cdots}_{\cdots}(x^{n'}) = \frac{\partial x^{i'}}{\partial x^p} \frac{\partial x^{k'}}{\partial x^q} \frac{\partial x^r}{\partial x^{l'}} \frac{\partial x^{m'}}{\partial x^s} \cdots T^{pq}{}_r{}^{s\cdots}_{\cdots} \tag{4.17}$$

gilt. Gleichung (4.11) zeigt, daß die Matrixelemente g_{ik} der Metrik kovariante Komponenten eines Tensors 2. Stufe, des *metrischen Tensors*, sind. Das in MINKOWSKI-Koordinaten benutzte LEVI-CIVITA-Symbol, hier im Unterschied zu Abschnitt 3.4.2. mit $\overset{M}{\varepsilon}{}^{iklm}$ bezeichnet, transformiert sich bei allgemeinen Koordinatentransformationen nicht tensoriell. Durch

$$\varepsilon^{iklm} = \frac{\overset{M}{\varepsilon}{}^{iklm}}{\sqrt{-g}}$$

läßt sich aber ein LEVI-CIVITA-(Pseudo-) Tensor ε^{iklm} einführen, der in MINKOWSKI-Koordinaten mit $\overset{M}{\varepsilon}{}^{iklm}$ übereinstimmt. Der einzige formale Unterschied zwischen *algebraischen* Beziehungen und Operationen im MINKOWSKI-Raum einerseits und im RIEMANNschen Raum andererseits besteht in der Ersetzung von η_{ik} durch g_{ik}.

Die partiellen Ableitungen $T_{,i}$ eines Tensors 0. Stufe $T(x^k)$ nach den Koordinaten x^i sind (kovariante) Komponenten eines Tensors erster Stufe. Dagegen sind die partiellen Ableitungen höherstufiger Tensoren keine Tensoren. Es lassen sich aber Differentialoperationen definieren, die, auf Tensoren angewandt, wieder Tensoren ergeben. Als Verallgemeinerung der partiellen Koordinatenableitung tritt die kovariante Ableitung[1]) auf. Sie soll durch ein Semikolon bezeichnet werden. Kovariante und partielle Ableitung einer Invarianten $T(x^k)$ stimmen definitionsgemäß überein,

$$T_{;i} = T_{,i}. \tag{4.18}$$

Die kovariante Ableitung der kontravarianten und der kovarianten Komponenten eines Vierervektors (T^i bzw.

---

[1]) In diesem Zusammenhang bedeutet „kovariant", daß die Operation kein Koordinatensystem auszeichnet (Kovarianz = Forminvarianz).

T_i) berechnet man nach der Vorschrift

$$T^i{}_{;k} = T^i{}_{,k} + \Gamma^i_{kl} T^l, \tag{4.19}$$

$$T_{i;k} = T_{i,k} - \Gamma^l_{ik} T_l .$$

Bei höherstufigen Tensoren ist diese Vorschrift auf jeden kontravarianten bzw. kovarianten Index einzeln anzuwenden, z. B. gilt

$$T^i{}_{k;l} = T^i{}_{k,l} + \Gamma^i_{lm} T^m{}_k - \Gamma^m_{kl} T^i{}_m . \tag{4.20}$$

Die Drei-Index-Symbole Γ^i_{kl}, die CHRISTOFFEL-Symbole, sind keine Tensoren. Mit Hilfe der Festlegung

$$g_{ik;l} = g_{ik,l} - g_{im}\Gamma^m_{kl} - g_{mk}\Gamma^m_{il} = 0 \tag{4.21}$$

und der Forderung, daß sie in den beiden unteren Indizes symmetrisch sein sollen, lassen sie sich aus der Metrik und partiellen Ableitung der Metrik berechnen:

$$\Gamma^i_{kl} = \frac{1}{2} g^{im}(g_{mk,l} + g_{lm,k} - g_{lk,m}) . \tag{4.22}$$

Auch die kovariante Ableitung des LEVI-CIVITA-Tensors verschwindet, $\varepsilon^{iklm}{}_{;n} = 0$.

Wie bei der partiellen Ableitung gilt die Produktregel auch bei der kovarianten Differentiation eines Produktes von Tensorkomponenten. Die zweiten kovarianten Ableitungen der Komponenten $T_i(x^l)$ eines Vierervektors (und aller höherstufigen Tensoren) darf man i. allg. nicht vertauschen, da wegen (4.19)

$$T_{i;k;l} - T_{i;l;k} = T_m R^m{}_{ikl} \tag{4.23}$$

mit

$$R^m{}_{ikl} = \Gamma^m_{il,k} - \Gamma^m_{ik,l} + \Gamma^m_{nk}\Gamma^n_{il} - \Gamma^m_{nl}\Gamma^n_{ik} \tag{4.24}$$

gilt. $R^m{}_{ikl}$ ist der RIEMANNsche Krümmungstensor. Er verschwindet genau dann, wenn der vierdimensionale Raum (quasi-)euklidisch ist. Man kann also durch Berechnung des Krümmungstensors in beliebigen Koordinaten nachprüfen, ob eine Raum-Zeit ein MINKOWSKI-Raum ist.

Häufig muß ein Tensorfeld *in Richtung* eines Vektors oder Vektorfeldes differenziert werden. Die *kovariante* Ableitung D_ξ der Komponenten $T^{ik}{}_l{}^{m\cdots}_{\cdots}$ eines Tensorfeldes beliebiger Stufe in Richtung des Vierervektors ξ^i ist definiert durch

$$D_\xi T^{ik}{}_l{}^{m\cdots}_{\cdots} = T^{ik}{}_l{}^{m\cdots}{}_{\cdots;n}\xi^n . \tag{4.25}$$

Die Definitionen der LIE-Ableitung $\mathscr{L}_\xi$ von Tensorfeldern in Richtung eines Vektorfeldes $\xi^i(x^k)$ können ungeändert aus Abschnitt 2.2.4. übernommen werden: Die LIE-Ableitung ändert sich nicht, wenn man die partiellen Ableitungen durch die kovarianten ersetzt, da sich die CHRISTOFFEL-Symbole gegenseitig kompensieren. Beispielsweise gilt für die LIE-Ableitung $\mathscr{L}_\xi$ des metrischen Tensors $g_{ik}(x^l)$ längs $\xi^m(x^l)$ gemäß (2.65)

$$\begin{aligned}\mathscr{L}_\xi g_{ik} &= g_{ik,l}\xi^l + g_{im}\xi^m{}_{,k} + g_{mk}\xi^m{}_{,i}\\ &= g_{ik;l}\xi^l + g_{im}\xi^m{}_{;k} + g_{mk}\xi^m{}_{;i} = \xi_{i;k} + \xi_{k;i} .\end{aligned} \tag{4.26}$$

Die Parallelverschiebung eines Vektors T^i längs einer Kurve $x^k = x^k(\lambda)$ mit dem Tangentialvektor $\xi^k = \mathrm{d}x^k/\mathrm{d}\lambda$ ist definiert durch

$$\frac{\mathrm{D}}{\mathrm{D}\lambda} T^i \equiv \mathrm{D}_\xi T^i \equiv \frac{\mathrm{d}}{\mathrm{d}\lambda} T^i + \Gamma^i_{kl} T^k \frac{\mathrm{d}x^l}{\mathrm{d}\lambda} = 0. \tag{4.27}$$

Bei gegebener Metrik und gegebener Raumkurve berechnet man mit Hilfe dieser linearen Differentialgleichung die parallelverschobenen Komponenten an einer beliebigen Stelle der Raumkurve aus den an einer bestimmten Stelle *vorgegebenen* Werten. Eine wegunabhängige Parallelverschiebung läßt sich i. allg. nicht definieren.

Die folgenden Gedankengänge sollen eine Brücke von

der speziell-relativistischen Physik zur allgemein-relativistischen Physik schlagen. Man kann in der Umgebung eines beliebig ausgewählten (nichtsingulären) Punktes P stets ein RIEMANN*sches Normalkoordinatensystem* $\{x^i\}$ einführen, in welchem die Metrik die Gestalt

$$g_{ik} = \eta_{ik} - \frac{1}{6}\left(R_{ilkm}(P) + R_{klim}(P)\right) x^l x^m + \cdots \quad (4.28)$$

mit

$$(\eta_{ik}) = \begin{pmatrix} \pm 1 & 0 & 0 & 0 \\ 0 & \pm 1 & 0 & 0 \\ 0 & 0 & \pm 1 & 0 \\ 0 & 0 & 0 & \pm 1 \end{pmatrix}$$

annimmt. Der Punkt P wurde dabei als Ursprungspunkt $x^i = 0$ von $\{x^i\}$ gewählt. Die Aussage (4.28) läßt sich anschaulich verstehen, wenn man an die Verhältnisse in der Flächentheorie (zweidimensionale RIEMANNsche Räume im dreidimensionalen EUKLIDischen Raum) denkt. Sie bringt zum Ausdruck, daß man jedem Punkt P eines RIEMANNschen Raumes einen ebenen Tangentialraum (mit der Metrik η_{ik}) anheften kann. Die x^i sind gerade die Projektionen der kartesischen Koordinaten des Tangentialraumes auf die Umgebung von P. Für eine Raum-Zeit ist aus Konsistenzgründen zu fordern, daß der Tangentialraum ein MINKOWSKI-Raum sein soll. In diesem Falle muß in der Hauptdiagonale von η_{ik} dreimal das positive und einmal das negative Vorzeichen vorkommen, die als *Signatur* bezeichnete Spur muß gleich $+2$ sein. Die Signatur ist ein koordinatenunabhängiges Kennzeichen RIEMANNscher Räume. Räume der Signatur $+2$, also alle Raum-Zeiten, werden als normalhyperbolische RIEMANNsche Räume bezeichnet. Gleichung (4.28) zeigt, daß sich die Gravitationswirkungen in der Umgebung von P in erster Ordnung wegtransformieren lassen (keine linearen Glieder in x^l).

Ein im Gravitationsfeld frei fallender Massenpunkt bewegt sich auf einer Geodätischen $x^i = x^i(\tau)$:

$$\frac{\mathrm{d}^2 x^i}{\mathrm{d}\tau^2} + \Gamma^i_{kl} \frac{\mathrm{d}x^k}{\mathrm{d}\tau} \frac{\mathrm{d}x^l}{\mathrm{d}\tau} = 0 \qquad \left(\frac{\mathrm{d}x^k}{\mathrm{d}\tau} \frac{\mathrm{d}x^l}{\mathrm{d}\tau} g_{kl} = -c^2\right). \tag{4.29}$$

(Diese Gleichung ist die EULER-LAGRANGE-Gleichung zu (4.6) mit (4.1) und $ct = x^4 = x^4(\tau)$). Wegen $g_{ik,l}(P) = 0$ mit der Folge $\Gamma^i_{kl}(P) = 0$ unterliegt er in der Umgebung von P keinerlei Kraftwirkungen, hier gilt

$$\frac{\mathrm{d}^2 x^i}{\mathrm{d}\tau^2} = 0. \tag{4.30}$$

Dies entspricht der Vorstellung von der gemeinsamen Wurzel der Gravitationskräfte und der Trägheitskräfte; erstere lassen sich ebenso wie letztere (zumindest lokal) durch Verwendung geeigneter Bezugssysteme (Koordinatensysteme) zum Verschwinden bringen. Gleichung (4.30) zeigt, daß die Koordinatenlinien eines RIEMANNschen Normalsystems am Punkte P Geodätische sind; es liegt ein lokal-geodätisches Koordinatensystem vor.

Die soeben skizzierten Überlegungen regen folgendes Vorgehen bei der mathematischen Formulierung physikalischer Zusammenhänge in der RIEMANNschen Raum-Zeit an: Die im MINKOWSKI-Raum gefundenen Gesetzmäßigkeiten sollten als Eigenschaften eines Tangentialraumes aufgefaßt und dem „Berührungspunkt" im RIEMANNschen Raum zugeordnet werden. Die Verallgemeinerung speziell-relativistischer Tensorfelder zu Tensorfeldern im RIEMANNschen Raum und die Übertragung der streng lokalen (punktweise, ohne Verwendung eines Nachbarpunktes erklärten) algebraischen Relationen zwischen Tensorfeldern bereitet, wie bereits weiter oben bemerkt wurde, keinerlei Schwierigkeiten. Deshalb können die zur Charakterisierung der extensiven Größen verwendeten tensoriellen Stromdichten (z. B. S^i, T^{ik}, M^i), die elektromagnetischen Feldstärketensoren (F^{ik}, H^{ik}) und die anderen speziell-relativistischen Tensorfelder sofort in den RIEMANNschen Raum eingeführt und solche Beziehungen, wie die CARNOT-CLAUSIUS-Relation (3.144), unmittelbar übernommen werden. Auch die Begriffe raumartiges, zeitartiges und isotropes Vektorfeld sind ohne weiteres verständlich. In der Metrik (4.28) stimmen die *ersten kovarianten* Ableitungen der Tensoren wegen $\Gamma^i_{kl}(P) = 0$ mit den *partiellen* Ableitungen überein; die Raumkrümmung macht sich erst in den zweiten Ableitungen bemerkbar (vgl. (4.23)). Man hat daher auch keine Bedenken, Aussagen, in die über die ersten partiellen Ableitungen einer Tensorgröße in einem Punkt auch die Nachbarschaft dieses Punktes eingeht, dadurch zu verallgemeinern, daß man die partiellen Ableitungen nach den MINKOWSKI-Koordinaten durch kovariante Ableitungen nach beliebigen Koordinaten ersetzt. Auf diese Weise gelangt man beispielsweise zur allgemein-relativistischen Energie-Impuls-Bilanz $T^{ik}{}_{;k} = 0$ oder zur allgemeinrelativistischen Massenbilanz $M^i{}_{;i} = 0$. Die anderen Bilanzgleichungen (3.140, 142) und die Maxwellgleichungen (3.141) lassen sich analog übertragen.

Es sind also nur wenige *formale* Abänderungen notwendig, um alle in Viererschreibweise lokal[1]) formulierten Gleichungen der speziell-relativistischen Thermodynamik (von der GIBBSschen Fundamentalgleichung über die Bilinearform der Entropiequellstärke und die linearen Ansätze bis hin zu den Differentialgleichungen für die unabhängigen Zustandsvariablen) unmittelbar für die allgemein-relativistische Thermodynamik nutzbar zu machen. Wir haben nur

1. η_{ik} durch g_{ik} zu ersetzen und
2. partielle Ableitungen in kovariante Ableitungen umzuwandeln („aus jedem Komma ein Semikolon zu machen“).

---

[1]) Die unter Benutzung von Integralsätzen abgeleiteten Ergebnisse können i. allg. nicht übernommen werden.

Nach diesen Schritten können wir bereits Thermodynamik in *vorgegebenen* Metriken g_{ik} (also z. B. in rotierenden Systemen oder in äußeren Gravitationsfeldern) treiben. Zur Behandlung der Gravitationswirkungen thermodynamischer Systeme benötigen wir aber noch die *Bestimmungsgleichungen für die Metrik*, die EINSTEINschen Feldgleichungen. Ihre methodische Eingliederung in das Begriffssystem der Thermodynamik erfolgt in den nächsten Abschnitten.

4.4. *Entropie und Gravitation*

4.4.1. *Geometrisierung der extensiven Größen*

Die EINSTEINschen Gravitationsfeldgleichungen

$$R_{ik} - \frac{1}{2} R g_{ilk} = \varkappa_0 T_{ik} \tag{4.31}$$

mit

$$R_{ik} = R^l{}_{ilk}, \; R = R^i{}_i \tag{4.32}$$

stellen eine Verbindung zwischen der Energie-Impuls-Verteilung T^{ik} und dem Gravitationsfeld g_{ik} (vgl. (4.24) mit (4.22)) her. Für schwache statische Gravitationsfelder gehen sie in die NEWTONsche Gravitationsgleichung (4.8) über. R_{ik} heißt RICCI-Tensor, R Krümmungsskalar; $\varkappa_0 = 8\pi\varkappa c^{-4}$ ist die EINSTEINSCHE, $\varkappa = 6{,}664 \times 10^{-8}\,\mathrm{cm}^3\,\mathrm{g}^{-1}\,\mathrm{s}^{-2}$ die NEWTONsche Gravitationskonstante. Wie in der Elektrodynamik bei Gültigkeit der MAXWELL-Gleichungen die Kontinuitätsgleichung der Ladung (1.45) als Integrabilitätsbedingung erfüllt sein muß, so erscheint hier die Energie-Impuls-Bilanz

$$T^{ik}{}_{;k} = 0 \tag{4.33}$$

als notwendige Folge der Feldgleichungen (4.31). Unmittelbar aus der Definition (4.24) des RIEMANN-Tensors ergibt sich nämlich die BIANCHI-Identität

$$R_{lkmi;s} + R_{lksm;i} + R_{lkis;m} = 0 \qquad (4.34)$$

und nach zweimaligem Verjüngen (Multiplikation mit $g^{lm}g^{ks}$) unter Ausnutzung der Symmetrierelationen

$$R_{iklm} = -R_{kilm}, \; R_{ik} = R_{ki} \qquad (4.35)$$

schließlich

$$\left(R^{ik} - \frac{1}{2} R g^{ik}\right)_{;k} = 0. \qquad (4.36)$$

In der Allgemeinen Relativitätstheorie ist der erste Hauptsatz der Thermodynamik somit ein abgeleitetes Gesetz. Die Gleichungen (4.31) bekommen erst dann einen physikalischen Sinn, wenn man sie nicht als Vorschrift zur Berechnung des Energie-Impuls-Tensors aus der Metrik interpretiert. T^{ik} muß vielmehr als eigenständige Zustandsgröße durch die Analyse eines gegebenen physikalischen Systems bestimmt werden.

Die EINSTEINsche Theorie ist in erster Linie auf makroskopische Objekte ausgerichtet; der Energie-Impuls-Tensor kann dann als thermodynamisch-kontinuumsmechanische Zustandsgröße aufgefaßt werden.

Die EINSTEINschen Feldgleichungen mit ihrer Verbindung von Energie und Impuls mit der Geometrie der Raum-Zeit bringen die Frage mit sich, ob auch die anderen extensiven Größen eine geometrische Bedeutung besitzen. Es gibt mehrere Ansätze zur Geometrisierung des elektromagnetischen Feldes (des Feldes der extensiven Größe Ladung), so die WEYLsche Theorie (WEYL, 1923), die projektive Feldtheorie (KALUZA, 1921, KLEIN, 1926, u. a.) und die EINSTEINsche asymmetrische Theorie (EINSTEIN, 1946/50) und eine geometrische Deutung der Wirkungen des Drehimpulses (CARTAN, 1922). Der Thermodynamiker interessiert sich bei Geometrisierungsversuchen aber ganz besonders für die Entropie. Zumindest in der gleichgewichtsnahen Thermodynamik spielt ja der zweite Hauptsatz *die* herausragende Rolle, so daß man versucht ist, die Entropie (noch vor der Energie) an die erste Stelle einer Hierarchie der extensiven Größen zu stellen. ROBERT EMDEN (1938) hat dies in den folgenden Sätzen sehr treffend zum Ausdruck gebracht.

As a student, I read with advantage a small book by F. WALD entitled "The Mistress of the world and her Shadow". These meant energy and entropy. In the course of advancing knowledge the two seem to me to have exchanged places. In the huge manufactory of natural processes, the principle of entropy occupies the position of manager, for it dictates the manner and method of the whole business, whilst the principle of energy merely does the bookkeeping, balancing credits and debits.

Trifft diese Wertung auch noch für die EINSTEINsche Gravitationstheorie mit ihrer Auszeichnung des Energie-Impuls-Tensors zu? Das im nächsten Abschnitt formulierte Variationsprinzip soll deutlich machen, wie sich das Entropieprinzip in die Vorstellungswelt der allgemeinen Relativitätstheorie einordnen läßt und daß die Entropie — auch wenn sie sich etwas im Hintergrund hält — das Naturgeschehen „steuert".

4.4.2. Ein feldtheoretisch-thermodynamisches Variationsprinzip der Einsteinschen Feldgleichungen

Die in den feldtheoretischen Variationsprinzipien benutzten Wirkungsfunktionen (-funktionale) enthalten in koordinatenfreier Form alle Informationen über den Zustand eines feldtheoretischen Systems. In dieser Hinsicht gleichen sie den thermodynamischen Potentialen. Wir werden sehen, daß nicht nur eine weitläufige Analogie vorliegt: Das im folgenden verwendete feldtheoretische Wirkungsfunktional kann als thermodynamisches Potential, die zugehörige LAGRANGE-Funktion als Potentialdichte gedeutet werden.

Es wird sich herausstellen, daß zwischen einem Variationsprinzip mit diesem Wirkungsfunktional und dem zweiten Hauptsatz eine enge Verbindung besteht, so daß eine *thermodynamische* Deutung der i. allg. nur formal eingeführten feldtheoretischen Begriffe und Methoden möglich wird.

Wir gehen deduktiv vor und erhalten am Ende die EINSTEINschen Feldgleichungen mit dem Energie-Impuls-Tensor thermodynamischer Systeme. Um wieder eine thermodynamische Analogie zu bemühen: Diese Herleitung der Feldgleichungen ist vergleichbar mit der Ableitung der Gleichgewichtsbedingungen eines klassischen thermodynamischen Systems aus den Extremaleigenschaften eines thermodynamischen Potentials.

Zur Erläuterung und Konkretisierung der einzelnen Schritte stützen wir uns auf ein spezielles System, das einkomponentige fluide Medium. Sein Zustand wird durch den metrischen Tensor g_{ik} und zwei thermodynamische Zustandsvariable charakterisiert. Als solche wählen wir die invariante Temperatur T und die invariante Massendichte ϱ und bezeichnen diesen Satz unabhängiger Zustandsvariablen mit V_A,

$$(V_A) = (g_{ik}, T, \varrho). \tag{4.37}$$

Als thermodynamische Potentialdichte des gravitierenden Systems benutzen wir

$$L = L(V_A;\ V_{A,i};\ V_{A.i,k}) = \left[-\frac{R}{2\varkappa_0} + f\right]. \tag{4.38}$$

Der Krümmungsskalar R ist die LAGRANGE-Funktion des freien Gravitationsfeldes ($T^{ik} = 0$), $f = f(T, \varrho)$ die Dichte der freien Energie. Wir berechnen bei festgehaltenem Integrationsvolumen V_4 das Wirkungsfunktional

$$W = \int\limits_{V_4} L \sqrt{-g}\, \mathrm{d}^4x \tag{4.39}$$

für den wirklichen Zustand V_A und für *virtuelle zukünftige* Zustände

$$\overline{V}_A = V_A + \delta V_A = V_A + (\mathscr{L}_\xi V_A)\, \delta\omega, \quad \delta\omega \geqq 0. \tag{4.40}$$

g ist die in (4.3) eingeführte (wegen der Signatur $+2$ stets negative) Fundamentaldeterminante, $d^4x \equiv dx^1\, dx^2 \times dx^3\, dx^4$. ξ^i soll ein im ganzen thermodynamischen System erklärtes, zeitartiges Vektorfeld sein,

$$\xi^i \xi_i < 0,$$

das in allen Punkten seines Definitionsbereiches in den lokalen Vorwärtslichtkegel hinein orientiert ist. $\xi^i(P)$ zeigt zu einem Punkt $\bar{P}$ im Vorwärtslichtkegel des Punktes P. Die tensoriellen Zustandsgrößen $V_A(\bar{P})$ dieses ausgezeichneten Punktes $\bar{P}$ gehen über die Lie-Ableitungen $\mathscr{L}_\xi V_A$ in die Definitionen der Variationen δV_A und damit der virtuellen zukünftigen Zustände ein. Wir vereinbaren, daß der infinitesimale Variationsparameter $\delta\omega$, der im Inneren von V_4 beliebig nicht-negativ gewählt werden kann, an der Begrenzung (V_4) des Integrationsvolumens zusammen mit seinen ersten Ableitungen verschwinden soll,

$$\delta\omega\big|_{(V_4)} = 0, \quad (\delta\omega)_{,i}\big|_{(V_4)} = 0, \tag{4.41}$$

so daß die Variationen δV_A und ihre ersten Ableitungen $(\delta V_A)_{,i}$ am Rande Null sind. Unter Berücksichtigung der vorangegangenen Erläuterungen und Begriffsbestimmungen wollen wir zeigen, daß sich thermodynamische Systeme mit Gravitation durch folgendes Variationsprinzip charakterisieren lassen (Neugebauer, 1977): *Im thermodynamischen System existiert ein zeitartiges Vektorfeld ξ^i mit der Eigenschaft, daß die Wirkung W in den auf dieses Vektorfeld bezogenen virtuellen zukünftigen Zuständen $\bar{V}_A$ niemals größer als die Wirkung W im wirklichen Zustand V_A ist:*

$$\delta W = \bar{W} - W = \int_{V_4} L \sqrt{-g}\, d^4x \leqq 0. \tag{4.42}$$

Zusammen mit $\delta\omega \geqq 0$ ordnet diese Aussage der Zeit eine Richtung zu, sie bringt die Irreversibilität der Naturvorgänge zum Ausdruck. Mit der Randbedingung (4.41) folgt aus (4.42)

$$\int_{V_4} \frac{\delta L\sqrt{-g}}{\delta V_A}\,\delta V_A\,\mathrm{d}^4x \leqq 0 \quad \text{(Summation über } A\text{)}, \tag{4.43}$$

wobei

$$\frac{\delta L\sqrt{-g}}{\delta V_A} = \frac{\partial L\sqrt{-g}}{\partial V_A} - \left(\frac{\partial L\sqrt{-g}}{\partial V_{A,i}}\right)_{,i} + \left(\frac{\partial L\sqrt{-g}}{\partial V_{A,i,k}}\right)_{,i,k} \tag{4.44}$$

die Variationsableitung von $L\sqrt{-g}$ ist. Da $\delta\omega$ in den Variationen $\delta V_A = (\mathscr{L}_\xi V_A)\,\delta\omega$ beliebige nicht-negative Werte annehmen darf, kann (4.43) nur dann erfüllt sein, wenn in jedem Punkt des Gebietes V_4

$$\frac{\delta L\sqrt{-g}}{\delta V_A}\,\mathscr{L}_\xi V_A \leqq 0 \tag{4.45}$$

gilt. Wir bezeichnen

$$\sigma = -\frac{1}{\sqrt{-g}}\,\frac{\delta L\sqrt{-g}}{\delta V_A}\,\mathscr{L}_\xi V_A \geqq 0 \tag{4.46}$$

als feldtheoretische Entropieproduktionsdichte. Sie hat die typische Gestalt einer Bilinearform mit den generalisierten Strömen J_A und Kräften X_A,

$$(J_A) = \left(-\frac{1}{\sqrt{-g}}\,\frac{\delta L\sqrt{-g}}{\delta V_A}\right), \quad (X_A) = (\mathscr{L}_\xi V_A). \tag{4.47}$$

(Diese Kräfte und auch die Ströme sind i. allg. nicht unabhängig voneinander.) Wir wissen, daß die Entropieproduktionsdichte Quellterm zur Divergenz der vierdimensionalen Entropiestromdichte ist. Diese Aussage erweist sich *als Folge* des NOETHER-Theorems. Da die Potentialdichte L als Tensor 0. Stufe bei den infinitesimalen Koordinatentransformationen

$x^{i'} = x^i + \xi^i \delta\lambda$ ($\delta\lambda$: infinitesimaler konstanter Parameter)

forminvariant bleibt, besteht die NOETHERsche Identität

$$\frac{\delta L \sqrt{-g}}{\delta V_A} \mathscr{L}_\xi V_A = -\left(\sqrt{-g} \overset{\text{kan}}{S^i}\right)_{,i} = -\sqrt{-g} \overset{\text{kan}}{S^i}_{;i} \tag{4.48}$$

mit

$$\overset{\text{kan}}{S^i} \equiv -\frac{1}{\sqrt{-g}} \left\{ \mathscr{L}_\xi V_A \left[\frac{\partial L \sqrt{-g}}{\partial V_{A,i}} - \left(\frac{\partial L \sqrt{-g}}{\partial V_{A,i,k}} \right)_{,k} \right] \right.$$

$$\left. + (\mathscr{L}_\xi V_A)_{,k} \frac{\partial L \sqrt{-g}}{\partial V_{A,i,k}} - \xi^i L \sqrt{-g} \right\}. \tag{4.49}$$

Der Vierervektor $\overset{\text{kan}}{S^i}$ ist die kanonische Entropiestromdichte. Mit (4.45) und der Identität (4.48, 49) haben wir den zweiten Hauptsatz der Thermodynamik in der Form

$$\overset{\text{kan}}{S^i}_{;i} = \sigma \geqq 0 \tag{4.50}$$

auf feldtheoretisch-thermodynamischem Wege aus dem Variationsprinzip (4.42) abgeleitet. Diese Aussage muß allerderings noch für konkrete Systeme verifiziert werden.

4.4.3. Die Einsteinschen Feldgleichungen als lineare phänomenologische Ansätze

Der bei der Definition der virtuellen zukünftigen Zustände verwendete zeitartige Vierervektor ξ^i ist gerade der Temperaturvektor,

$$\xi^i = \theta^i = \frac{u^i}{T}, \qquad u^i u_i = -c^2. \tag{4.51}$$

Zunächst kann (4.51) einfach als Zerlegung eines zeitartigen Vektors in seinen Einheitsvektor $c^{-1}u^i$ und seinen Betrag T^{-1} aufgefaßt werden. Der eigentliche Gehalt der Aussage besteht darin, daß der Betrag von ξ^i umgekehrt proportional zu der im thermodynamischen Potential $f = f(T, \varrho)$ auftretenden Temperatur T ist.[1]) Daß die zunächst geometrisch eingeführte Größe ξ^i tatsächlich die physikalischen Eigenschaften besitzt, die wir vom Temperaturvektor der speziellen Relativitätstheorie kennen, kann natürlich nur durch die Anwendung der allgemeinen feldtheoretischen Überlegungen auf konkrete thermodynamische Systeme bestätigt werden. Setzen wir diese Bestätigung einmal voraus, so nimmt Gleichung (4.51) zusammen mit Gleichung (4.40) eine geometrische Interpretation des Temperaturvektors vor.

Zur Berechnung der Entropiequellstärke des einkomponentigen fluiden Mediums setzen wir die LAGRANGE-Funktion (4.38) in die Ungleichung (4.46) ein, wobei wir die Variationsableitungen nach der Vorschrift (4.44) bilden. Dabei führen wir über die thermodynamischen Relationen

$$\frac{\delta f}{\delta T} = \left(\frac{\partial f}{\partial T}\right)_\varrho = -\varrho s, \quad \frac{\delta f}{\delta \varrho} = \left(\frac{\partial f}{\partial \varrho}\right)_T = p v + f \varrho^{-1} = \mu \tag{4.52}$$

die spezifische Entropie s, den Druck p und die spezifische freie Enthalpie μ ein ($v = \varrho^{-1}$), benutzen

$$\frac{\delta R}{\delta g_{ik}} = -R^{ik}, \quad \frac{\delta \sqrt{-g}}{\delta g_{ik}} = \frac{\partial \sqrt{-g}}{\partial g_{ik}} = \frac{1}{2} g^{ik} \sqrt{-g} \tag{4.53}$$

und beachten (4.51). Dann bekommen wir aus (4.46) die

---

[1]) Die Positivität der absoluten Temperatur sichert die Orientierbarkeit von θ^i.

Entropiequellstärke

$$\sigma = -\frac{1}{2}\left[\frac{1}{\varkappa_0}\left(R^{ik} - \frac{1}{2}\,Rg^{ik}\right) - \frac{\varrho \mathsf{e}}{c^2}\,u^i u^k - p h^{ik}\right] \times \mathcal{L}_\xi g_{ik} - (\varrho u^i)_{;i}\,\frac{\mu}{T} \geqq 0. \qquad (4.54)$$

Der zu u^i orthogonale Projektionstensor h_{ik} ist analog zu (2.70) definiert,

$$h_{ik} \equiv g_{ik} + c^{-2} u_i u_k, \quad u^i h_{ik} = 0. \qquad (4.55)$$

Die spezifische Energie e geht über die thermodynamische Beziehung

$$\mathsf{e} = \varrho^{-1} f + Ts \qquad (4.56)$$

in die Entropiequellstärke ein. σ ist in gewohnter Weise Bilinearform in den generalisierten Strömen und Kräften

$$(J_A) = \left(\frac{1}{\varkappa_0}\left[R^{ik} - \frac{1}{2}\,Rg^{ik}\right] - \frac{\varrho \mathsf{e}}{c^2}\,u^i u^k - p h^{ik};\ [\varrho u^i]_{;i}\right), \qquad (4.57)$$

$$(X_A) = \left(-\frac{1}{2}\,\mathcal{L}_\xi g_{ik};\ -\frac{\mu}{T}\right). \qquad (4.58)$$

Wir haben hier im Gegensatz zu (4.47) die Abhängigkeiten zwischen den Kräften und Strömen bereits eliminiert

$$\left(\mathcal{L}_\xi T = \frac{T}{2c^2}\,u^i u^k \mathcal{L}_\xi g_{ik}, \quad \mathcal{L}_\xi \varrho = T^{-1}(\varrho u^i)_{;i} - \frac{\varrho}{2}\,h^{ik} \mathcal{L}_\xi g_{ik}\right).$$

In bewährter Weise postulieren wir lineare phänomenologische Relationen zwischen den Strömen und Kräften,

$$\frac{1}{\varkappa_0}\left(R^{ik} - \frac{1}{2} R g^{ik}\right) - \frac{\varrho e}{c^2} u^i u^k - p h^{ik} = \frac{L^{iklm}}{2} \mathcal{L}_\xi g_{lm}, \tag{4.59}$$

$$(\varrho u^i)_{;i} = -L \frac{\mu}{T}. \tag{4.60}$$

Die Erfahrung sagt, daß der Prozeß der Ruhmassenproduktion gehemmt ist ($L = 0$). In dieser Weise fügt sich die Kontinuitätsgleichung der Masse

$$(\varrho u^i)_{;i} = 0 \tag{4.61}$$

in das allgemeine Schema der thermodynamisch-feldtheoretischen Zustandsbeschreibung ein. Die Einsteinschen Feldgleichungen (4.59) erscheinen als lineare Ansätze. Der Quellterm T^{ik} dieser Gleichungen besteht aus zwei Anteilen. Auf der linken Seite von (4.59) steht mit

$$\overset{0}{T}{}^{ik} = \frac{\varrho e}{c^2} u^i u^k + p h^{ik} \tag{4.62}$$

der Energie-Impuls-Tensor des idealen fluiden Mediums. Diese Interpretation schließt ein, daß wir u^i als Vierergeschwindigkeit des Mediums,

$$u^i = \frac{\partial x^i(y^\alpha, \tau)}{\partial \tau}, \tag{4.63}$$

deuten, was auch durch die Kontinuitätsgleichung (4.61) nahegelegt wird. Dies bestätigt die Behauptung, $\xi^i = \theta^i$ sei der Temperaturvektor. Der Energie-Impuls-Anteil

$$-\overset{1}{T}{}^{ik} = \frac{1}{2} L^{iklm} \mathcal{L}_\theta g_{lm} = \frac{1}{2} L^{iklm}(\theta_{l;m} + \theta_{m;l}), \tag{4.64}$$

bei dessen Umformung (4.26) verwendet wurde, gibt den Einfluß wieder, den die irreversiblen Prozesse Wärmeleitung und Viskosität auf das Gravitationsfeld ausüben. Zu dieser Feststellung gelangt man im lokalen MINKOWSKI-System (4.28) durch einen Vergleich mit (3.68) und bei Beachtung der auf (3.68) folgenden Bemerkungen. Es ist aber auch unmittelbar einsichtig, daß die vierdimensionale generalisierte Kraft $\frac{1}{2}[(T^{-1}u_i)_{;k} + (T^{-1}u_k)_{;i}]$ mit $i, k = 1, 2, 3$ den dreidimensionalen Deformationsgeschwindigkeitstensor (als Ursache der inneren Reibung) und mit $i = 4$, $k = 1, 2, 3$ den Temperaturgradienten (als Ursache der Wärmeleitung) enthält. Der isotrope Materialtensor L^{iklm}, in den die Koeffizienten der Schub- und Volumenviskosität und der Wärmleitung eingehen, kann ungeändert aus (3.55) (mit (3.58)) übernommen werden. Der aus dem Vergleich von (4.62) und (4.64) mit (4.31) gewonnene Energie-Impuls-Tensor

$$T^{ik} = \overset{0}{T}{}^{ik} + \overset{1}{T}{}^{ik} \tag{4.65}$$

hat genau die Form, die bei Anwendung der am Ende des Abschnittes 4.3. angegebenen Übersetzungsvorschriften aus dem speziell-relativistischen Energie-Impuls-Tensor des fluiden Mediums (3.16) mit (3.37) entsteht. Die NAVIER-STOKES-FOURIER-Gleichungen

$$T^{ik}{}_{;k} = 0 \tag{4.66}$$

mit (4.65, 62, 64) sind wegen (4.36) automatisch erfüllt, wenn die EINSTEINschen Feldgleichungen gelten. Obwohl sie dadurch den Charakter physikalischer Grundgesetze verlieren (ähnlich wie die Kontinuitätsgleichung der Ladung bei der Behandlung elektrodynamischer Probleme mit Hilfe der MAXWELL-Gleichungen), sind sie als Integrabilitätsbedingungen für die konkrete Rechnung äußerst nützlich. In vorgegebenen Metriken g_{ik} spielen sie die gleiche Rolle wie im MINKOWSKI-Raum ($g_{ik} = \eta_{ik}$). Die Zerlegungen $h_i^l T^{ik}{}_{;k} = 0$ (NAVIER-STOKES-Gleichungen) bzw. $u_i T^{ik}{}_{;k} = 0$ (Wärmeleitungsgleichung) der NAVIER-STOKES-FOURIER-Gleichungen $T^{ik}{}_{;k} = 0$ können ohne Rechnung aus dem Abschitt 3.2.4. übernommen werden. Man hat nur in den Gleichungen (3.66) und (3.67) bzw. (3.74) und (3.75) die partiellen durch die kovarianten Ableitungen zu ersetzen (partielle Ableitungen von Skalaren bleiben partielle Ableitungen). An die Stelle der Richtungsableitung $\mathrm{d}/\mathrm{d}\tau = u^i\partial/\partial x^i$ tritt dabei die mit u^i überschobene kovariante Ableitung nach x^i, die wir gemäß (4.25) mit D_u oder hier speziell mit $\mathrm{D}/\mathrm{D}\tau$ bezeichnen können,

$$\frac{\mathrm{d}}{\mathrm{d}\tau} \to \mathrm{D}_u = \frac{\mathrm{D}}{\mathrm{D}\tau}, \quad \text{z. B.}\ \frac{\mathrm{d}u^i}{\mathrm{d}\tau} = u^i{}_{,k}u^k \to \frac{\mathrm{D}u^i}{\mathrm{D}\tau} = u^i{}_{;k}u^k .$$

4.4.4. Weitere Anwendungsmöglichkeiten des Variationsprinzips

Das feldtheoretisch-thermodynamische Variationsprinzip (4.42), das bisher nur auf einkomponentige fluide Medien angewendet wurde, eignet sich auch zur Beschreibung anderer thermodynamischer Systeme mit Eigengravitation. Beispielsweise wird der Festkörper durch die gleiche LAGRANGE-Dichte $L = -(1/2\varkappa_0) \times R + f(T, \varepsilon_{ik}, h^{ik})$ wie das fluide Medium charakterisiert; die Dichte der Freien Energie $f = e - Ts$ ist jetzt allerdings eine Funktion des Deformationstensors ε_{ik}, vgl. (3.39). $L = -(R/2\varkappa_0) + f - (1/4)\ F^{ik}F_{ik}$ beschreibt einkomponentige Medien mit elektromagnetischen Feldern (ohne Polarisations- und Magnetisierungseffekte). Aus diesem Potential kann man die magnetohydrodynamischen Grundgleichungen (3.212) bis (3.215) durch Variation nach den thermodynamischen Zustandsvariablen und dem elektromagnetischen Viererpotential A_i ableiten. (Damit die Entropiequellstärke (4.46) bei Umeichungen des Viererpotentials A_i invariant bleibt, muß A_i bei der Definition der zukünftigen virtuellen Zustände (4.40) durch die Bedingung $\theta_i A^i = 0$ mit der Folge

$\mathscr{L}_\theta A_i = A_{i,k}\theta^k - A_k\theta^k{}_{,i} = (A_{i,k} - A_{k,i})\,\theta^k = F_{ik}\theta^k$ festgelegt werden.)

Die Methode, beim Auftreten dissipativer Prozesse das HAMILTONsche Variationsprinzip durch eine Variationsungleichung zu ersetzen und die dynamischen Gleichungen als lineare Ansätze aus einer Dissipationsfunktion zu gewinnen, bewährt sich auch in anderen physikalischen Gebieten, beispielsweise in der Mechanik von Massenpunkten, die unter dem Einfluß von Reibungskräften stehen, bei der Beschreibung elektrischer Netzwerke mit OHMschen Schaltelementen oder in der zeitabhängigen GINZBURG-LANDAU-Theorie der Supraleitung. Bei allen nichtrelativistischen Anwendungen ist die LIE-Ableitung durch die gewöhnliche Zeitableitung zu ersetzen.

4.5. Kosmologie

4.5.1. Das kosmologische Prinzip

Wenn wir annehmen, daß keine Region des Weltalls gegenüber anderen Regionen ausgezeichnet ist, können wir mit unseren irdischen Erfahrungen physikalische Modelle konstruieren, welche die Welt als Ganzes beschreiben. Wir wollen die Welt stark vereinfachend als thermodynamisches Kontinuum auffassen, das sich zeitlich entwickelt. In diesem Falle läßt sich unsere Annahme weiter präzisieren. Wir fordern, daß das thermodynamische System „Welt" im Ruhsystem der Materie räumlich isotrop und homogen sein soll, so daß keine Richtung und kein Punkt ausgezeichnet sind. Dies ist das kosmologische Prinzip.

Das kosmologische Prinzip läßt keine Bevorzugung unseres Sonnensystems oder unserer Galaxie gegenüber anderen Formationen zu und setzt damit jene Entwicklungslinie des wissenschaftlichen Weltbildes fort, die mit der Abkehr vom Geozentrismus begann. Es führt zu den mathematisch einfachsten kosmologischen Modellen. Wie auch andere einfache Modelle in den verschiedensten Gebieten der Physik haben sie einen erstaunlich hohen Realitätsgehalt und erklären viele kosmische Erscheinungen. Insofern gibt der hypothetische Charakter des kosmologischen Prinzips keinen Anlaß zu prinzipiellen Einwänden gegen physikalische Weltmodelle. Das Vorgehen, das darin besteht, den Gültigkeitsbereich bekannter Naturgesetze probeweise anhand einfacher Modelle zu erweitern und aus dem Vergleich von Rechen- und Beobachtungsergebnissen auf Abänderungen der Modellvorstellungen und verbesserte Formulierungen der Naturgesetze zu schließen, hat sich in allen Bereichen der Naturwissenschaft bewährt.

Um die Kontinuumsvorstellung anwenden zu können, müssen wir uns die in den Himmelskörpern diskret verteilte Materie „verschmiert" denken. Das entspricht genau dem Übergang vom molekularen Vielteilchensystem zum thermodynamischen System. Die kosmische Materie wird in diesem Sinne als fluides Medium betrachtet, dessen Elemente sich mit einer Vierergeschwindigkeit u^i bewegen. Wegen der Isotropie im Ruhsystem der Materie, d. h. der Isotropie im dreidimensionalen Ortsraum der Materieelemente, müssen alle thermodynamischen Zustandsvariablen und die Gradienten der skalaren Zustandsvariablen proportional zur Vierergeschwindigkeit sein (ein zu u^i senkrechter Vierervektor würde eine Richtung im Massenelement auszeichnen), alle Zustandsvariablen bzw. Ableitungen von Zustandsvariablen, die Tensoren 2. Stufe sind, können nur proportional zum Projektionstensor und zum dyadischen Produkt der Vierergeschwindigkeit mit sich selbst sein. Es muß also beispielsweise gelten

$$\varrho_{,i} = -c^{-2}\dot{\varrho}u_i, \quad T_{,i} = -c^{-2}\dot{T}u_i, \tag{4.67}$$

$$T^{ik} = \pi h^{ik} + c^{-2}eu^iu^k, \quad u_{i;k} = \Theta h_{ik} \tag{4.68}$$

($u_{i;k} \sim u_iu_k$ kommt wegen $u^iu_{i;k} = 0$ nicht in Frage). Über (2.91) mit (2.87) bis (2.89), wo die partielle Ableitung durch die kovariante zu ersetzen ist, folgt aus der letzten Beziehung

$$\omega_{ik} = 0, \ \sigma_{ik} = 0, \ \dot{u}_i = 0, \tag{4.69}$$

d. h., die kosmische Flüssigkeit bewegt sich bei Gültigkeit des kosmologischen Prinzips wirbel-, scherungs- und beschleunigungsfrei; sie kann allerdings expandieren oder kontrahieren (i. allg. $\Theta \neq 0$). Da wir in der RIEMANNschen Geometrie ohnehin krummlinige Koordinaten verwenden, können wir die Weltlinien der Massenelemente als Zeitkoordinaten wählen. In diesem Koordinatensystem ruht die Materie, $u^i = c\delta^i_4$. Wegen der Wirbelfreiheit hat die Vierergeschwindigkeit ein Potential $\chi(x^i)$, $u_i \sim \chi_{,i}$. Die dreidimensionalen raumartigen Flächen $\chi = \text{const}$ sind orthogonal zu den Weltlinien und können daher als Ortsräume der Massenelemente interpretiert werden. In wirbelfreien Strömungen gibt es also *globale* Ortsräume, in denen die Materie ruht. Die Flächen $\chi = \text{const}$ sollen als Koordinatenflächen $x^4 = \text{const}$ gewählt werden, so daß in unserem Ruhsystem der Materie

$$u^i = c\delta^i_4, \quad u_i = u_4\delta^4_i = g_{ik}u^k = cg_{i4} \Leftrightarrow g_{\alpha 4} = 0 \qquad (\alpha = 1, 2, 3) \tag{4.70}$$

gilt und das Linienelement die Form

$$ds^2 = g_{\alpha\beta}\, dx^\alpha\, dx^\beta + g_{44}c^2\, dt^2 \quad (\alpha, \beta = 1, 2, 3) \tag{4.71}$$

annimmt. In diesem Koordinatensystem hängen alle skalaren Zustandsvariablen nur noch von der Zeit ab, es gilt beispielsweise

$$\varrho_{,\alpha} = 0 \Leftrightarrow \varrho = \varrho(t); \; T_{,\alpha} = 0 \Leftrightarrow T = T(t).$$

Die Homogenitätsforderung des kosmologischen Prinzips ist somit als Folge der Isotropie automatisch erfüllt. Die Auswertung der kinematischen Bedingungen (4.69) im Ruhsystem (4.70) liefert eine weitere Spezialisierung des metrischen Tensors:

$$g_{\alpha\beta} = K^2(t)\, \bar{g}_{\alpha\beta}(x^\gamma), \qquad g_{44} = -1 \; (\gamma = 1, 2, 3). \tag{4.72}$$

Die EINSTEINschen Feldgleichungen (4.31) mit dem isotropen Energie-Impuls-Tensor (4.68) legen schließlich die Ortsfunktion $\bar{g}_{\alpha\beta}(x^\gamma)$ in folgender Weise fest:

$$\mathrm{d}s^2 = K^2(t)\left[\frac{\mathrm{d}r^2}{1-\varepsilon r^2} + r^2(\mathrm{d}\vartheta^2 + \sin^2\vartheta\,\mathrm{d}\varphi^2)\right] - c^2\,\mathrm{d}t^2. \tag{4.73}$$

Von den Feldgleichungen bleiben dann nur noch die FRIEDMANschen Differentialgleichungen

$$3\left(c^{-2}\frac{\dot{K}^2}{K^2} + \frac{\varepsilon}{K^2}\right) = \varkappa_0 \varrho(t), \tag{4.74}$$

$$2c^{-2}\frac{\ddot{K}}{K} + c^{-2}\frac{\dot{K}^2}{K^2} + \frac{\varepsilon}{K^2} = -\varkappa_0\pi(t) \tag{4.75}$$

übrig, wobei die letzte auch durch

$$(K^3\varrho)^{\cdot} + \pi(K^3)^{\cdot} = 0 \tag{4.76}$$

ersetzt werden kann. Gleichung (4.76) ist die Energiebilanz $u^i T_i{}^k{}_{;k} = 0$ im Koordinatensystem (4.70). Die Metrik im Linienelement (4.73) wird als ROBERTSON-WALKER-Metrik bezeichnet. Zu jedem festen Zeitpunkt $t = t_0$ ist der Ortsraum mit dem Linienelement

$$\overset{3}{ds^2} = K^2(t_0)\left[\frac{\mathrm{d}r^2}{1-\varepsilon r^2} + r^2(\mathrm{d}\vartheta^2 + \sin^2\vartheta\,\mathrm{d}\varphi^2)\right] \tag{4.77}$$

ein dreidimensionaler Raum konstanter Krümmung, der hier in Polarkoordinaten r, ϑ, φ beschrieben wird. ε kann die Werte ± 1 und 0 annehmen, für $\varepsilon = +1$ ist die Raumkrümmung positiv; es liegt ein geschlossener Ortsraum (vergleichbar mit der zweidimensionalen Kugeloberfläche) vor; $\varepsilon = -1$ charakterisiert einen negativ gekrümmten offenen Raum (vergleichbar mit zweidimensionalen Pseudosphären) und $\varepsilon = 0$ einen euklidischen Raum. Der Skalenfaktor $K(t)$, der auch als Weltradius bezeichnet wird, ist eine reine Zeitfunktion: das Weltmodell wird wegen $\Theta \neq 0$ in allen Punkten gleichmäßig expandieren oder kontrahieren. Wir sehen, daß auch in geometrischer Hinsicht die Isotropie- und Homogenitätsforderungen des kosmologischen Prinzips erfüllt sind. Alle weiteren Diskussionen beziehen sich nur noch auf zeitliche Veränderungen der Zustandsvariablen, zu denen auch der Skalenfaktor K als Repräsentant der Metrik gehört.

4.5.2. Beobachtungsergebnisse

Die wichtigsten astrophysikalischen Beobachtungsergebnisse, die mit Hilfe homogener isotroper Weltmodelle behandelt und erklärt werden können, sind die *Rotverschiebung* der entfernten Galaxien und die isotrop auf die Erde einfallende *3K-Mikrowellenstrahlung*. Sie ermöglichen konkretere Vorstellungen über das kosmische thermodynamische System, die im „heißen Modell" des Kosmos zusammengefaßt werden. Dieses Modell folgt selbstverständlich nicht zwingend aus den experimentellen Daten, die sich teilweise auch durch andersartige Vorstellungen erklären lassen. Es bietet aber die Erklärung einer gewissen Gesamtheit experimenteller Befunde an und führt zu überprüfbaren Aussagen, beispielsweise über die *Häufigkeitsverteilung* der (leichten) Elemente.

Bereits 1922 konnte V. M. Slipher nach zehnjähriger Forschungsarbeit nachweisen, daß 36 der von ihm beobachteten 41 Spiralnebel eine Verschiebung der Spektrallinien in den langwelligeren (roten) Bereich zeigten. 1929 erschien dann E. Hubbles berühmte Arbeit über „den näherungsweise linearen Zusammenhang zwischen Geschwindigkeit und Entfernungen" entfernter kosmischer Objekte, die eine Deutung der Rotverschiebung als optischen Doppler-Effekt anregte. In dieser Deutung entfernen sich die Spiralnebel von der Erde — in welche Richtung wir auch blicken — um so schneller, je weiter sie entfernt sind. Die Robertson-Walker-Metriken (4.73) liefern eine zwanglose Erklärung dieses Phänomens. Für wachsenden Weltradius $K(t)$ vergrößern sich die Abstände $\overset{3}{d}s^2$ zwischen zwei beliebigen materiellen Punkten, genauso wie sich alle Farbtupfer auf der Oberfläche eines Luftballons beim Aufblasen voneinander entfernen. Jede Auszeichnung der Erde, von der scheinbar alle Galaxien fliehen, wird vermieden.

Üblicherweise definiert man die Rotverschiebung z im Punkt 2 (Erde) als relative Differenz zwischen der Wellenlänge des Lichtes λ_2, die im Punkt 2 festgestellt wird, und seiner Wellenlänge λ_1, mit der es im Punkt 1 (kosmisches Objekt) ausgesandt wurde. In ROBERTSON-WALKER-Metriken[1]) läßt sich z durch den Weltradius $K(t_2)$ zum Zeitpunkt t_2 des Empfanges der Lichtwelle ausdrücken,

$$z = \frac{\lambda_2 - \lambda_1}{\lambda_1} = \frac{K(t_2)}{K(t_1)} - 1, \tag{4.78}$$

und liefert damit wichtige Informationen über die Zeitabhängigkeit des Weltradius. Wegen der beobachteten *Rot*verschiebung ($z > 0$) der elektromagnetischen Wellen ($\lambda_2 > \lambda_1$) expandiert der Kosmos gegenwärtig $\big(K(t_2) > K(t_1)\big)$. Wenn die Laufzeit des Lichtes $t_2 - t_1$ nicht allzu groß ist und $K(t)$ sich nicht allzu schnell ändert, wird $K(t_1)$ durch die ersten Glieder der TAYLOR-Entwicklung

$$K(t_1) = K(t_2)\left[1 + H[t_1 - t_2] - \frac{1}{2}\, qH^2\, [t_1 - t_2]^2 + \cdots\right] \tag{4.79}$$

bestimmt. Entwicklungskoeffizienten sind die HUBBLE-Zahl H und der Beschleunigungsparameter q,

$$H(t_2) = \dot{K}(t_2)/K(t_2), \quad q(t_2) = -\ddot{K}(t_2)\, K(t_2)/[\dot{K}(t_2)]^2. \tag{4.80}$$

Die experimentelle Bestimmung dieser beiden wichtigsten Parameter der Kosmologie erfolgt u. a. durch Messungen des Helligkeitsabstandes d_L der Lichtquelle als Funktionen

[1]) Hier gilt λ/K = const während der Ausbreitung eines Photons.

ihrer Rotverschiebung, wofür in ROBERTSON-WALKER-Metriken folgender Zusammenhang abgeleitet werden kann:

$$d_L = \left(\frac{L}{4\pi l}\right)^{1/2} = c\,[H(t_2)]^{-1}\left[z + \frac{1}{2}\,[1 - q(t_2)]\,z^2 + \cdots\right]. \tag{4.81}$$

In die Definition des Helligkeitsabstandes gehen die absolute Helligkeit L (die von der Lichtquelle pro Zeiteinheit insgesamt abgestrahlte Energie) und die scheinbare Helligkeit l (die in der Zeiteinheit pro Einheitsfläche am Empfänger eintreffende Energie) ein.

Da cz bei einer Deutung der Rotverschiebung als klassischer DOPPLER-Effekt gerade die Geschwindigkeit der sich vom Beobachter entfernenden Strahlungsquelle ist, gibt der erste Entwicklungsterm die von HUBBLE gefundene „annähernd lineare" Beziehung zwischen Entfernung (Helligkeitsabstand) und Geschwindigkeit wieder.

Die auf *spektroskopischem* Wege gefundenen Werte machen folgende Einengungen für $H(t_G)$ und $q(t_G)$ (t_G: kosmische Gegenwart) wahrscheinlich (vgl. z. B. WEINBERG, 1972):

$$\begin{gathered} 50\ \text{km/s Mpc} \leqq H(t_G) \leqq 80\ \text{km/s Mcp} \sim \\ 20 \cdot 10^9\ \text{Jahre} \geqq [H(t_G)]^{-1} \geqq 12 \cdot 10^9\ \text{Jahre}, \\ q(t_G) = 1{,}2 \pm 0{,}4\,. \end{gathered} \tag{4.82}$$

Die experimentellen Werte für $H(t_G)$ und $q(t_G)$ sind insbesondere wegen der Unsicherheit bei den kosmischen Entfernungsmessungen ständigen Korrekturen unterworfen.

Die richtungsunabhängig auf die Erde einfallende Mikrowellenstrahlung wurde 1965 von PENZIAS und WILSON als Radiosignal der Wellenlänge $\lambda = 7{,}35$ cm entdeckt und in der Folgezeit für die verschiedensten Wellenlängen zwischen 70 cm und 0,05 cm intensiv experimentell untersucht. Es kann als gesichert gelten, daß es sich um eine isotrope Hohlraumstrahlung (Polarisationsgrad unter 10^{-3}) mit einer Strahlungstemperatur von $T_\gamma = 2{,}7$ K handelt, die dem PLANCKschen Strahlungsgesetz des schwarzen Körpers folgt und ihr Maximum bei $\lambda = 0{,}1$ cm hat. (Nach den inzwischen korrigierten ersten Daten bezeichnet man sie auch als 3K-Strahlung.) Auch hier liegt die Deutung als kosmologisches Phänomen nahe: Man nimmt an, daß sie als Relikt eines früheren Weltzustandes den gesamten kosmischen Raum ausfüllt. Sowohl Rotverschiebung als auch 3K-Strahlung lassen allerdings auch nichtkosmologische Deutungen zu (Rotverschiebung als Folge starker lokaler Gravitationsfelder; 3K-Strahlung als Emissionseffekt der Sterne unserer Galaxie und anderer Galaxien im Zusammenwirken mit dem interstellaren Gas). Das heiße Modell hat jedoch gegenüber anderen Deutungsversuchen den Vorteil, eine einheitliche Erklärung dieser Effekte anzubieten.

4.5.3. Kosmologische Thermodynamik

Mit einigen allgemeingültigen Eigenschaften thermodynamischer Systeme können wir aus den FRIEDMAN-Gleichungen Rückschlüsse auf das zeitliche Verhalten des kosmologischen Modells ziehen. Wegen der Homogenität und Isotropie des Systems dürfen wir uns auf ein willkürlich gewähltes Volumen, sagen wir

$$V(t) = K^3, \tag{4.83}$$

beziehen. Mit

$$E(t) = eK^3, \quad M(t) = \varrho K^3, \quad S = sK^3$$

führen wir die Energie, die Masse und die Entropie dieses Volumens ein. Im Ruhsystem der Materie ($u^i = c\delta^i_4$) und wegen $g = -\det g_{ik} \sim K^3$ macht die Kontinuitätsgleichung $(\varrho u^i)_{;i} \equiv (\varrho g^{1/2} u^i)_{,i}\, g^{-1/2} = 0$ die Aussage

$$M = \text{const.} \tag{4.84}$$

Es wird sich zeigen, daß das thermodynamische System „Welt“ als Überlagerung thermodynamischer Subsysteme aufgefaßt werden kann, die, obwohl sie sich „durchdringen“, während gewisser Zeitabschnitte nicht thermodynamisch, sondern nur über das Gravitationsfeld wechselwirken. Jedes dieser Systeme ist ein einkomponentiges fluides Medium im *gehemmten thermodynamischen Gleichgewicht* und muß daher durch ein eigenes thermodynamisches Potential, etwa durch die Energie E_i in Abhängigkeit von Entropie S_i und Volumen V, charakterisiert werden, so daß eine GIBBSsche Fundamentalgleichung

$$\mathrm{d}E_i = T_i \,\mathrm{d}S_i - p_i \,\mathrm{d}V, \quad E_i = E_i(S_i, V), \tag{4.85}$$

gilt. (Der Index kennzeichnet das i-te System.) Gesamtenergie E, Gesamtentropie S und Druck p erhält man durch Summation über die Subsysteme,

$$E(S_1, S_2, .. V) = \sum_i{}' E_i(S_i, V), \quad S = \sum_i{}' S_i, \quad p = \sum_i{}' p_i. \tag{4.86}$$

Wegen des inneren Gleichgewichtes der Subsysteme gilt

$$S_i = \text{const}, \; S = \text{const}, \tag{4.87}$$

so daß sich E nur mit dem Volumen $V = K^3$ ändern kann. Die Konstanz der Gesamtentropie S ist wegen $S^i = su^i$ (Isotropie) äquivalent zu $\sigma = 0$; das betrachtete Modell schließt irreversible Prozesse aus. Mit (4.85), (4.86) und (4.87) ist die zweite FRIEDMAN-Gleichung (4.75) bzw. (4.76) automatisch erfüllt. Die erste schreibt sich unter Verwendung von (4.86)

$$c^{-2}\dot{K}^2 + \psi(S_i, K) = -\varepsilon, \quad \psi(S_i, K) :\equiv -\frac{\varkappa_0}{3K} E(S_i, K^3). \tag{4.88}$$

Sie enthält die gesamte Dynamik des kosmologischen Modells und hat genau die Form des Energiesatzes für einen Massenpunkt der „Masse“ c^{-2} und der „Energie“ $-\varepsilon$ im Potential $\psi(K)$. Wir wollen den Potentialverlauf qualitativ bestimmen. Setzen wir voraus, daß die Subsysteme „normale“ thermodynamische Eigenschaften besitzen, so gilt $E_i > 0, p_i > 0$ und, wenn thermodynamische Stabilität vorliegt, $(\partial p_i/\partial V)_{S_i} < 0$. Daraus erhält man über die GIBBSsche Fundamentalgleichung (4.85)

$$\begin{aligned} &\psi(S_i, K) < 0, \quad \frac{\partial \psi}{\partial K} = \frac{\varkappa_0}{3K^2}(E + 3pV) > 0, \\ &\frac{\partial^2 \psi}{\partial K^2} = -\frac{2\varkappa_0 E}{3V} + 3\varkappa_0 V \frac{\partial p}{\partial V} < 0. \end{aligned} \tag{4.89}$$

Ferner gilt, da die Energie im Grenzfall starker Verdünnung nicht unendlich wird und bei adiabatischer Kompression monoton anwächst $(\partial E/\partial V = -p < 0)$,

$$\lim_{K\to\infty} \psi\,(S_i, K) = 0, \quad \lim_{K\to 0} \psi\,(S_i, K) = -\infty. \tag{4.90}$$

Der qualitätive Verlauf des Potentials $\psi(K)$ gemäß (4.89) und (4.90) ist in Abb. 13 und die sich daraus ergebende

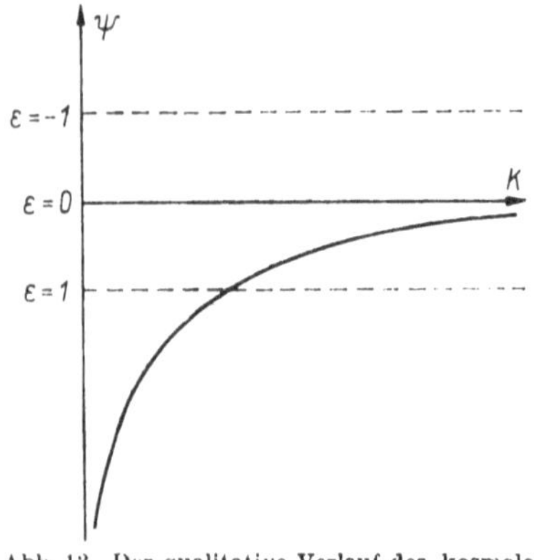

Abb. 13. Der qualitative Verlauf des kosmologischen Potentials $\psi = \psi(S_i, K)$ als Funktion des Skalenfaktors K

Zeitabhängigkeit des Weltradius $K(t)$ in Abb. 14 dargestellt. Nur für den geschlossenen Kosmos ($\varepsilon = 1$) schneidet die „Energie“-Gerade (gestrichelt) in Abb. 13 die Potentialkurve. Die offenen Modelle ($\varepsilon = 0, -1$) expandieren also ständig, während der geschlossene Kosmos nach einer Expansionsphase wieder kontrahiert.

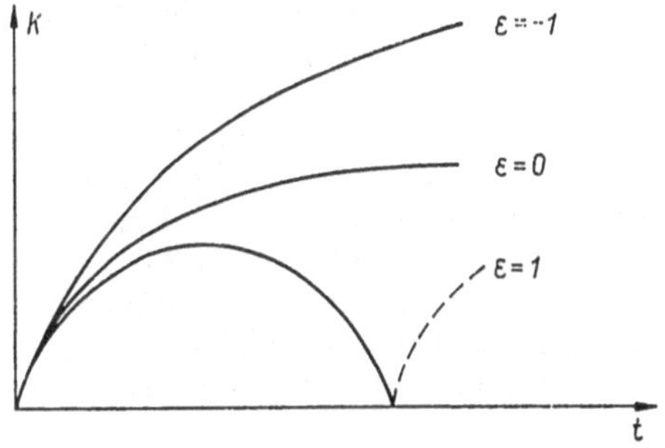

Abb. 14. Der qualitative Verlauf des Weltradius K als Funktion der Zeit t für das geschlossene FRIEDMAN-Modell ($\varepsilon = 1$) und die beiden offenen FRIEDMAN-Modelle ($\varepsilon = 0, -1$)

Wir wollen die thermodynamischen Potentiale einiger wichtiger Materieformen, und zwar die Energie E_γ der Hohlraumstrahlung, die innere Energie des idealen Gases E_U und die Energie E_M der Ruhmasse (Energie der inkohärenten Materie) in Abhängigkeit von ihren Entropien und vom Volumen angeben und vergleichen:

$$E_\gamma(S_\gamma, V) = \frac{3}{4} T_\gamma S_\gamma = \left(\frac{3}{4}\right)^{4/3} b^{-1/3} S_\gamma^{4/3} V^{-1/3} \sim K^{-1}, \tag{4.91}$$

$$E_U(S_U, V) = \frac{1}{2} f N k T_U = V^{-2/f} \exp\left(\frac{2\,(S_U - S_{U_0})}{f N k}\right) \sim K^{-6/f}, \tag{4.92}$$

$$E_M = M c^2 = \text{const.} \tag{4.93}$$

Dabei ist

$$b = \frac{8\pi^5 k^4}{15 h^3 c^3} \tag{4.94}$$

die STEFAN-BOLTZMANN-Konstante, h die PLANCKsche und k die BOLTZMANN-Konstante. N ist die Zahl der Gasatome in V, $f \geqq 3$ die Zahl der Freiheitsgrade eines Gasatoms und S_{U_0} eine Entropiekonstante. Die Energiedichten werden für $K \to 0$ sämtlich singulär; am stärksten $e_U = E_U V^{-1} \sim K^{-3-6/f}$ (für $6 > f \geqq 3$), gefolgt von $e_\gamma \sim K^{-4}$ und $e_M = \varrho c^2 \sim K^{-3}$. Die Expansion des Kosmos hätte demnach mit einer Singularität begonnen, die oft anschaulich als „Urknall" („big bang") bezeichnet wird. Die Gleichungen (4.91), (4.92) und (4.93) zeigen, daß die Temperaturen mit wachsendem Weltradius abnehmen und zur Singularität hin beliebig groß werden, so daß die Welt im Frühstadium „sehr heiß" gewesen sein muß.

4.5.4. *Der gegenwärtige Weltzustand*

Wir wollen die Hohlraumstrahlung als kosmologisches Phänomen akzeptieren und annehmen, daß praktisch keine Wechselwirkung zwischen ihr und der restlichen Materie bestehe.[1]) Letztere kann, wenn der Hauptteil der Masse in den Galaxien konzentriert ist, durch das Modell der inkohärenten Materie beschrieben werden (keine nichtgravitativen Wechselwirkungen zwischen den Galaxien). Die Beobachtungsergebnisse zeigen, daß die Energiedichte der galaktischen Materie um Größenordnungen (Faktor 10^4) über der Energiedichte der Hintergrundstrahlung liegt, so daß wir in einer Ära der Stoffdominanz leben und E_γ gegenüber E_M in der Gesamtenergie $E = E_\gamma + E_M$ vernachlässigt werden kann. In der Gegenwart und über große Bereiche der Vergangenheit wird somit die Dynamik des Kosmos durch die

---

[1]) Es liegen also zwei Subsysteme vor.

FRIEDMAN-Gleichung

$$c^{-2}\dot{K}^2 - \frac{\varkappa_0 M c^2}{3K} = -\varepsilon \tag{4.95}$$

bestimmt. Um die noch unbekannten Konstanten M und ε und den gegenwärtigen Weltradius $K(t_G) = K_G$ aus den Beobachtungsergebnissen berechnen zu können, differenzieren wir diese Gleichung einmal nach der Zeit und ersetzen die Zeitableitungen von K über (4.80) durch die HUBBLE-Zahl $H_G = H(t_G)$ und den Beschleunigungsparameter $q_G = q(t_G)$ zum gegenwärtigen Zeitpunkt t_G. Durch Kombination mit der Ausgangsgleichung entsteht

$$\varepsilon = c^{-2}H_G^2K_G^2(2q_G - 1), \tag{4.96}$$

$$\varkappa_0\varrho_G c^2 = 6c^{-2}H_G^2 q_G. \tag{4.97}$$

Die erste Gleichung sagt, daß das Weltall genau dann geschlossen ist ($\varepsilon = 1 > 0$), wenn $q_G > 1/2$ gilt und daß es für $q_G \leqq 1/2$ offen ist ($\varepsilon = 0, -1 \leqq 0$). Hat man ε durch q_G fixiert, kann man aus q_G und H_G den gegenwärtigen Weltradius und aus der zweiten Gleichung die gegenwärtige Massendichte ϱ_G und damit M berechnen und den zeitlichen Verlauf des Weltradius als Anfangswertproblem aus (4.95) bestimmen. Die zweite Gleichung verknüpft mit ϱ_G, H_G und q_G beobachtbare Größen und kann daher experimentell getestet werden. Zu $q = 1/2$ gehört die kritische Massendichte

$$\varrho_{\text{krit}} = \frac{3c^{-2}H_G^2}{\varkappa_0 c^2}, \quad \frac{\varrho_G}{\varrho_{\text{krit}}} = 2q_G, \tag{4.98}$$

bei welcher der Übergang vom Raum positiver zum Raum negativer Krümmung erfolgt. Bei einem (wahrscheinlichen) Wert von $H_G = 55$ km/s Mpc ($H_G^{-1} = 1{,}8 \times 10^{10}$ Jahre) (vgl. (4.82)) erhält man

$$\varrho_{\text{krit}} = 6 \cdot 10^{-30}\ \text{g/cm}^3. \tag{4.99}$$

Gegenwärtig liefern Auszählungen der Galaxien, die mit plausiblen Abschätzungen gekoppelt werden, eine Massendichte ϱ_G, die erheblich unter dem kritischen Wert liegt, so daß wir in einer offenen Welt leben müßten. In der Literatur findet man $0{,}01 \leqq \varrho_G/\varrho_{\text{krit}} \leqq 0{,}03$. Dieses Ergebnis befindet sich im Widerspruch zu den Zahlenangaben für q_G in Gleichung (4.82), die aus Messungen des Helligkeitsabstandes und der Rotverschiebung gewonnen wurden und die mit $q_G \approx 1$, $\varrho_G \approx 2\varrho_{\text{krit}}$ für ein geschlossenes Weltall sprechen. Die beiden Zahlenangaben für q_G unterscheiden sich also um zwei Größenordnungen und regen zur Suche nach „fehlenden" (d. h. evtl. noch unbeobachteten) Massen an. Als „Kompromißwert" wird heute von vielen Autoren $\varrho_G = 10^{-30}$ g/cm³ (und damit eine „offene" Welt) angenommen. Die Zeit t_G, die seit der Singularität bei $K = 0$ bis heute verstrichen ist, die „Weltzeit", ergibt sich aus (4.95) mit (4.96) und (4.97) zu

$$t_G = \int\limits_0^{K(t_G)} \frac{\mathrm{d}K}{\left(\frac{\varkappa_0 M c^4}{3K} - \varepsilon c^2\right)^{1/2}} = \frac{1}{H_G} \int\limits_0^1 \frac{\mathrm{d}x}{\sqrt{1 - 2q_G + \frac{2q_G}{x}}}. \tag{4.100}$$

Glücklicherweise hängt das letzte Integral nicht allzu stark von q_G ab und liefert für q_G-Werte zwischen 0 und 1 t_G-Werte zwischen H_G^{-1} und $\left(\frac{\pi}{2} - 1\right) H_G^{-1}$, so daß man mit $H_G^{-1} = 1{,}8 \cdot 10^{10}$ Jahre ein Weltalter von $t_G \approx 10^{10}$ Jahre bekommt. Diese Zahlenangabe befindet sich in guter Übereinstimmung mit dem Alter der Gesteine und der Galaxien, das mit ganz anderen experimentellen und theoretischen Methoden bestimmt wird.

Auch wenn die Hohlraumstrahlung das Expansionsverhalten in der kosmischen Gegenwart nicht beeinflussen kann, versorgt uns ihre spezifische Entropie S_ν/M oder

— als dimensionslose Größe — ihre Entropie pro Nukleon, $\bar{S}_\gamma$ gemessen in natürlichen Entropieeinheiten, $\bar{S}_\gamma \equiv m_N \times k^{-1} S_\gamma/M$ (m_N: Nukleonenmasse) mit außerordentlich wichtigen Informationen über die Frühzeit des Kosmos. Mit $T_\gamma = 2{,}7$ K bekommt man aus (4.91) und $M = \varrho K^3$

$$\bar{S}_\gamma = \frac{4bT_\gamma{}^3 m_N}{3k\varrho_G} = 2{,}4 \cdot 10^{-21} \varrho_G^{-1} \text{ gcm}^{-3}, \tag{4.101}$$

und mit einer Massendichte von $\varrho_G \approx 10^{-30}$ g cm^{-3} den Zahlenwert $\bar{S}_\gamma = 2{,}4 \cdot 10^9$. Das PLANCKsche Strahlungsgesetz liefert als Photonenzahldichte $n_\gamma = 0{,}37bk^{-1}T_\gamma{}^3$. Ihr Quotient mit der Nukleonenzahldichte $n_M = m_N^{-1}\varrho_G$ ist $\bar{S}_\gamma$ proportional,

$$\bar{S}_\gamma = 3{,}7 \frac{n_\gamma}{n_M}. \tag{4.102}$$

Der hohe Wert von $\bar{S}_\gamma$ besagt, daß gegenwärtig auf jedes Nukleon sehr viele Photonen kommen.

4.5.5. *Der Frühzustand des Kosmos*

Im heißen Weltmodell wird die kosmische Entwicklung als ein Prozeß aufgefaßt, in dem etappenweise gewisse Wechselwirkungen dominieren. Beim Aussterben von Wechselwirkungen können isolierte Subsysteme entstehen. Eine ausgezeichnete ausführliche Darstellung dieser Entwicklungsstufen findet man in einer Monographie von WEINBERG (1972).

Entsprechend den heutigen Vorstellungen bestand das kosmologische System nach der unmittelbar an die kosmische Singularität anschließenden Phase, in der sich die Materie in einem Zustand befand, der außerhalb unserer gegenwärtigen Erfahrung liegt, aus verschiedenen Elementarteilchensorten. Durch Elementarteilchenreaktionen wurde das thermische Gleichgewicht zwischen den einzelnen Sorten aufrechterhalten. Jede

Sorte soll als ideales Gas, das System als Gemisch idealer Gase angesehen werden. Die Teilchensorte i kann dann durch eine Verteilungsfunktion n_i vom FERMI- oder BOSE-Typ beschrieben werden,

$$n_i(p)\,\mathrm{d}p = 4\pi g_i h^{-3} p^2 \left[\mathrm{e}^{\frac{\varepsilon_i(p)-\mu_i}{kT}} \pm 1\right]^{-1} \mathrm{d}p, \quad (4.103)$$

wo $n_i\,(p)\,\mathrm{d}p$ die Anzahl der Teilchen pro Volumenelement mit einem Impulsbetrag zwischen p und $p + \mathrm{d}p$ bezeichnet. g_i ist die Zahl der möglichen Spinzustände ($g_i = 2$: Photon, Elektron, Myon, Nukleon und Antiteilchen; $g_i = 1$: Neutrino und Antineutrino),

$$\varepsilon_i = \left[(cp)^2 + m_i^2 c^4\right]^{1/2}$$

gibt die relativistische Energie eines Teilchens der Masse m_i an. T ist die Temperatur, μ_i das chemische Potential der Sorte i. Erfahrungswerte wie $\bar{S}_\gamma$ und Abschätzungen führen zu der Annahme, daß in der Frühphase die elektrische Ladungsdichte, die baryonische Ladungsdichte, die Elektron-Lepton-Teilchenzahldichte und die Myon-Lepton-Teilchenzahldichte vernachlässigbar klein (baryonische Ladungsdichte) oder sogar Null (elektrische Ladungsdichte) waren. Daraus kann $\mu_i = 0$ (für alle i) während der ganzen Frühphase gefolgert werden (das chemische Potential der Photonen, deren Teilchenzahl keine Erhaltungsgröße bei Reaktionen ist, verschwindet ohnehin). Durch die mit der Expansion verbundene Abkühlung kam es zu einer Verschiebung des Reaktionsgleichgewichtes; Paarerzeugungsprozesse konnten die Vernichtungsprozesse nicht mehr kompensieren. Aus diesem Grunde kam es zunächst zur Myonen ($\mu^\pm$-)Vernichtung, später zur Elektronen-Positronen-($\mathrm{e}^\pm$-)Vernichtung. Eine Abschätzung über die bei einer bestimmten Temperatur vorhandenen Elementarteilchen und damit auch für den Beginn der Vernichtungsprozesse liefert das Verteilungsgesetz (4.103) mit $\mu_i = 0$. Es sagt aus, daß nur die Teilchensorten in nennenswerter

Konzentration im Gasgemisch vorhanden sind, für die

$$m_i c^2 < kT \tag{4.104}$$

gilt.

Man beginnt i. allg. die Überlegungen unterhalb der Piontemperatur $T_\pi = m_\pi c^2/k \approx 1{,}5 \cdot 10^{12}$ K (Bei höheren Temperaturen ist man auf stark hypothetische Ansätze über die möglichen Elementarteilchenzustände und -reaktionen angewiesen). Mit (4.104) verträglich ist bei dieser Temperatur das Vorhandensein von Photonen (γ), Myonen ($\mu^\pm$), Elektronen/Positronen ($e^\pm$, μ-artigen Neutrinos und Antineutrinos ($\nu_\mu/\bar{\nu}_\mu$) und e-artigen Neutrinos und Antineutrinos ($\nu_e/\bar{\nu}_e$). Aus (4.104) folgt weiter, daß unterhalb von $T = 10^{12}$ K die Myonenpaare und unterhalb von $T = 5 \cdot 10^9$ K die Elektron-Positron-Paare vernichtet werden. Selbstverständlich sind auch Nukleonen in Spuren vorhanden, ihre Konzentration wird aber als so gering angenommen, daß sie keinen Einfluß auf die Expansion ausübt. Einen weiteren Einschnitt in die kosmische Entwicklung stellt schließlich die Rekombination des Wasserstoffs bei $T = 4000$ K dar, wobei die bei der Elektron-Positron-Paarvernichtung übriggebliebenen Elektronen von den H-Kernen eingefangen und aus dem Gleichgewicht mit den Photonen, das während der ganzen Frühphase durch Paarprozesse und Compton-Streuung aufrechterhalten wurde, gerissen werden. Dadurch wird der Kosmos „durchsichtig"; das Photonengas isoliert sich und bildet ein eigenes Subsystem.

Ehe wir das zeitliche Verhalten der Zustandsvariablen in der kosmischen Frühphase quantitativ untersuchen, wollen wir die aus der Elementarteilchenphysik gewonnenen heutigen Vorstellungen über das Frühstadium des Kosmos kurz referieren.

1. $10^{12}\,\mathrm{K} > T > 5 \cdot 10^9\,\mathrm{K}$: Da die Neutrinos in dieser Phase mit den anderen Elementarteilchen nur über die Myonen wechselwirken können, bilden sie nach Abschluß der Myonenpaarvernichtung bei $T \approx 1{,}3 \cdot 10^{11}$ K ein isoliertes Subsystem. Die Zeitabhängigkeit ihrer

Temperatur ist allerdings die gleiche wie die der restlichen Elementarteilchen, da jene als hochrelativistisches Gas durch gleichartige Zustandsgleichungen $\left(p = \frac{1}{3} e, e \sim T^4\right)$ beschrieben werden. Nukleonen sind nur in relativ geringer Zahl vorhanden, das Expansionsverhalten wird durch γ, $e^\pm$, $\nu_e, \bar{\nu}_e, \nu_\mu, \bar{\nu}_\mu$ bestimmt. Der Zeitabschnitt zwischen $\mu^\pm$ und $e^\pm$-Vernichtung wird auch als Leptonenära bezeichnet.

2. $5 \cdot 10^9$ K $> T > 4 \cdot 10^3$ K: Die $e^\pm$-Paarvernichtung findet ihren Abschluß bei $T \approx 10^9$ K und hinterläßt außer einem kleinen Anteil Elektronen vor allem Photonen, die jetzt zusammen mit den isolierten Neutrinos das Expansionsverhalten bestimmen. Da sich der $e^\pm$-Vernichtungsprozeß zwar auf die Photonentemperatur, nicht aber auf die Neutrinotemperatur auswirkt, unterscheidet sich die Neutrinotemperatur von nun an von der der restlichen Materie, die sich mit den Photonen im thermischen Gleichgewicht befindet. Neutron-Proton-Reaktionen, die bereits in der Leptonenära einsetzten, führen dazu, daß bei $T \approx 10^9$ K eine Neutronenkonzentration (Neutronenzahl, dividiert durch Summe aus Neutronen- und Protonenzahl) von $c_n \approx 0{,}137$ vorliegt (PEEBLES, 1966). Bei dieser Temperatur beginnt die Fusion der Neutronen und Protonen zu leichten Kernen. Die Kernsynthese verbraucht alle Neutronen. Außer Spuren anderer Elemente (H^2, He^3, Li^7) gibt es dann nur noch freie Protonen (H-Kerne) und He^4-Kerne. Man überlegt sich leicht, daß bei einer restlosen Verschmelzung aller Neutronen eine Heliumkonzentration (Masse des He^4, dividiert durch Summe aus He^4- und H-Masse) von $c_{\mathrm{He}} = 2c_n \approx 0{,}27$ übrigbleibt, so daß der Massenanteil des Heliums im Kosmos rund 27% ausmachen müßte.[1]) Diese interessante Vorhersage des heißen Modells ist noch nicht voll-

---

[1]) Der für diese Voraussage entscheidende Wert von c_n hängt stark vom Zeitraum, der für die Neutron-Proton-Reaktionen zur Verfügung stand, ab.

ständig durch Beobachtungen abgesichert. Das He-H-e-Plasma bleibt in Wechselwirkung mit dem Photonengas bis zum Zeitpunkt der H-Rekombination bei $T \approx 4000$ K, an deren Ende drei isolierte Subsysteme existieren: Das Wasserstoff-Helium-Gas, das Photonengas (Hohlraumstrahlung) und das Neutrinogas (kosmische Neutrino-Hintergrundstrahlung). Letzteres kann mit den heutigen Meßmethoden nicht nachgewiesen werden.

3. $T < 4000$ K: In der nun folgenden Etappe dominiert die stoffliche Materie über das Photonengas. Durch lokale Homogenitätsstörungen kommt es schließlich zur Auskondensation der Sterne, Galaxien und Cluster. Erst in den Sternen entstehen durch Kernprozesse die schwereren Elemente.

4.5.6. *Das zeitliche Verhalten der Zustandsvariablen im frühen Kosmos*

A. Freie Energie der Subsysteme. Die qualitativen Überlegungen zu (4.104) zeigen, daß das Expansionsverhalten des Kosmos nach der $\mu^\pm$-Vernichtung über die $\mathrm{e}^\pm$-Vernichtung hinaus durch freie Elementarteilchen, nämlich durch γ, $\mathrm{e}^\pm$, ν_e, $\bar{\nu}_e$, ν_μ, $\bar{\nu}_\mu$ bestimmt wird. Die freie Energie von FERMI- oder BOSE-Teilchen, die durch Verteilungen (4.103) beschrieben werden, lautet ($\mu_i = 0$!)

$$F_i(T, V) = \mp 4\pi k T h^{-3} g_i V \int_0^\infty p^2 \ln\left(1 \pm \mathrm{e}^{-\frac{\varepsilon_i}{kT}}\right) \mathrm{d}p, \quad (4.105)$$

wo das obere Vorzeichen für Fermionen und das untere für Bosonen steht. Für die masselosen Photonen und Neutrinos gilt $\varepsilon_i = cp$. Die Integration ergibt für die Photonen ($g_i = 2$, Bosonen)

$$F_\gamma(T_\gamma, V) = -\frac{1}{3} b V T_\gamma{}^4, \qquad b = \frac{8\pi^5 k^4}{15 h^3 c^3}, \quad (4.106)$$

die freie Energie der Hohlraumstrahlung, und für die Summe der freien Energien der Neutrinos ($g_i = 1$, Fermionen)

$$F_\nu = F_{\nu_e} + F_{\bar{\nu}_e} + F_{\nu_\mu} + F_{\bar{\nu}_\mu} = -\frac{7}{12}\, bVT_\nu^4. \tag{4.107}$$

Die freie Energie der Elektronen und Positronen (Masse m_e, $g_{e^+} = g_{e^-} = 2$)

$$F_e = F_{e^+} + F_{e^-} = -\frac{7}{12}\, bVT^4\, \varphi\left(\frac{m_e c^2}{kT}\right) \tag{4.108}$$

mit

$$\varphi(z) \equiv \frac{360}{7\pi^4} \int\limits_0^\infty \mathrm{d}x \left[x^2 \ln\left(1 + \mathrm{e}^{-\sqrt{x^2+z^2}}\right)\right]$$

$$= \frac{120}{7\pi^4} \int\limits_0^\infty \mathrm{d}x \frac{x^4}{\left(1 + \mathrm{e}^{\sqrt{x^2+z^2}}\right)\sqrt{x^2+z^2}} \tag{4.109}$$

sinkt vom Wert

$$F_e = -\frac{7}{12}\, bVT^4 \quad \text{für} \quad T > \frac{m_e c^2}{k}, \quad \varphi\left(\frac{m_e c^2}{kT}\right) \approx 1\,, \tag{4.110}$$

auf

$$F_e = 0 \quad \text{für} \quad T < \frac{m_e c^2}{k}, \quad \varphi\left(\frac{m_e c^2}{kT}\right) \approx 0\,, \tag{4.111}$$

ab ($\mathbf{e}^\pm$ — Paarvernichtung). Gleichung (4.110) stellt eine gute Näherung im Intervall 10^{12} K $> T > 5 \cdot 10^9$ K dar. (4.111) gilt unterhalb von $T = 10^9$ K. Photonen, Elektronen und Positronen bilden unterhalb von $T \approx 1{,}3 \times 10^{11}$ K (nach der $\mu^\pm$-Vernichtung) ein isoliertes Subsystem mit der Temperatur $T = T_\gamma$, die Neutrinos ein weiteres Subsystem mit der Temperatur T_ν. Vor der $\mathbf{e}^\pm$-Vernichtung sind beide Temperaturen allerdings gleich, $T = T_\nu$. Aus (4.106) bis (4.110) resultiert daher folgender Zusammenhang zwischen der Entropie $S = -\partial(F_\gamma + F_e)/$

∂T des γ-e$^\pm$-Systems und der Entropie $S_\nu = -\partial F_\nu/\partial T_\nu$ des ν-Systems:

$$T > 5 \cdot 10^9\,\mathrm{K}: \quad S = \frac{11}{3} bVT^3 = \frac{11}{7}\left(\frac{7}{3} bVT_\nu{}^3\right) = \frac{11}{7} S_\nu . \tag{4.112}$$

B. Entropie als Bindeglied der Entwicklungsabschnitte. Die entscheidenden Voraussetzungen des heißen (Standard-)Modells können nun präzisiert werden.

1. Es finden keine irreversiblen Prozesse statt. Bei Zustandsänderungen innerhalb eines jeden Subsystems bleibt die Entropie dieses Subsystems konstant. Das heiße Weltmodell setzt also thermodynamische Systeme im gehemmten Gleichgewicht voraus.
2. In der Zeit nach der Paarvernichtung, wo sich ein H-He-e-Plasma herausbildet, das sich im thermischen Gleichgewicht mit den Photonen befindet, übertrifft die Photonenentropie S bei weitem die Entropieanteile der anderen Bestandteile, so daß sie faktisch mit der Gesamtentropie des Photonen-Plasma-Subsystems identisch ist. Nach der Rekombination des Wasserstoffs übernimmt die Hohlraumstrahlung diese hohe Entropie.

Wegen der ersten Voraussetzung gilt für die Entropien S_ν bzw. S des ν-Systems und des γ-e$^\pm$-Systems

$$S_\nu = -\frac{\partial F_\nu}{\partial T_\nu} = \frac{7}{3}\, bVT_\nu{}^3 = \frac{7}{11}\, S = \mathrm{const}, \tag{4.113}$$

$$S = -\frac{\partial(F_e + F_\gamma)}{\partial T} = bV\left[\frac{4}{3} T^3 + \frac{7}{12}\frac{\mathrm{d}}{\mathrm{d}T}(\varphi T^4)\right] = \mathrm{const}. \tag{4.114}$$

Da die Neutrinos vom Zeitpunkt ihrer Auskopplung bis zur Gegenwart thermodynamisch isoliert waren, sagt Gleichung (4.113) eine isotrope Neutrinostrahlung mit der gegenwärtigen Temperatur

$$T_{\nu G} = \left(\frac{3S}{11b}\right)^{1/3} \cdot \frac{1}{K_G} \tag{4.115}$$

voraus. Unsere Voraussetzungen fordern weiterhin, daß S während der Paarvernichtung und als Gesamtentropie des Plasmas bis zur H-Rekombination ungeändert bleibt, so daß (4.114) als Adiabatengleichung im ganzen Temperaturintervall $10^{12}\,\mathrm{K} \geqq T \geqq 4000\,\mathrm{K}$ einen Zusammenhang zwischen Temperatur und Weltradius $K = V^{1/3}$ herstellt. Dabei gilt näherungsweise $\varphi \approx 1$ und $S = \frac{11}{3} \times b(TK)^3 = \text{const}$ für $T > 5 \cdot 10^9\,\mathrm{K}$ und $\varphi \approx 0$ und $S = \frac{4}{3}\,b(KT)^3 = \text{const}$ für $10^9\,\mathrm{K} > T > 4 \cdot 10^3\,\mathrm{K}$. Anschließend wird S von der Hohlraumstrahlung übernommen. Wegen (4.91) findet man

$$S = S_\gamma = \frac{4}{3}\,b(T_\gamma K)^3 = \text{const}, \tag{4.116}$$

d. h., der Proportionalitätsfaktor zwischen Photonentemperatur und reziprokem Weltradius ist im Zeitintervall zwischen $e^{\pm}$-Paarvernichtung ($\varphi \approx 0$) und Gegenwart konstant, so daß während dieses Zeitraumes infolge von (4.113) stets

$$T_\nu = \left(\frac{4}{11}\right)^{1/3} T_\gamma = 0{,}714\,T_\gamma \tag{4.117}$$

gilt. Die vom heißen Modell vorhergesagte Neutrino-Hintergrundstrahlung müßte also gegenwärtig eine Temperatur von $T_{\nu G} = 0{,}714 \cdot 2{,}7\,\mathrm{K} \approx 1{,}9\,\mathrm{K}$ besitzen.

Da die Temperatur $T_\gamma(t_G) = 2{,}7\,\mathrm{K}$ der gegenwärtig beobachteten Photonen-Hohlraumstrahlung zusammen mit dem gegenwärtigen Skalenfaktor K_G den Zahlenwert von S festlegt, versorgt sie uns mit Informationen über die kosmische Frühgeschichte, die wir mit der Beobachtung stellarer Objekte nicht erreichen können. Darauf weist auch die große Rotverschiebung z ihrer Photonen hin. Wählen wir als Bezugsgröße die Auskopplungstemperatur von $T_\gamma(t_1) = 4000$ K, so erhalten wir aus (4.78) und (4.116)

$$z = \frac{T_\gamma(t_1)}{T_\gamma(t_G)} - 1 = \frac{4000}{2{,}7} - 1 \approx 1480,$$

während bei entfernten stellaren Objekten bisher Werte von $z \lesssim 4$ festgestellt wurden.

Wir haben gesehen, daß die Entropie S die Etappen der kosmischen Entwicklung von der Gegenwart zurück bis zum kosmischen Frühzustand bei $T = 10^{12}$ K verbindet. Die aus ihr abgeleitete dimensionslose Entropie pro Nukleon $\bar{S}_\gamma$ ist wegen $M = \text{const}$ ebenfalls zeitlich konstant und damit eine fundamentale kosmologische Kenngröße, die zum Ausdruck bringt, daß das Photonenzahl-Baryonenzahl-Verhältnis zu allen Zeiten einen festen großen Wert $n_\gamma/n_M = 6{,}5 \cdot 10^8$ hatte (vgl. (4.102)). Man versucht, die große Entropie pro Baryon als Produkt irreversibler Prozesse zu erklären. Als (notwendigerweise) *isotroper* irreversibler Effekt kommt neben reaktiven Umwandlungen der Elementarteilchen und Kerne die Volumenviskosität in Frage. Für das kosmologische System im Frühzustand wurden die Viskositätskoeffizienten in Abhängigkeit von den Zustandsvariablen T und V mit statistischen Methoden berechnet. Nach Caderni und Fabbri (1977) ergab eine numerische Auswertung der durch den Viskositätsterm erweiterten Friedman-Gleichungen, die bei 10^{12} K begann, kein nennenswertes Entropiewachstum (relative Entropieänderungen von etwa 10^{-3} [Leptonenära] bzw. unter 10^{-8} [Plasmaära]). Anfängliche Anisotropien des Kosmos würden eine größere Vielfalt dissipativer Effekte zulassen (Modellrechnungen mit der Scherviskosität in anisotropen Weltmodellen liefern große Werte der Entropieproduktion (Caderni, Fabbri, 1977)). Die hohe

Isotropie der Hohlraumstrahlung sagt uns übrigens, daß sich anfängliche Anisotropien schon sehr früh, zumindest aber vor der Photonenauskopplung ausgeglichen haben müßten. Eine sehr spekulative Interpretation könnte die hohe Entropie als Relikt kosmischer Entwicklung vor der Anfangssingularität ansehen. Es ist sicher auch zulässig zu fragen, inwiefern eine kosmologische Konstante wie $\bar{S}_\gamma$ überhaupt einer Erklärung bedarf.

C. Zeitskala der Frühgeschichte. Eine Zeitskala der Frühgeschichte bekommen wir, wenn wir mit der Energie des Elementarteilchengemisches

$$E = -T^2 \frac{\partial}{\partial T}\left(\frac{F_e + F_\gamma}{T}\right) - T_\nu^{\,2} \frac{\partial}{\partial T_\nu}\left(\frac{F_\nu}{T_\nu}\right) = bV\left[T^4 + \frac{7}{12} T^2 \frac{\mathrm{d}}{\mathrm{d}T}(T^3\varphi) + \frac{7}{4} T_\nu^{\,4}\right] \tag{4.118}$$

in die FRIEDMAN-Gleichung (4.88) eingehen und T_ν mit Hilfe von (4.113) und (4.114) durch T ersetzen. In der Frühzeit kann ε gegen φ vernachlässigt werden; die Unsicherheit darüber, ob der Kosmos offen oder geschlossen ist, spielt hier also keine Rolle. Nach Trennung der Variablen,

$$t = -\sqrt{\frac{3}{\varkappa_0 b c^2}} \int \frac{\mathrm{d}T}{T^3} \frac{4 + 7\varphi + \dfrac{14}{3}\dfrac{d\varphi}{dT} + \dfrac{7}{12} T^2 \dfrac{\mathrm{d}^2\varphi}{\mathrm{d}T^2}}{\left(4 + 7\varphi + \dfrac{7}{4} T \dfrac{\mathrm{d}\varphi}{\mathrm{d}T}\right)\left(1 + \dfrac{7}{4}\varphi + \dfrac{7}{12} T \dfrac{\mathrm{d}\varphi}{\mathrm{d}T} + \dfrac{7}{4}\left[\dfrac{4}{11} + \dfrac{7}{11}\varphi + \dfrac{7}{44} T \dfrac{\mathrm{d}\varphi}{\mathrm{d}T}\right]^{4/3}\right)^{1/2}} \tag{4.119}$$

hat man die Zeit t in Abhängigkeit von der Temperatur T. Das komplizierte Integral wird nur benötigt, um die Zeit der Paarvernichtung, während der φ von $\varphi \approx 1$ auf $\varphi \approx 0$ absinkt, zu überbrücken. Die numerische Auswertung zeigt, daß dies im Temperaturintervall um $5 \cdot 10^9$ K zwischen $T = 10^{10}$ K und $T = 5 \cdot 10^8$ K geschieht und etwa 10^2 s dauert (vgl. WEINBERG (1972)). Oberhalb ($\varphi = 1$) und unterhalb ($\varphi = 0$) dieses Intervalls gelten folgende Näherungen:

$$10^{12}\,\mathrm{K} > T > 10^{10}\,\mathrm{K}: \quad t = \frac{1}{\sqrt{6\varkappa_0 bc^2}} \cdot \frac{1}{T^2} + \mathrm{const} = \frac{1{,}09 \cdot 10^{20}\,\mathrm{K^2 s}}{T^2} + \mathrm{const} \tag{4.120}$$

$$5 \cdot 10^9\,\mathrm{K} > T: \quad t = \frac{\sqrt{3}}{\sqrt{4\varkappa_0 bc^2 \left(1 + \frac{7}{4}\left[\frac{4}{11}\right]^{4/3}\right)}} \cdot \frac{1}{T^2} + \mathrm{const} = \frac{1{,}92 \cdot 10^{20}\,\mathrm{K^2 s}}{T^2} + \mathrm{const}. \tag{4.121}$$

Die Zeitabhängigkeit des Skalenfaktors K kann bei bekanntem $T(t)$ aus der Adiabatengleichung (4.114) bestimmt werden. Gemäß (4.120) fiel die Temperatur in etwa 1 s von 10^{12} K auf 10^{10} K. Wenn die Energiedichte der Strahlung bis zur Rekombination des Wasserstoffs gegenüber der Energiedichte der restlichen Materie dominierte, darf Gleichung (4.121) im ganzen Intervall $5 \cdot 10^9\,\mathrm{K} > T > 4 \cdot 10^3$ K angewendet werden. Sie ordnet dem Zeitpunkt der Photonenauskopplung ein Weltalter von $t = 1{,}2 \cdot 10^{13}\,\mathrm{s} \approx 3{,}8 \cdot 10^5$ Jahre zu (wenn man die Zeitrechnung bei $T = 10^{12}$ K beginnt).

Die Unsicherheit über die kritische Temperatur T_{krit}, bei der die Energiedichte der Restmaterie ein Übergewicht gegenüber der Energiedichte der Photonen und Neutrinos bekommt, rührt von den unsicheren Werten der gegenwärtigen Massendichte her. Die Energiedichte der Photonen und Neutrinos $E_{\gamma\nu}$ erhält man aus Gleichung (4.118) mit $\varphi \approx 0$ und (4.117). Die kritische Temperatur folgt dann aus der Bedingung

$$E_{\gamma\nu} = bV_{\text{krit}} \left(T^4_{\text{krit}} + \frac{7}{4} \left(\frac{4}{11} \right)^{4/3} T^4_{\text{krit}} \right) = Mc^2. \quad (4.122)$$

Das kritische Volumen V_{krit} kann über (4.116) durch die gegenwärtige Temperatur $T_{\gamma G}$ der Hohlraumstrahlung und das gegenwärtige Volumen V_G eliminiert werden, $T^3_{\text{krit}} V_{\text{krit}} = T^3_{\nu G} V_G$. Die kritische Temperatur, bei der die Stoffdominanz beginnt, ist also

$$T_{\text{krit}} = \frac{1}{\left(1 + \frac{7}{4} \left(\frac{4}{11} \right)^{4/3} \right) b} \cdot \frac{\varrho_G c^2}{T^3_{\nu G}}. \quad (4.123)$$

Mit $T_{\gamma G} = 2{,}7$ K und $\varrho_G = 10^{-30}$ g/cm³ ergibt sich $T_{\text{krit}} \approx 4200$ K, ein Wert, der etwas oberhalb der Rekombinationstemperatur liegt, der aber bei der Unsicherheit von ϱ_G noch erheblich über $T = 4000$ K liegen könnte. Fallunterscheidungen im Zusammenhang mit dem Beginn der Stoffdominanz werden vermieden, wenn man im Temperaturintervall $5 \cdot 10^8 \text{ K} > T > 4000$ K die Masse M der Restmaterie in die kalorische Zustandsgleichung einfügt und in guter Näherung (Vernachlässigung der Neutrinos)

$$E = Mc^2 + bVT^4, \quad \frac{4}{3} b(TK)^3 = S = \text{const} \quad (4.124)$$

setzt.

4.5.7. Gibt es einen Endzustand der kosmischen Entwicklung?

Wenn man den Kosmos als thermodynamisches System auffaßt, wird man sofort mit der Tatsache konfrontiert, daß thermodynamische System infolge irreversibler Prozesse unter gewissen Umständen einem Gleichgewichtszustand zustreben. Dieser Endzustand wird nur durch die Randbedingungen und nicht durch die Anfangsbedingungen bestimmt. Sind nun die Voraussetzungen dafür gegeben, daß der Kosmos in einen (stabilen) Gleichgewichtszustand übergeht (Wärmetod)? Betrachten wir zunächst die ROBERTSON-WALKER-Modelle. Zwei von ihnen ($\varepsilon = -1{,}0$) können als Systeme mit unendlich großem Volumen angesehen werden. Unabhängig von irgendwelchen (isotropen) dissipativen Prozessen expandieren diese Modelle bei $e > 0$ (*positive* Energiedichte) und $\dot{K}_G > 0$ (*gegenwärtige* Expansion) ständig; ein Endzustand wird nicht angenommen. Problematischer scheint das geschlossene Weltmodell zu sein, das die Vorstellung von einem ideal abgeschlossenen thermodynamischen System suggeriert. Ein solches System müßte zwangsläufig in einen Gleichgewichtszustand übergehen. Diese Vorstellung ist jedoch falsch. Das kosmische Medium steht unter dem Einfluß seiner Eigengravitationskräfte, die in klassischer thermodynamischer Interpretation als „äußere" Kräfte in die thermodynamischen Wechselwirkungen eingreifen und ist daher kein abgeschlossenes thermodynamisches System. Man kann sogar unter recht allgemeinen Voraussetzungen beweisen, daß sich Weltmodelle mit geschlossenem („kompaktem") Ortsraum niemals im Zustand des ungehemmten thermodynamischen Gleichgewichtes befinden können.

Im Sinne eines indirekten Beweises nehmen wir an, daß Gleichgewicht vorläge. Dann muß der Temperaturvektor θ_i gemäß (3.103) die KILLING-Gleichung

$$\mathscr{L}_\theta g_{ik} \equiv \theta_{i;k} + \theta_{k;i} = 0$$

erfüllen.

Die Existenz einer KILLING-Gleichung mit einem zeitartigen Vektor, hier θ^i, ist das Kriterium dafür, daß die Metrik in einem geeignet gewählten Koordinatensystem stationär (zeitunabhängig) ist. So gilt im Ruhsystem des Mediums mit $\theta^i = cA\delta^i_4$ (A als beliebige Konstante)

$$\mathscr{L}_\theta g_{ik} = g_{ik,l}\theta^l + g_{im}\theta^m{}_{,k} + g_{mk}\theta^m{}_{,i} = cAg_{ik,4} = 0,$$

d. h., im thermodynamischen Gleichgewicht ist die Metrik in geeigneten Koordinaten stationär. Aus der Definition des Temperaturvektors folgt, daß im Ruhsystem, also in der stationären Metrik,

$$\theta_i \theta^i = -\frac{c^2}{T^2} = g_{ik}\theta^i\theta^k = c^2 A^2 g_{44}, \quad \text{d. h. } T\sqrt{-g_{44}} = A^{-1} = \text{const}$$

gelten muß. Die letzte Beziehung ist als „TOLMANsche Gleichgewichtsbedingung" bekannt. Ursprünglich wurde sie von TOLMAN (1934) für ein statisches Gravitationsfeld abgeleitet, wobei er ein Gedankenexperiment mit einem strahlungsgefüllten Thermometer ausführte.

Nach Überschieben mit $\theta_i = u_i T^{-1}$ und unter Ausnutzung der KILLING-Gleichung und der Definitionsgleichung (4.23) für den RIEMANN-Tensor folgt aus den Gravitationsfeldgleichungen (4.59) die Beziehung

$$A^{ik}{}_{;k} = \varkappa_0 \frac{(\varrho \mathrm{e} + 3p)}{T} u^i, \quad A^{ik} = \theta^{k;i} - \theta^{i;k} = -A^{ki},$$

die den MAXWELL-Gleichungen (3.141) (nach Übersetzung in die RIEMANNsche Geometrie) analog ist. Die vierte Komponente der Tensordivergenzgleichung hat wegen der mathematischen Identität $A^{ik}{}_{;k} = g^{-1/2}(g^{1/2}A^{ik})_{,k}$, die für alle antisymmetrischen zweistufigen Tensoren gilt, mit

$$\left(\sqrt{-g}A^{4k}\right)_{,k} = \sum_{\beta=1}^{3}\left(\sqrt{-g}A^{4\beta}\right)_{,\beta} = \sqrt{-g}\,\frac{\varkappa_0(\varrho \mathrm{e} + 3p)}{T}\, u^4 \tag{4.125}$$

genau die Gestalt der MAXWELL-Gleichung div $\mathbf{D} = \rho^e$. Nun integrieren wir Gleichung (4.125) über den geschlossenen Ortsraum V_3 mit dem dreidimensionalen Volumenelement $d^3x = dx^1\, dx^2\, dx^3$. Für die linke Seite bekommen wir

$$\int_{V_3} \sum_{\beta=1}^{3}\left(\sqrt{-g}A^{4\beta}\right)_{,\beta}\, d^3x = 0. \tag{4.126}$$

Weil das Volumen V_3 keine Berandung hat (ähnlich wie eine zweidimensionale geschlossene Fläche keinen Rand besitzt), verschwindet nämlich das nach Anwendung des GAUSSschen Satzes entstehende Oberflächenintegral. Da nach unserer physikalischen Erfahrung $p > 0, e > 0$, $T > 0$ und $u^4 > 0$ (zeitliche Orientierbarkeit) vorauszusetzen ist, kann aber das Volumenintegral über die rechte Seite von (4.125) nicht Null sein. Der daraus entstehende Widerspruch zu (4.126) führt zu der Aussage, daß sich ein zeitlich orientierbares Weltmodell mit geschlossenem Ortsraum, das aus einer einkomponentigen Flüssigkeit mit positivem Druck, positiver Energiedichte und positiver Temperatur besteht, zu keinem Zeitpunkt im Zustand des thermodynamischen Gleichgewichtes befinden kann. Diese, hier nur für ein spezielles Medium bewiesene Aussage, ist verallgemeinerungsfähig.

Die Überlegungen, die von (4.125) zu Gleichung (4.126) führen, sind rein topologischer Natur und betreffen jedes Naturgesetz, das sich als Divergenzbeziehung formulieren läßt. Aus $\operatorname{div} \mathbf{D} = \rho^e$ folgt somit, daß in einem geschlossenen Kosmos die Gesamtladung Null sein muß; die Summe der positiven Elementarladungen ist dort gleich der Summe der negativen.

4.6. *Thermodynamik der Schwarzen Löcher*

Daß es sehr massive Himmelskörper geben könnte, die prinzipiell unsichtbar bleiben, weil ihre starke Gravitation jeden ausgehenden Lichtstrahl zurückhält, hat schon P.-S. LAPLACE im Jahre 1798 vermutet. Aber erst in den sechziger und siebziger Jahren unseres Jahrhunderts, relativ lange nach der Formulierung der EINSTEINschen Gravitationstheorie, wurden die tiefgreifenden physikalischen Konsequenzen, die sich aus der Existenz derartiger „schwarzer“ Objekte ergeben, bemerkt und ausführlich diskutiert (vgl. dazu MISNER, THORNE und WHEELER 1973).

Nach der EINSTEINschen Theorie sollte es Gebiete in der Raum-Zeit geben, aus denen weder Strahlung noch andere Materie herauskommen und zu einem im Unendlichen postierten Beobachter gelangen kann. Ein solches Gebiet nennt man Black Hole oder *Schwarzes Loch.* Es ist räumlich isoliert. Seine geschlossene kugelförmige Begrenzungsfläche bildet in der vierdimensionalen Raum-Zeit eine (lichtartige) dreidimensionale Hyperfläche, den Ereignishorizont, durch den hindurch keine Information über innere Ereignisse nach außen gelangt. Black Holes können sehr wohl zeitlichen Veränderungen unterliegen, bisher sind aber nur *stationäre* strenge Lösungen der EINSTEINschen Gleichungen (4.31) mit Black-Hole-Charakter bekannt, nämlich die statische kugelsymmetrische SCHWARZSCHILD-Lösung und ihre Verallgemeinerungen, die axialsymmetrische KERRsche Vakuumlösung ($T_{ik} = 0$, $R = 0$) mit stationär rotierender Quelle und die axialsymmetrische KERR-NEWMAN-Lösung mit stationär rotierender, elektrisch geladener Quelle und äußerem elektromagnetischem Feld. Diese zeitunabhängigen Lösungen beschreiben Endzustände der Black-Hole-Entwicklung.

Man vermutet folgende Entstehungsmechanismen für Black-Holes:

1. den unaufhaltsamen Gravitationskollaps, den ein Stern mit mindestens dreifacher Sonnenmasse ($M \geqq 3M_\odot$) von einem bestimmten Zeitpunkt seiner Entwicklung an durchläuft. Auch für dichte Sterncluster im Inneren von Galaxien wäre ein solcher Kollaps denkbar. Er würde zur Ausbildung riesiger Black Holes ($M \approx 10^4 M_\odot - 10^9 M_\odot$) führen. Zur Veranschaulichung: Ein SCHWARZSCHILD-Black-Hole mit zehnfacher Sonnenmasse hat einen Radius von etwa 30 km. Es wird weithin akzeptiert, daß die Röntgenstrahlungsquelle Cygnus X — 1 im Sternbild Schwan ein Doppelsternsystem, bestehend aus einem sichtbaren Stern und einem Black Holes dieser Größenordnung, ist.

2. den Kollaps eines infolge Dichteschwankungen hochkomprimierten Stückes Materie im heißen kosmischen Frühzustand. Die dabei entstandenen *primordialen* Black Holes könnten bei einem Radius von ungefähr 10^{-13} cm eine Masse von etwa 500 Millionen Tonnen ($5 \cdot 10^{14}$g) besitzen.

Bei den folgenden theoretischen Aussagen wollen wir von der KERR-Lösung der EINSTEINschen Vakuumgleichungen $R_{ik} = 0$ ausgehen. Ihr Linienelement

$$ds^2 = -\frac{R}{\varrho^2}[c\,dt - a\sin^2\vartheta\,d\varphi]^2 + \frac{\varrho^2}{R}dr^2 + \varrho^2\,d\vartheta^2 + \frac{\sin^2\vartheta}{\varrho^2}[(r^2 + a^2)\,d\varphi - a\,dt]^2 \qquad (4.127)$$

mit den Abkürzungen

$$R \equiv r^2 - 2mr + a^2, \qquad \varrho^2 \equiv r^2 + a^2\cos^2\vartheta \qquad (4.128)$$

enthält zwei Integrationskonstanten, m und a, die mit der Masse M und dem Drehimpuls J der rotierenden Quelle in folgender Weise zusammenhängen:

$$m = \varkappa M c^{-2}, \qquad a = J M^{-1} c^{-1}. \qquad (4.129)$$

$\varkappa = 6{,}664 \cdot 10^{-8}\,\mathrm{cm^3\,g^{-1}\,s^{-2}}$ ist die Newtonsche Gravitationskonstante und c die Vakuum-Lichtgeschwindigkeit. Gleichung (4.129) ergibt sich, wenn man eine asymptotische Entwicklung der metrischen Koeffizienten in (4.127) mit den Aussagen der Newtonschen Theorie in Übereinstimmung bringt. Dabei müssen $r(r \leqq \infty)$, $\vartheta(0 \leqq \vartheta \leqq \pi)$ und $\varphi(0 \leqq \varphi \leqq 2\pi)$ als sphärische Koordinaten und t als Koordinatenzeit interpretiert werden.

Durch eine Untersuchung der Nullgeodätischen (der Lichtstrahlen) findet man, daß das Kerrsche Schwarze Loch einen Radius

$$r_+ = m + \sqrt{m^2 - a^2} \qquad (4.130)$$

hat. Das zweidimensionale Linienelement der sphärischen Oberfläche dieses Schwarzen Loches geht aus (4.127) für $r = r_+ = \text{const}$ und $t = \text{const}$ hervor. Nach den Regeln der Flächentheorie bestimmt man daraus den Flächeninhalt A der Black-Hole-Oberfläche zu

$$A = 8\pi\left(m^2 + m\sqrt{m^2 - a^2}\right). \qquad (4.131)$$

A. Entropie des Schwarzen Loches. Ist es nun sinnvoll, das KERR-Black-Hole als thermodynamisches System im Gleichgewicht anzusehen und ihm eine Entropie als thermodynamisches Potential zuzuordnen? Diese Frage wurde wohl zuerst von J. BEKENSTEIN (1973) bejaht, dessen Gedankengänge kurz skizziert werden sollen: Einem äußeren Beobachter steht als Informationsquelle über die Verhältnisse im Inneren des Schwarzen Loches nur das Gravitationsfeld (und evtl. das elektromagnetische Feld) zur Verfügung. Daher besitzt er keine andere Information über das Innere als die Kenntnis der Gesamtmasse M und des Drehimpulses J. In der μ-Raum-Statistik kann ein Makrozustand durch sehr viele Mikrozustände realisiert werden. In gleicher Weise könnte ein Black Hole mit festem Werten M und J aus unterschiedlichen Materiekonfigurationen entstanden sein, z. B. aus einem Neutronenstern oder einem oder mehreren normalen Sternen. Für einen äußeren Beobachter sind also (entsprechend den unterschiedlichen Entstehungsmechanismen) verschiedene innere Konfigurationen denkbar und, da er keine weiteren Informationen über ihre statistische Häufigkeit besitzt, gleichwahrscheinlich. Bezeichnet er mit $N\,\mathrm{d}M\,\mathrm{d}^3J$ die Zahl der inneren Konfigurationen im Intervall $\mathrm{d}M$ um M und im Intervall d^3J um den Drehimpulsvektor $\mathbf{J}$, so muß er dem Schwarzen Loch im Sinne der Informationsthermodynamik die Entropie

$$S = -k \sum p_i \ln p_i = k \ln N \qquad (4.132)$$

zuordnen. $p_i = N^{-1}$ bezeichnet die Wahrscheinlichkeit der Konfiguration i. BEKENSTEIN führte quantenmechanische Argumente ins Feld, die dafür sprechen, daß die Zahl N der denkbaren inneren Konfigurationen (inneren Quantenzustände) endlich ist. Nur dann ist (4.132) sinnvoll.

Ein weiterer Schritt besteht darin, die explizite Abhängigkeit der Entropie S von den Zustandsvariablen M und J aufzufinden. S. HAWKING hatte bereits 1971 gezeigt, daß bei allen Prozessen, an denen Schwarze Löcher beteiligt sind, die Summe aller Black-Hole-Oberflächen nie abnehmen kann. Dies entspricht der Aussage des zweiten Hauptsatzes, daß die Summe der Entropien aller an einem beliebigen Prozeß beteiligten thermodynamischen Systeme nie abnimmt. Daher sollte nach BEKENSTEIN die Entropie eines Schwarzen Loches proportional zu seiner Oberfläche A sein. Der genaue Proportionalitätsfaktor wurde von HAWKING (1974) quantenphysikalisch bestimmt. Es gilt

$$S_b = \left(\frac{kc^3}{4\varkappa\hbar}\right) \cdot A\,, \qquad A = A(M, J)\,, \tag{4.133}$$

wo k die BOLTZMANN-Konstante und $\hbar$ das PLANCKsche Wirkungsquantum ist. Gleichung (4.133) gibt uns zusammen mit den Gleichungen (4.131) und (4.129) explizit das thermodynamische Potential S als Funktion seiner unabhängigen Zustandsvariablen, des Drehimpulses J und der Masse M bzw. der Massen-Energie $E = Mc^2$ an und enthält somit alle Informationen über den thermodynamischen Zustand der Black-Hole-Materie. Man kann nun mit den Methoden der klassischen Thermodynamik eine Fülle interessanter Black-Hole-Phänomene untersuchen (z. B. den Wirkungsgrad der Energiegewinnung bei der Verschmelzung zweier Schwarzer Löcher) und andererseits thermodynamische Fragestellungen auf die Black-Hole-Physik übertragen, vgl. dazu DAVIES (1977). Eine wichtige Konsequenz der Gleichung (4.133) ist, daß man über die GIBBSsche Fundamentalgleichung

$$T_b \, \mathrm{d}S_b = \mathrm{d}(Mc^2) - \Omega \, \mathrm{d}J \tag{4.134}$$

jedem Schwarzen Loch eine Temperatur $T_b = c^2(\partial S_b/\partial M)^{-1}$ zuordnen muß. Für ein SCHWARZSCHILD-Black-Hole folgt

$$T_b = \left(\frac{\hbar c^3}{8\pi\varkappa k}\right) \cdot \frac{1}{M} \cdot \tag{4.135}$$

Wenn Materie (ein „gewöhnliches" thermodynamisches System) in ein Schwarzes Loch fällt, verschwindet mit ihr auch ihre Entropie aus der Welt des äußeren Beobachters. Dafür wächst aber die Oberfläche des Schwarzen Loches und damit seine Entropie S_b an. BEKENSTEIN (1973, 1974) vermutete deshalb, daß folgender verallgemeinerter zweiter Hauptsatz gelten sollte:
Die verallgemeinerte Entropie

$$S' = S + \left(\frac{kc^3}{4\varkappa\hbar}\right) \cdot \sum A_i , \tag{4.136}$$

die sich aus der Gesamtentropie S aller Materie in der Welt außerhalb der Schwarzen Löcher und aus der Entropie aller Schwarzen Löcher in der Welt zusammensetzt, nimmt niemals ab. Dabei ist A_i die Oberfläche des i-ten Schwarzen Loches und $\sum A_i$ die Gesamtoberfläche aller Schwarzen Löcher. BEKENSTEIN (1974) machte seine Vermutung an vielen Einzelbeispielen plausibel.

B. Sind Schwarze Löcher wirklich schwarz? Wie schon der klassische zweite Hauptsatz impliziert auch die verallgemeinerte Form, daß Energie nur von wärmeren zu kälteren Systemgebieten fließt. Betrachten wir ein Schwarzes Loch der Temperatur T_b inmitten von Hohlraumstrahlung der Temperatur T_s. Es bereitet keine Schwierigkeiten, den zweiten Hauptsatz zu akzeptieren, solange $T_b < T_s$ gilt, wobei Strahlung in das Schwarze Loch einfällt. Für $T_s < T_b$ kann der verallgemeinerte Hauptsatz aber nur richtig sein, wenn Strahlung unter *Absenkung* der Black-Hole-Entropie aus dem Schwarzen Loch an die Umgebung abgegeben wird. Die klassische Gravitationstheorie verbietet dies. Eine von HAWKING (1974) durchgeführte quantenphysikalische Analyse bestätigte aber den verallgemeinerten zweiten Hauptsatz und ergab, daß jedes Schwarze Loch als Schwarzer Körper mit der Temperatur T_b aufgefaßt werden muß und in einem Tunneleffekt ständig Elementarteilchen mit einem thermischen (nur temperaturabhängigen) Spektrum aussendet (vgl. dazu auch GIBBONS und HAWKING 1977 und WALD 1977). Wie Gleichung (4.135) zeigt, ist dieser Effekt nur für die „massearmen" primodialen Schwarzen Löcher von Bedeutung. Diese könnten gerade im gegenwärtigen Weltzustand unter

Ausstoß hochenergetischer Teilchen explosionsartig „verdampfen“, wobei durch den Zerfall instabiler Elementarteilchen eine energiereiche γ-Strahlung freiwerden müßte. Sollten die HAWKINGschen Überlegungen experimentell verifiziert werden, wären tiefgreifende Konsequenzen für die Elementarteilchenphysik (z. B. Verletzung der Baryonenzahlerhaltung) und unser gesamtes physikalisches Weltbild zu erwarten.

5. Statistische Thermodynamik

5.1. *Vorbemerkungen*

Wenn man von der Korpuskularstruktur der Materie ausgeht, um die Eigenschaften der Gase, Flüssigkeiten und Festkörper zu erklären, muß man quantenphysikalische Vorstellungen und Methoden heranziehen. Nun ist aber die speziell-relativistische Quantenstatistik viel zu umfangreich, als daß wir sie in diesem WTB-Bändchen darstellen könnten. Andererseits gibt es wegen der bekannten Schwierigkeiten beim Aufbau einer allgemein-relativistischen Quantenphysik bisher keine allgemein-relativistische Quantenstatistik. Da in der relativistischen Punktmechanik die Erfassung der Wechselwirkungen über endliche Entfernungen ebenfalls problematisch ist, werden wir uns bei der Darstellung der allgemein-relativistischen Statistik auf die kinetische Theorie verdünnter Gase, in deren Mittelpunkt die BOLTZMANNsche Stoßgleichung steht, beschränken. Quantenphysikalische Aspekte lassen sich dann nur durch die bekannten Abzählvorschriften im Phasenraum berücksichtigen.

Die ersten Überlegungen zur relativistischen Gleichgewichtsstatistik des idealen Gases geht auf JÜTTNER (1911/28) zurück. SYNGE (1934) schuf mit seiner kovariant formulierten Gleichgewichtsstatistik der Weltlinien die Voraussetzung für die kovariante Formulierung der BOLTZMANN-Gleichung (WALKER, 1936, ohne Stoßterm; LICHNEROWICZ und MARROT, 1940) und zahlreiche Anwendungen (u. a. TAUBER und WEINBERG, 1961; EHLERS, 1961; CHERNIKOW, 1963/65; ISRAEL, 1963/72; MARLE, 1969; ANDERSON, 1970). Zusammenfassende Darstellungen unter Berücksichtigung spezieller physikalischer Fragestellungen findet man u. a. bei ANDERSON (1970), EHLERS (1971), ISRAEL (1972) und STEWART (1971). Hauptanwendungsgebiete sind die relativistischen Plasmen, die Astrophysik (u. a. Neutronensterne, Entwicklung von Sternclustern) und die Kosmologie.

5.2. *Der Einteilchenphasenraum*

Ausgangspunkt für die statistische Behandlung eines physikalischen Systems ist die Feststellung, daß über den Systemzustand nur unvollständige Informationen vorliegen. Man faßt dann die Zustandsvariablen als Zufallsgrößen (-funktionen) auf und charakterisiert sie durch eine Wahrscheinlichkeitsverteilung. Aus den dynamischen Gesetzen, die im vorstatistischen Stadium die zeitliche Entwicklung des Systemzustandes bestimmen, versucht man ein Entwicklungsgesetz für die Wahrscheinlichkeitsverteilung zu finden.

Wir betrachten ein Gas aus N gleichen geladenen Teilchen der Masse m und der Ladung e, die nur über Stöße wechselwirken. Das Gas soll unter dem Einfluß eines äußeren Gravitationsfeldes g_{ik} und eines äußeren elektromagnetischen Feldes F^{ik} stehen. Wir greifen ein einzelnes Teilchen heraus. In der Zeit zwischen den Stößen wird es durch die allgemein-relativistischen Bewegungsgleichungen

$$\frac{\mathrm{d}x^i}{\mathrm{d}\lambda} = p^i, \tag{5.1}$$

$$\frac{\mathrm{d}p^i}{\mathrm{d}\lambda} = -\Gamma^i_{kl}p^k p^l + \frac{\mathsf{e}}{c} F^i{}_k p^k \tag{5.2}$$

beschrieben. Sein momentaner Zustand wird also durch die acht Zustandsvariablen x^i, p^i charakterisiert. Der Parameter λ hängt für $m > 0$ über $m\lambda = \tau$ mit der Eigenzeit τ zusammen. Der Viererimpuls muß also auf der Massenschale

$$p^2 = -p^i p^k g_{ik} = m^2 c^2 = \text{const} \tag{5.3}$$

liegen. Aus (5.2) folgt $\mathrm{d}p^2/\mathrm{d}\lambda = 0$, d. h., wenn (5.3) in einem Punkt der Weltlinie erfüllt ist, gilt diese Relation für alle Punkte der Weltlinie (zwischen zwei Stößen). Gleichung (5.3) reduziert die Zahl der unabhängigen Zustandsvariablen auf sieben.

Aufgrund der großen Zahl von Teilchen im Gas (1 Mol $\triangleq 10^{23}$ Teilchen) besteht eine Unsicherheit über die Lage $x^i(\lambda_0)$ und den Viererimpuls $p^i(\lambda_0)$ des herausgegriffenen Teilchens für einen fixierten Parameterwert λ_0. Die Information über den Teilchenzustand verringert sich auf dem Lebensweg des Teilchens durch Stöße mit anderen Teilchen weiter. Gesucht wird das zeitabhängige Verteilungsgesetz der Zustandsvariablen x^i, p^i, die *Einteilchenverteilungsfunktion.*

Zur geometrischen Veranschaulichung der Unsicherheit über den momentanen Teilchenzustand betrachten wir eine raumartige Hyperfläche Γ in der Raum-Zeit (Abb. 15). Ihre Flächenelemente seien $\mathrm{d}f^i = n^i\,\mathrm{d}\Gamma$, wo n^i die Flächennormale und $\mathrm{d}\Gamma$ das (dreidimensionale) Volumen des Flächenelementes bezeichnen. Der Aufenthalt des Teilchens wird nur durch die Systemberandung eingegrenzt. Innerhalb des entsprechenden Gebietes auf der Hyperfläche könnte sich das Teilchen in jedem Volumenelement $\mathrm{d}f^i$ (z. B. bei P_1 oder P_2) befinden und einen in den Zukunftslichtkegel weisenden, nur durch (5.3) eingeschränkten, beliebigen Viererimpuls (Pfeile) besitzen. Geben wir in einem Punkt auf Γ einen Viererimpuls vor, so liefert das Gleichungssystem (5.1), (5.2) zu diesem Anfangswert eine Integralkurve in der Raum-Zeit. Die Gesamtheit der möglichen Anfangswerte und der zugehörigen Integralkurven läßt sich am übersichtlichsten im achtdimensionalen Phasenraum $M_8 = V_4 \times T_4$, der aus der Raum-Zeit V_4 und ihren Tangentialräumen T_4 zusammengesetzt ist, untersuchen. (Der Tangentialraum ist der Variationsbereich des Impulsvektors). In M_8 bildet die Gesamtheit der Integralkurven von (5.1), (5.2) eine Kurvenschar („Kongruenz") K, wobei jede

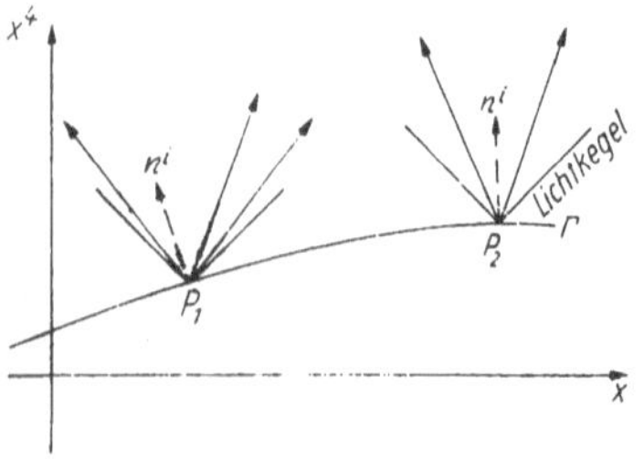

Abb. 15. Mögliche Teilchenzustände auf der raumartigen Hyperfläche Γ. Der Teilchenzustand wird durch die Angabe der Lage des Teilchens auf der Hyperfläche (z. B. P_1 oder P_2) und des zugehörigen Viererimpulses (Pfeile) fixiert

Kurve die zeitliche Entwicklung eines möglichen Teilchenzustandes wiedergibt. Zur Kurvenschar gehört das „Geschwindigkeitsfeld"

$$(v^A) = \left(\frac{\mathrm{d}x^i}{\mathrm{d}\lambda}; \frac{\mathrm{d}p^i}{\mathrm{d}\lambda}\right) = \left(p^i; -\Gamma^i_{kl}p^k p^l + \frac{e}{c} F^i{}_k p^k\right). \tag{5.4}$$

Wir führen als „Fundamentaldeterminante" g_8 in $M_8 = V_4 \times T_4$ das Produkt der Determinanten der raumzeitlichen Metrik ($\mathrm{d}s^2 = g_{ik}\,\mathrm{d}x^i\,\mathrm{d}x^k$) und der Flachraummetrik[1]) des tangentialen Impulsraumes ($\mathrm{d}s_p^2 = g_{ik}\,\mathrm{d}p^i\,\mathrm{d}p^k$) ein,

$$g_8 = g^2, \tag{5.5}$$

[1]) An einem festen Raum-Zeit-Punkt x^i sind die Komponenten des metrischen Tensors $g_{lm}(x^i)$ im zugeordneten tangentialen Impulsraum Konstanten.

und definieren den achtdimensionalen Differentialoperator

$$\left(\frac{\partial}{\partial x^A}\right) = \left(\frac{\partial}{\partial x^i}; \frac{\partial}{\partial p^i}\right). \tag{5.6}$$

Dann folgt aus (5.4) und (4.22) der LIOUVILLEsche Satz

$$g^{-1} \frac{\partial}{\partial x^A} (g v^A) \equiv v^A{}_{\|A} \equiv g^{-1}(p^i g_{,i} - 2g\Gamma^i_{ik} p^k) = 0, \tag{5.7}$$

d. h., die Integralkurvenschar in M_8 ist divergenzfrei. Die Schar K sagt noch nichts über die spezifische Dynamik eines konkreten Systems aus. Die Integralkurven nehmen nur die Einteilung des Phasenraumes in Volumenelemente (Zellen) vor. Verschiedene Integralkurven (Teilchenzustände) werden von den Gasteilchen unterschiedlich stark belegt sein. Stöße bewirken, daß Teilchen (momentan) von einer Kurve auf eine andere springen. (Ein gestoßenes Teilchen wird sozusagen auf seiner bisherigen Integralkurve „vernichtet“ und auf einer anderen „erzeugt“.)

5.3. *Die Boltzmannsche Stoßgleichung*

Diese Überlegungen führen uns zur anschaulichen Vorstellung von einer dem konkreten Gassystem zugeordneten Phasenraumflüssigkeit, deren „Weltlinien“ von den Integralkurven K gebildet werden, deren Dichte $\varrho_8(x^i, p^i)$ die Belegung der möglichen Teilchenzustände (Kurven von K) erfaßt und deren Quellstärke $\vartheta(x^i, p^i)$ ein Maß für die Zahl der Stöße in den raum-zeitlichen und in den Impulsintervallen darstellt. Auf der zugehörigen *Bilanzgleichung der Phasenraumflüssigkeit* (Summation über A!)

$$g^{-1} \frac{\partial}{\partial x^A} (g \varrho_8 v^A) \equiv (\varrho_8 v^A)_{\|A} = \vartheta \tag{5.8}$$

beruhen alle weiteren Untersuchungen zur Gasstatistik. Zur genaueren Interpretation von ϱ_8 und ϑ intergrieren wir (5.8) über eine Röhre R in M_8, die von den Integralkurven (als Mantel) und von zwei siebendimensionalen Hyperflächen Σ_1 und Σ_2 begrenzt wird (Abb. 16).

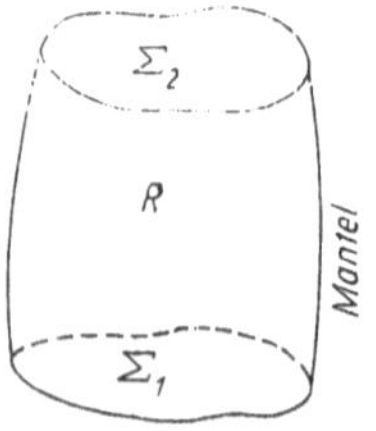

Abb. 16. Röhre R im Einteilchenphasenraum. Der Mantel wird von den Integralkurven der Bewegungsgleichungen (5.1), (5.2) gebildet

Dazu definieren wir ein achtdimensionales Volumenelement $\mathrm{d}V_8 = \mathrm{d}V_4\,\mathrm{d}P_4$, wobei $\mathrm{d}V_4 = \sqrt{-g}\,\mathrm{d}x^1\,\mathrm{d}x^2\,\mathrm{d}x^3\,\mathrm{d}x^4$ das Volumenelement in V_4 und $\mathrm{d}P_4 = \sqrt{-g}\,\mathrm{d}p^1\,\mathrm{d}p^2\,\mathrm{d}p^3\,\mathrm{d}p^4$ das Volumenelement im Tangentialraum T_4 ist. Σ_1 und Σ_2 sollen im *Phasenraum* die Verhältnisse auf raumartigen Hyperflächen vom Typ der Hyperfläche Γ (Abb. 15) aus der *Raum-Zeit* wiedergeben. Wir definieren also Σ_1 und Σ_2 durch die Flächengleichungen zweier Γ-Hyperflächen. Σ_1 und Σ_2 in M_8 hängen somit nicht von p^i ab. Die Richtung des Flächenelementes $\mathrm{d}f_A = n_A\,\mathrm{d}\Sigma$ auf Σ_1 (oder Σ_2) muß in diesem Falle mit der Richtung von n_i übereinstimmen,

$$(n_A) = (n_i; 0)\,, \tag{5.9}$$

sein Betrag ist das Produkt aus $\mathrm{d}\Gamma$ und dem vierdimensionalen Volumenelement $\mathrm{d}P_4$ im Impulsraum,

$$\mathrm{d}f_A = n_A\,\mathrm{d}\Gamma\,\mathrm{d}P_4\,. \tag{5.10}$$

Nach Anwendung des Gaussschen Satzes wird aus dem

Volumenintegral über die Bilanzgleichung (5.8)

$$\int_R \vartheta \, \mathrm{d}V_8 = \int_{\text{Mantel}} \varrho_8 v^A \, \mathrm{d}f'_A - \int_{\Sigma_1} \varrho_8 v^A \, \mathrm{d}f_A + \int_{\Sigma_2} \varrho_8 v^A \, \mathrm{d}f_A . \quad (5.11)$$

Das Integral über den Mantel verschwindet wegen $v^A \, \mathrm{d}f'_A = 0$, und wir bekommen mit (5.9)

$$\int_{\Sigma_2} \varrho_8 n_i p^i \, \mathrm{d}\Gamma \mathrm{d}P_4 - \int_{\Sigma_1} \varrho_8 n_i p^i \, \mathrm{d}\Gamma \mathrm{d}P_4 = \int_R \vartheta \, \mathrm{d}V_8 . \quad (5.12)$$

$\mathrm{d}N \equiv \varrho_8(x^i, p^i) \, n_k p^k \, \mathrm{d}\Gamma \mathrm{d}P_4$ ist somit die Zahl der Gasteilchen, deren Weltlinien ein dreidimensionales Raumelement $n_i \mathrm{d}\Gamma$ einer Hyperfläche Γ in der Raum-Zeit schneiden und deren Impulse im Impulselement $\mathrm{d}P_4$ liegen. ϱ_8 charakterisiert also den Makrozustand des Systems. Gleichung (5.12) sagt uns weiterhin, daß $\vartheta \, \mathrm{d}V_4 \mathrm{d}P_4$ die Zahl derjenigen Gaspartikel mit Impulsen im Intervall $\mathrm{d}P_4$ ist, welche im raum-zeitlichen Intervall $\mathrm{d}V_4$ erzeugt bzw. vernichtet werden.

In der Sprache der Wahrscheinlichkeitsrechnung: $\mathrm{d}N\,(x^i, p^i)$ ist die Wahrscheinlichkeit dafür, daß die Weltlinie eines beliebig herausgegriffenen Gasteilchens das dem Raum-Zeit-Punkt x^i zugeordnete Raumelement $\mathrm{d}f_i = n_i \, \mathrm{d}\Gamma$ schneidet und dort einen (tangentialen) Viererimpuls im infinitesimalen Umgebungsintervall $\mathrm{d}P_4$ des Impulsvektors p^i besitzt.

Wenn wir die Integration in (5.12) über den gesamten dem System zugänglichen Teil des Phasenraumes M_8 erstrecken, muß das Integral über die Quellstärke ϑ verschwinden (Erhaltung der Teilchenzahl), so daß unabhängig von der speziellen Wahl der Hyperfläche $\Sigma = \Sigma_2$

$$\int_\Sigma \varrho_8 n_i p^i \, \mathrm{d}\Gamma \mathrm{d}P_4 = N = \text{const}$$

gilt. Dies ist die Normierungsbedingung für die Wahrscheinlichkeitsdichte ϱ_8.

Um die Bedingung (5.3) zu erfüllen, führen wir über den folgenden Ansatz die Funktionen $f = f(x^i, p^i)$ und

$D = D(x^i, p^i)$ auf der Massenschale ein:

$$\varrho_8 = A(p)\, f\, \delta(p^2 - m^2c^2), \quad \vartheta = A(p)\, D\delta(p^2 - m^2c^2) \tag{5.13}$$

mit

$$A(p) = \begin{cases} 2 \text{ für } p^i \text{ im Zukunftslichtkegel,} \\ 0 \text{ sonst.} \end{cases} \tag{5.14}$$

$\delta(x)$ ist die DIRACsche δ-Funktion. Mit (5.14) ist gesichert, daß nur Impulszustände, die im *Zukunftslichtkegel* auf der Massenschale (5.3) liegen, angenommen werden. Da die δ-Funktion bei den weiteren Überlegungen stets in Verbindung mit dem Impulselement $\mathrm{d}P_4$ auftritt, wollen wir das Impulselement

$$\mathrm{d}P = A(p)\, \delta(p^2 - m^2c^2)\, \mathrm{d}P_4 \tag{5.15}$$

auf der Massenschale einführen. Für einen Beobachter, der sich relativ zum Hyperflächenelement $\mathrm{d}f_i$ in Ruhe befindet, gilt $p^i \mathrm{d}f_i = p^4\, \mathrm{d}f_4 = p^4\, d V_3$. Bei Beachtung der Reduktionsformel für δ-Funktionen mit quadratischem Argument reduziert sich damit $\mathrm{d}N = f p^4\, \mathrm{d}V_3\, \mathrm{d}P$ auf $f \mathrm{d}V_3\, \mathrm{d}P_3$ ($\mathrm{d}V_3 \equiv \mathrm{d}x^1\, \mathrm{d}x^2\, \mathrm{d}x^3$; $\mathrm{d}P_3 \equiv \mathrm{d}p^1\, \mathrm{d}p^2\, \mathrm{d}p^3$), die Verteilung im sechsdimensionalen nichtrelativistischen Phasenraum.

Aus der Bilanzgleichung (5.8) und dem LIOUVILLEschen Satz (5.7) folgt bei Beachtung von (5.13) und (5.4) unmittelbar[1])

$$\frac{\mathrm{d}}{\mathrm{d}\lambda} f = v^A f_{,A} = p^i \frac{\partial f}{\partial x^i} + \left(\frac{\mathrm{e}}{c} F^i{}_k p^k - \Gamma^i_{kl} p^k p^l\right) \frac{\partial f}{\partial p^i} = D. \tag{5.16}$$

Nach der Idee von BOLTZMANN kann man für die Quellstärke D bzw. für die infinitesimale Größe $\vartheta\, \mathrm{d}V_4\, \mathrm{d}P_4 = D \mathrm{d}V_4\, \mathrm{d}P$ einen Stoßzahlansatz machen. Wir bezeichnen

[1]) Wegen $\frac{\mathrm{d}}{\mathrm{d}\lambda}\, p^2 = 0$ gilt $\frac{\mathrm{d}}{\mathrm{d}\lambda}\, \delta(p^2 - m^2c^2) = 0$.

mit $W(p, p'; p'', p''') \, \mathrm{d}P'' \mathrm{d}P'''$[2]) die Wahrscheinlichkeit für elastische Stöße zwischen zwei Teilchen mit den Anfangsimpulsen p^i und $p^{i'}$ und den Endimpulsen $p^{i''}$ und $p^{i'''}$ in den Intervallen $\mathrm{d}P''$ und $\mathrm{d}P'''$. Die Streugröße $W(p, p'; p'', p''')$ soll folgende Symmetrien besitzen:

$$W(p, p'; p'', p''') = W(p', p; p'', p''') = W(p'', p'''; p, p'). \tag{5.17}$$

Das erste Gleichheitszeichen ist wegen der Austauschbarkeit der Anfangsimpulse beim Stoßprozeß zu fordern, das zweite setzt Invarianz gegen Zeitumkehr und Raumspiegelung voraus (mikroskopische Reversibilität des Stoßprozesses). Mehrfachstöße sollen vernachlässigt werden. Die entscheidende Annahme für die Berechnung von D besteht nun darin, die Wahrscheinlichkeit für das Vorhandensein zweier Teilchen im Raum-Zeit-Intervall $\mathrm{d}V_4$ mit Impulsen in $\mathrm{d}P$ und $\mathrm{d}P'$ durch das Produkt zweier Einteilchenfunktionen $f(x, p) \, f(x, p') \, \mathrm{d}P \, \mathrm{d}P' \, \mathrm{d}V_4$ auszudrükken (Hypothese des molekularen Chaos; keine Korrelation). $W(p, p'; p'', p''') \, f(x, p) \, f(x, p') \, \mathrm{d}P \, \mathrm{d}P' \, \mathrm{d}P'' \, \mathrm{d}P''' \, \mathrm{d}V_4$ ist dann die Zahl der Stöße im Raum-Zeit-Intervall $\mathrm{d}V_4$ bei x^i zwischen Teilchen mit Anfangsimpulsen p^i bzw. $p^{i'}$ in den Intervallen $\mathrm{d}P$ bzw. $\mathrm{d}P'$ und Endimpulsen $p^{i''}$ bzw. $p^{i'''}$ in den Intervallen $\mathrm{d}P''$ bzw. $\mathrm{d}P'''$. Somit ist die infinitesimale Quellstärke $D \, \mathrm{d}V_4 \, \mathrm{d}P$ die Differenz aus der Zahl der in $\mathrm{d}V_4 \, \mathrm{d}P$ durch Stoß erzeugten Teilchen $\left[\int\int\int \mathrm{d}P' \, \mathrm{d}P'' \, \mathrm{d}P''' \, W(p'', p'''; p', p) \, f(x, p'') \, f(x, p''')\right] \mathrm{d}V_4 \times \mathrm{d}P$ (Zahl der Stöße, bei denen eines der gestoßenen Teilchen einen Impuls $(p^i, \mathrm{d}P)$ besitzt und in das Raum-Zeit-Intervall $(x^i, \mathrm{d}V_4)$ hineingestoßen wird) und der Zahl der aus $\mathrm{d}V_4 \, \mathrm{d}P$ herausgestoßenen Teilchen $\left[\int\int\int \mathrm{d}P' \times \mathrm{d}P'' \, \mathrm{d}P''' \, W(p, p'; p'', p''') \, f(x, p) \, f(x, p')\right] \mathrm{d}V_4 \, \mathrm{d}P$ (Zahl der Stöße in $(x^i, \mathrm{d}V_4)$ zwischen einem Teilchen mit dem Impuls $(p^i, \mathrm{d}P)$ und irgendwelchen anderen).

[2]) Der besseren Übersicht wegen lassen wir von jetzt ab die Indizes in den Argumenten weg.

Mit diesem Stoßzahlansatz für $D\,\mathrm{d}V_4\,\mathrm{d}P$ bekommen wir unter Ausnutzung der Symmetrierelation (5.17) die allgemein-relativistische BOLTZMANNsche Stoßgleichung

$$p^i \frac{\partial f}{\partial x^i} + \left(\frac{e}{c} F^i{}_k p^k - \Gamma^i_{kl} p^k p^l\right) \frac{\partial f}{\partial p^i}$$
$$= \iiint \mathrm{d}P'\,\mathrm{d}P''\,\mathrm{d}P'''\,W(p, p'; p'', p''')(f''f''' - ff'). \quad (5.18)$$

Hier steht f für $f(x, p)$, f' für $f(x, p')$ usw.

5.4. Die extensiven Größen als Momente

Jedes Gasteilchen besitzt voraussetzungsgemäß die extensiven Eigenschaften Masse m, Ladung e und Impuls p^i. Demzufolge ist $m\,\mathrm{d}N = m(fp^k\,\mathrm{d}P)n_k\,\mathrm{d}\Gamma$ die Masse derjenigen Teilchen mit einem Impuls p^i in einem Element $\mathrm{d}P$ der Massenschale, deren Weltlinien das Flächenelement $n_k\mathrm{d}\Gamma$ auf der dreidimensionalen Hyperfläche Γ schneiden. $c\left(\int mfp^k\,\mathrm{d}P\right) n_k\,\mathrm{d}\Gamma \equiv M^k n_k\,\mathrm{d}\Gamma$ gibt (bei Integration über den zugänglichen Bereich des Impulsraumes) demzufolge den totalen Massenstrom durch $n_k\,\mathrm{d}\Gamma$ an. Die makroskopische Massenstromdichte M^i ist somit ein Moment erster Ordnung der Wahrscheinlichkeitsdichte $f(x, p)$,

$$M^i \equiv mc \int p^i f(x, p)\,\mathrm{d}P. \quad (5.19)$$

Ganz analog gelangt man zur Ladungsstromdichte

$$J^i \equiv ec \int p^i f(x, p)\,\mathrm{d}P \quad (5.20)$$

und zur Viererimpuls-Stromdichte, dem Energie-Impuls-Tensor des Gases

$$\overset{Q}{T}{}^{ik} \equiv c \int p^i p^k f(x, p)\,\mathrm{d}P. \quad (5.21)$$

Für den Mittelwert π^i einer *skalaren* Impulsfunktion $\pi(p)$,

$$\pi^i \equiv c \int \pi(p)\,p^i f(x, p)\,\mathrm{d}P, \quad (5.22)$$

folgt aus (5.18) mit partieller Integration

$$\pi^i{}_{;i} = \frac{c}{4} \iiiint \mathrm{d}P\,\mathrm{d}P'\,\mathrm{d}P''\,\mathrm{d}P'''(\pi + \pi' - \pi'' - \pi''') \times (f''f''' - ff')\,W. \tag{5.23}$$

In *tensorielle* Bilanzen (z. B. $\pi \to p^k$) geht auch das äußere Feld F_{ik} ein. Bei der Bildung der kovarianten Ableitung des Mittelwertes π^i wurde vorausgesetzt, daß sich die Raumkrümmung innerhalb der vierdimensionalen Massenelemente noch nicht bemerkbar macht, so daß p^i durch Paralleltransport an die verschiedenen Punkte von $\mathrm{d}V_4$ gebracht werden kann. Es muß also wieder der bekannte Kompromiß der Thermohydrodynamik über die „Größe" der Volumenelemente gemacht werden (vgl. Abschnitt 3.2.2.). Wenn $\pi + \pi' = \pi'' + \pi'''$ gilt, wenn also π eine additive (extensive) Stoßinvariante (Erhaltungsgröße bei Stößen) ist, verschwindet der Quellterm in (5.23). Masse ($\pi = m$), Ladung ($\pi = e$) und Impuls ($\pi \to p^k$) sind Stoßinvarianten beim elastischen Stoß. Dann folgt (für T^{ik} ohne Beweis):

$$M^i{}_{;i} = 0, \qquad J^i{}_{;i} = 0, \qquad \overset{Q}{T}{}^{ik}{}_{;k} = c^{-1}F^{ik}J_k; \tag{5.24}$$

die lokalen makroskopischen Erhaltungssätze sind eine Folge mikroskopischer Erhaltungssätze.

Als Entropiestromdichte S^i definieren wir in Anlehnung an BOLTZMANNS H-Größe:

$$S^i \equiv -kc \int p^i f(x, p) \log\,[af(x, p)]\,\mathrm{d}P, \tag{5.25}$$

k ist die BOLTZMANN-Konstante, a eine Entropiekonstante. Ähnlich wie (5.23) folgt aus (5.18) und (5.17).

$$\sigma \equiv S^i{}_{;i} = \frac{kc}{4} \iiiint \mathrm{d}P\,\mathrm{d}P'\,\mathrm{d}P''\,\mathrm{d}P'''\,W \times \left(\log \frac{f''f'''}{ff'}\right)(f''f''' - ff'). \tag{5.26}$$

Da eine Bildung $(x - y)\,(\log x - \log y)$ für beliebige Werte x und y nichtnegativ ist, gilt als Folge der BOLTZ-

MANN-Gleichung das verallgemeinerte H-Theorem

$$S^i{}_{;i} = \sigma \geqq 0, \tag{5.27}$$

die Entropiequellstärke ist nichtnegativ.

5.5. *Thermodynamisches Gleichgewicht*

Die Nachprüfung, ob die statistisch definierten Größen auch wirklich die phänomenologisch gefundenen Eigenschaften thermodynamischer Größen besitzen, beginnt man am besten im Gleichgewicht,

$$\sigma = 0\,. \tag{5.28}$$

Die rechte Seite von (5.26) verschwindet genau dann, wenn

$$\log f + \log f' = \log f'' + \log f'''$$

gilt, wenn also $\log f$ eine additive Stoßinvariante ist. Als Stoßinvarianten stehen die skalare Masse und der vektorielle Viererimpuls zur Verfügung. Wir machen deshalb den Ansatz $\log f\,(x, p) = \varphi(x)\, m + \xi_i\,(x)\, p^i$, wo $\varphi(x)$ und $\xi_i(x)$ zunächst nicht weiter bestimmte Funktionen der Raum-Zeit-Koordinaten sind. (Die Berücksichtigung der Ladung ändert die folgenden Überlegungen nicht.) Daraus erhalten wir die Gleichgewichtsverteilung

$$f_0(x, p) = A(x)\, e^{\xi_i(x) p^i} \tag{5.29}$$

($A(x) \equiv e^{\varphi m}$). Damit f_0 für beliebig große Impulse endlich bleibt, muß der Vierervektor $\xi_i(x)$ zeitartig sein,

$$\xi^i(x) = \xi(x)\, u^i(x), \qquad u_i u^i = -c^2; \tag{5.30}$$

u^i ist ein auf $-c^2$ normierter Einheitsvektor. Die Bedeutung der Parameter $\xi(x)$, $u^i(x)$ und $A(x)$ wird klar, wenn wir (5.29) in die Definitionsgleichungen (5.19—21) für die Massenstromdichte, den Energie-Impuls-Tensor und die Entropiestromdichte einsetzen und die Integration über den Impulsraum ausführen.

Bei der Integration im Impulsraum führt man im Linienelement ds_p vorübergehend MINKOWSKI-Koordinaten $\{p^i\}$ oder pseudosphärische Koordinaten $\{p, \chi, \theta, \varphi\}$ ein:

$$p^1 = p \sin\theta \cos\varphi \sinh\chi, \qquad p^2 = p \sin\theta \sin\varphi \sinh\chi,$$
$$p^3 = p \cos\theta \sinh\chi, \qquad p^4 = p \cosh\chi$$

mit $0 \leqq p < \infty, \quad 0 \leqq \chi < \infty, \quad 0 \leqq \theta \leqq \pi, \quad 0 \leqq \varphi \leqq 2\pi.$

Das Impulselement dP nimmt damit die Gestalt

$$\begin{aligned} dP &= A(p)\, p^3 \sinh^2\chi \sin\theta \,dp\, d\chi\, d\theta\, d\varphi\, \delta(p^2 - m^2c^2) \\ &= p^2 \sinh^2\chi \sin\theta \,dp\, d\chi\, d\theta\, d\varphi\, \delta(p - mc) \end{aligned}$$

an.

Wir bekommen als Gleichgewichtswerte

$$\overset{0}{M}{}^i = 4\pi c m^3 \xi^{-1} A(x)\, K_2(mc^2\xi)\, u^i, \tag{5.31}$$

$$\begin{aligned} \overset{0_0}{T}{}^{ik} = \overset{0}{T}{}^{ik} &= 4\pi c m^2 \xi^{-2} A(x)\, K_2(mc^2\xi) \big[h^{ik} \\ &\quad + \left(c^{-2} - m\xi(\log K_2)'\right) u^i u^k\big], \end{aligned} \tag{5.32}$$

$$\overset{0}{S}{}^i = -km^{-1} [\log(aA)]\, \overset{0}{M}{}^i - k\xi_k \overset{0}{T}{}^{ki}. \tag{5.33}$$

Dabei ist

$$K_2(y) = \frac{y^2}{3} \int\limits_0^\infty d\chi \sinh^4\chi\, e^{-y c \cosh\chi} \tag{5.34}$$

eine modifizierte BESSEL-Funktion.

Gleichung (5.31) zeigt, daß u^i die Vierergeschwindigkeit der Massenelemente ist und daß zwischen Massendichte $\varrho(x)$ und $A(x)$ der Zusammenhang

$$A(x) = \frac{\varrho(x)\xi}{4\pi c m^3 K_2(mc^2\xi)} \tag{5.35}$$

besteht. Der Vergleich zwischen (5.32) und (3.37) liefert uns die Zustandsgleichungen des relativistischen Gases

$$e = \varrho c^2 \left(\frac{c^{-2}}{m\xi} - \frac{K_2'(mc^2\xi)}{K_2}\right), \quad p = \frac{\varrho}{\xi m} \tag{5.36}$$

und Gleichung (5.33) die Beziehung $s = -u_i S^i c^{-2} = -k m^{-1} \varrho \log(aA) + k\xi e$, aus der

$$\mathrm{d}\mathsf{s} = k\xi \left(\mathrm{d}\mathsf{e} + p\,\mathrm{d}\,\frac{1}{\varrho}\right) \quad (\mathsf{s} = \varrho^{-1} s, \quad \mathsf{e} = \varrho^{-1} e) \tag{5.37}$$

folgt, woraus wir dann auf

$$\xi = \frac{1}{kT}, \quad \xi^i = \frac{1}{k}\,\theta^i \tag{5.38}$$

schließen können. θ^i ist der Temperaturvektor. Der Parameter A hängt, wie ein Vergleich zwischen (5.33) und (3.8) zeigt, eng mit der MASSIEU-Funktion Φ zusammen:

$$\log(aA) = \frac{m}{k}\,\Phi. \tag{5.39}$$

Im nichtrelativistischen Grenzfall (kleine Teilchengeschwindigkeiten) gilt die Reihenentwicklung

$$e = \varrho c^2 + \frac{3}{2}\, m^{-1} \varrho kT + \frac{15}{8}\, \varrho c^2 \left[\left(\frac{kT}{mc^2}\right)^2 - \left(\frac{kT}{mc^2}\right)^3\right] + \ldots \quad (kT < mc^2), \tag{5.40}$$

im ultrarelativistischen Grenzfall (Teilchengeschwindigkeit nahe der Lichtgeschwindigkeit) die asymptotische Darstellung

$$e = 3m^{-1} \varrho kT + \frac{\varrho c^2}{2} \left(\frac{mc^2}{kT}\right) + \ldots \quad (kT > mc^2) \tag{5.41}$$

Wenn wir die Gleichgewichtsverteilung (5.29) in die BOLTZMANN-Gleichung (5.18) einsetzen, verschwindet der Quellterm automatisch, so daß wir bei Verwendung von (5.39)

$$\frac{m}{k}\, p^k \Phi_{,k} + \frac{1}{2}\, p^i p^k (\xi_{i;k} + \xi_{k;i}) + \frac{\mathsf{e}}{c}\, F^i{}_k \xi_i p^k = 0 \tag{5.42}$$

bekommen. Da diese Gleichung für beliebige x^i und für beliebige Richtungen p^i (im Zukunftslichtkegel) gelten muß, ergeben sich die Gleichgewichtsbedingungen

$$\Phi_{,k} + \frac{\mathsf{e}}{mcT} F^i{}_k u_i = 0, \qquad (5.43)$$

$$\theta_{i;k} + \theta_{k;i} = 0 \text{ für } m \neq 0, \qquad (5.44)$$

$$\theta_{i;k} + \theta_{k;i} = \frac{1}{2} \theta^m{}_{;m} g_{ik} \quad \text{für } m = 0. \qquad (5.45)$$

Die Gleichungen (5.43) und (5.44) bestätigen die in der phänomenologischen Theorie abgeleiteten Gleichgewichtsbedingungen (3.103) und (3.104) und verallgemeinern sie zugleich für Gase im elektromagnetischen Feld ($\mathsf{e} \neq 0$). Beim Vergleich von (3.104) und (5.43) ist zu beachten, daß aus der thermischen Zustandsgleichung in (5.36) $p v T^{-1} = \text{const}$ folgt.

Die Gleichgewichtsbedingungen haben, wie bereits früher besprochen, kosmologische Konsequenzen. Der Vergleich zwischen (5.44) und (5.45) zeigt, daß sich nur strahlungsgefüllte Kosmen ($m = 0$) zugleich in Expansion ($\Theta \neq 0$) und im Zustand des ungehemmten Gleichgewichtes befinden können.

5.6. *Irreversible Prozesse*

Die bekannten Näherungsverfahren zur Lösung der Boltzmann-Gleichung und zur Berechnung der Transportkoeffizienten (Viskositäts- und Wärmeleitungskoeffizienten), die in der nichtrelativistischen Theorie entstanden sind, lassen sich auch relativistisch formulieren. Israel (1963) hat die Chapman-Enskog-Methode verallgemeinert. Er konnte zeigen, daß das einkomponentige relativistische Gas im Gegensatz zum nichtrelativistischen Gas eine Volumenviskosität besitzt. Diese verschwindet nicht nur beim Übergang zum nichtrelativistischen Bereich, sondern auch im ultrarelativistischen Gebiet. Eine ausführliche Darstellung der von ANDERSON und STEWART entwickelten relativistischen Version der GRADschen Momentenmethode mit expliziter Angabe der Viskositäts- und Wärmeleitungskoeffizienten findet man in der bereits erwähnten Monographie von STEWART (1971).

Die Gleichgewichtsstatistik konnte ohne genaue Kenntnis des Zusammenhanges zwischen Streugröße $W(p, p'; p'', p''')$ und differentiellem Wirkungsquerschnitt des relativistischen Zweierstoßes entwickelt werden. Auch bei den folgenden kurzen Bemerkungen über den Zusammenhang zwischen statistischer Thermodynamik und phänomenologischer Thermodynamik irreversibler Prozesse benötigen wir diese Kenntnis nicht. Wir verweisen den interessierten Leser wiederum auf STEWART (1971).

Wenn man nach einer der erwähnten Näherungsmethoden das phänomenologisch entwickelte Schema der gleichgewichtsnahen irreversiblen Thermodynamik statistisch begründen will, muß man kleine Abweichungen $\Delta f(x, p)$ von der Gleichgewichtsverteilung

$$f_0 = A(x)\, e^{\frac{u_i p^i}{kT}} \tag{5.46}$$

untersuchen. Die Funktionen $A(x)$, $u^i(x)$ und $T(x)$ sollen jetzt das *lokale* Gleichgewicht charakterisieren und deshalb nicht den thermodynamischen Gleichgewichtsbedingungen (5.43) bis (5.45) unterworfen sein. Um sie festzulegen, müssen Anpassungsbedingungen formuliert werden, die nicht willkürfrei sind. Man fordert dabei, daß bestimmte mit f gebildete Momente mit den entsprechenden Momenten von f_0 übereinstimmen sollen. Allgemein akzeptiert werden die Festlegungen (vgl. (3.57))

$$u_i M^i = u_i M^i, \qquad u_i u_k \overset{Q}{T}{}^{ik} = u_i u_k T^{ik}, \tag{5.47}$$

die besagen, daß die mit f berechneten Dichten der Masse und der Energie und die entsprechenden mit f_0 berechneten Dichten gleich sind. (Der Index 0 kennzeichnet eine mit f_0 berechnete Größe.) Die Bedingungen (5.47) legen zwei der fünf Größen $A(x)$, $T(x)$, $u^i(x)$ fest. Nun taucht auch hier jene Problematik auf, die uns in Abschnitt 3.2.2. beschäftigte, als wir das vierdimensionale Systemvolumen in Volumenelemente einteilten. Um das Geschwindigkeitsfeld derjenigen Volumenelemente zu fixieren, in denen lokales thermodynamisches Gleichgewicht herrscht, kann man ECKART (1940) folgen und

$$M^i = \mathring{M}^i \tag{5.48}$$

fordern oder mit LANDAU und LIFSCHITZ (1966)

$$u_i \overset{Q}{T}{}^{ik} = u_i \mathring{T}^{ik} \tag{5.49}$$

postulieren. In den niedrigsten Näherungsordnungen der GRADschen Methode führen (5.47) und (5.48) zu äquivalenten Aussagen (ANDERSON, 1971). Wir hatten uns in der phänomenologischen Thermodynamik mit (3.57) und (3.13) der ECKARTschen Version angeschlossen.

Wenn wir in die Entropiestromdichte mit dem Ansatz $f = f_0 + \Delta f$ eingehen, wobei Δf eine kleine Abweichung von (5.46) bedeutet, und im Logarithmus eine Entwicklung nach $f_0^{-1} \Delta f$ vornehmen, bekommen wir in erster Ordnung

$$S^i = -\frac{k}{m} M^i \log(aA) - \theta_k \overset{Q}{T}{}^{ki} - \frac{k}{m} (M^i - \mathring{M}^i).$$

Mit Hilfe der ECKARTschen Anpassungsbedingung (5.48) folgt daraus die CARNOT-CLAUSIUS-Beziehung (3.8)[1] $\left(\Phi \equiv \frac{k}{m} \log(aA),\ (5.39)\right)$, der *Ausgangspunkt für die phänomenologische Thermodynamik*. Als Koeffizienten von M^i und T^{ki} treten gerade die Parameter der lokalen

[1]) genauer: ihr statistisches Analogon

Gleichgewichtsverteilung (5.46) auf. Dadurch werden die phänomenologischen Festlegungen (3.12) durchsichtiger, wie uns überhaupt die Entwicklung um eine Gleichgewichtsverteilung ein besseres Verständnis der in der Phänomenologie benutzten Begriffe „lokales Gleichgewicht" und „Gleichgewichtsnähe" vermittelt. Man darf bei einer derartigen Wertung aber nicht vergessen, daß man mit der phänomenologischen Theorie Systeme untersuchen kann, deren statistische Beschreibung noch nicht möglich ist.

5.7. *Verallgemeinerungen*

Wenn das Gas mehrkomponentig ist, d. h. aus verschiedenartigen Teilchen (zu denen auch die ruhmasselosen Teilchen, z. B. die Photonen gehören dürfen) besteht, ordnet man jeder Komponente A einen eigenen Phasenraum und eine eigene Verteilungskunktion f_A zu, die einer BOLTZMANNschen Stoßgleichung

$$\frac{\mathrm{d}\overset{A}{f}}{\mathrm{d}\lambda_A} \equiv \overset{A}{p}{}^i \frac{\partial \overset{A}{f}}{\partial x^i} + \left(\frac{\overset{A}{\mathrm{e}}}{c} F^i{}_k \overset{A}{p}{}^k - \Gamma^i_{kl} \overset{A}{p}{}^k \overset{A}{p}{}^l\right) \frac{\partial \overset{A}{f}}{\partial \overset{A}{p}{}^i} = \overset{A}{D} \quad (5.50)$$

genügen muß. Für jede Komponente definiert man mit $\overset{A}{f}$ einen eigenen Energie-Impuls-Tensor, eine eigene Massenstromdichte und eine eigene Entropiestromdichte in Analogie zu (5.19) bis (5.21) und (5.25) und bestimmt die totalen Größen (wie den totalen Energie-Impuls-Tensor oder die totale Entropiestromdichte) durch Summation über alle Komponenten. Im Stoßterm $\overset{A}{D}$ können quantenmechanische Charakteristika (wie Spinzustände) durch spezielle Abzählverfahren, wie man sie aus der μ-Raum-Statistik der FERMI- und BOSE-Gase kennt, berücksichtigt werden. Für derartige Quantengase wurde der Stoßzahlansatz gegenüber (5.18) durch die Einbeziehung von inelastischen Stößen, von Emissions- und Absorptionsprozessen verallgemeinert (s. dazu ISRAEL, 1972 und EHLERS, 1971). Als Gleichgewichtsverteilung der Komponente A, die sich mit den anderen Komponenten im thermischen Gleichgewicht befindet, erhält man

$$\overset{A}{f} = g_A h^{-3} \left(\exp - \left[\frac{u_i \overset{A}{p^i}}{kT} + \frac{\overset{A}{\mu}}{kT} \right] \pm 1 \right)^{-1}, \quad \overset{A}{p^i} \overset{A}{p_i} = - \overset{A}{m^2} c^2,$$

wo g_A die Anzahl der Spinzustände und $\overset{A}{\mu}$ das chemische Potential der Komponente A bezeichnen. Das Pluszeichen vor der Eins steht für Fermionen, das Minuszeichen für Bosonen. Im mitbewegten Koordinatensystem $u^i = c\delta^i_4$ ergibt sich daraus die in der Kosmologie benutzte Verteilungsfunktion (4.103) für den Impulsbetrag.

5.8. *Die Einstein-Liouville-Gleichungen*

Unsere bisherigen Überlegungen bezogen sich auf (Test-) Teilchen im vorgegebenen (äußeren) elektromagnetischen Feld $F^{ik}(x)$ und im vorgegebenen (äußeren) Gravitationsfeld $g_{ik}(x)$. Wenn diese Felder von den Gasteilchen selbst erzeugt werden, können wir die Stromdichte J^i (5.20) und den Energie-Impuls-Tensor $\overset{Q}{T}{}^{ik}$ (5.21) im Sinne einer „self-consistent-field"-Approximation als Quellterme der MAXWELL-Gleichungen bzw. der EINSTEIN-Gleichungen auffassen. Damit verbindet sich die Vorstellung, daß sich jedes Teilchen in einem „mittleren" Feld, das von den anderen Teilchen erzeugt wird, bewegt. Insbesondere bei kosmischen und kosmologischen Anwendungen spielen Stöße zwischen den Teilchen (Sterne oder Sternhaufen) keine Rolle, die Stoßgleichung (5.18) geht mit $D = 0$ in die LIOUVILLE-Gleichung über. Die Gleichungen

$$F^{ik}{}_{;k} = \mathrm{e} \int p^i f \, \mathrm{d}P, \quad F_{ik;l} + F_{li;k} + F_{kl;i} = 0, \tag{5.51}$$

$$R^{ik} - \frac{1}{2} R g^{ik} = \varkappa_0 \left(F^{im} F^k{}_m - \frac{1}{4} g^{ik} F^{mn} F_{mn} + c \int p^i p^k f \, \mathrm{d}P \right), \tag{5.52}$$

$$p^i \frac{\partial f}{\partial x^i} + \left(\frac{\mathrm{e}}{c} F^i{}_k p^k - \Gamma^i_{kl} p^k p^l \right) \frac{\partial f}{\partial p^i} = 0 \tag{5.53}$$

bilden das System der MAXWELL-EINSTEIN-LIOUVILLE-Gleichungen für einkomponentige geladene Gase. Bei Vernachlässigung gravitativer Wechselwirkungen reduzieren sie sich auf die relativistische WLASSOW-Gleichung. Die EINSTEIN-LIOUVILLE-Gleichungen ($F^{ik} = 0$) wurden bei der Untersuchung relativistischer Sterncluster (IPSER und THORNE, 1968) und zur Konstruktion kosmologischer Modelle verwendet (EHLERS, GEREN und SACHS, 1968). Lösungen $f(x, p)$ und $g_{ik}(x)$ dieser komplizierten Integro-Differentialgleichungen sind unter speziellen Symmetrieannahmen gefunden worden.

Wenn das Gravitationsfeld g_{ik} raum-zeitliche Symmetrien besitzt, gibt es für einen Massenpunkt, der sich in diesem Feld bewegt, Konstanten der Bewegung. Nun sind die Charakteristiken der LIOUVILLE-Gleichung (5.53) gerade die Bewegungsgleichungen (die geodätischen Linien) des Massenpunktes, so daß die Konstanten der Bewegung zur Konstruktion von Lösungen der LIOUVILLE-Gleichung verwendet werden können.

Zu den bekannten Lösungen gehören die für die Kosmologie so wichtigen ROBERTSON-WALKER-Metriken (4.73) mit der Verteilung

$$f(x, p) = g(K^2 h_{ik} p^i p^k), \quad p^i p_i = -m^2 c^2 \tag{5.54}$$

($K = K(t)$ ist der Skalenfaktor, $h_{ik} = g_{ik} + c^{-2} u_i u_k$ der Projektionstensor zur Vierergeschwindigkeit u_i der kosmischen Flüssigkeit, $g(z)$ eine beliebige Funktion des Argumentes z). Zur Berechnung der Zeitabhängigkeit des Skalenfaktors muß man noch die FRIEDMANsche Differentialgleichung (4.74) integrieren.

In einer allgemeinen, über die „self-consistent-field“ -- Approximation hinausgehenden Statistik müßte auch das Gravitationsfeld als Zufallsgröße aufgefaßt und durch ein Verteilungsgesetz beschrieben werden. Die Gleichungen für die zeitliche Entwicklung dieses Verteilungsgesetzes sollten zu den EINSTEIN-Gleichungen in ähnlicher Beziehung stehen wie die LIOUVILLE-Gleichung der klassischen Γ-Raum-Statistik zu den HAMILTONschen kanonischen Bewegungsgleichungen der Massenpunkte. Die Durchführung dieser Konzeption sollte mit einer wahrscheinlichkeitstheoretischen Interpretation der im CAUCHY-Problem der Gravitationsfeldtheorie auftretenden hpysikalischen Größen beginnen.

Literaturverzeichnis

ANDERSON, J. L., in: M. CARMELI, S. I. FICKLER and L. WITTEN (Hrsg.), Relativity, London 1970.

BEKENSTEIN, J. D., Phys. Rev. D. 7 (1973) 2333.

BEKENSTEIN, J. D., Phys. Rev. D **9** (1974) 3292.

CADERNI, N., und R. FABBRI, Phys. Lett. **69** B (1977) 508.

CADERNI, N., und R. FABBRI, Lett. Nuov. Cim **20** (1977) 185.

CAP, F., Einführung in die Plasmaphysik I, II, III, WTB, Berlin 1972.

CARTAN, É., Acad. Sci. Paris, Compt. Rend. **174** (1922) 593.

CHERNIKOV, N. A., Phys. Lett. **5** (1963) 115.

CHERNIKOV, N. A., Acta phys. pol. **27** (1965) 465.

DAVIES, P. C. W., The Physics of Time Asymmetry, Univ. of California press/Surrey Univ. press, 1974.

DAVIES, P. C. W., Proc. Roy. Soc. Lond. A **353** (1977) 499.

DAUTCOURT, G., Relativistische Astrophysik, WTB, Berlin 1971.

DE GROOT, S. R., und P. MAZUR, Non-Equilibrium Thermodynamics, Amsterdam 1962.

ECKART, C., Phys. Rev. **58** (1940) 919.

EHLERS, J., Abh. Mainzer Akad. Wiss., math-naturwiss. Klasse Nr. 11 (1961).

EHLERS, J., P. GEREN, und R. K. SACHS, J. Math. Phys. **9** (1968) 1344.

EHLERS, J., in: R. K. SACHS (Hrsg.), General Relativity and Cosmology, New York, London 1971.

EINSTEIN, A., und E. G. STRAUSS, Ann. of Mathem. **47** (1946) 731.

EINSTEIN, A., The Meaning of the Relativity, Princeton 1950.

EMDEN, R., Nature **141** (1938) 908.

GIBBONS, G. W., und S. W. HAWKING, Phys. Rev. D **15** (1977) 2738.

HAWKING, S. W., Nature **248** (1974) 30.

HAWKING, S. W., Phys. Rev. D **13** (1976) 191; **14** (1976) 2460.

HERLT, E., und N. SALIÉ, Spezielle Relativitätstheorie, WTB, Berlin 1978.

HUBBLE, E. P., Proc. Nat. Acad. Sci. **15** (1929) 168.
IPSER, J. R., und K. S. THORNE, Astrophys. J. **154** (1968) 251.
ISRAEL, W., J. Math. Phys. **4** (1963) 1163.
ISRAEL, W., in: L. O'RAIFEARTAIGH (Hrsg.), Studies in Relativity (General Relativity), Oxford 1972.
JÜTTNER, F., Ann. Phys. **34** (1911) 856; **35** (1911) 145.
JÜTTNER, F., Z. Phys. **47** (1928) 542.
KALUZA, TH., Sitzungsber. Preuß. Akad. Wiss., Phys.-math. Kl. (1921) 966.
KLEIN, O., Z. Phys. **37** (1926) 895.
KLUITENBERG, G. A., S. R. DE GROOT, und P. MAZUR, Physica **19**, (1953) 689; 1079.
KLUITENBERG, G. A., und S. R. DE GROOT, Physica **20** (1953) 199; **21** (1953) 149, 169.
LANDAU, L. D., und E. M. LIFSCHITZ., Hydrodynamik, Berlin 1966.
LICHNEROWICZ, A., und R. MARROT, Acad. Sci. Paris, Compt. Rend. **210** (1940) 759.
MARLE, C., Ann. Inst. H. Poincaré, **A 10** (1969) 127.
MATHISSON, M., Acta Phys. Pol. **6** (1937) 163.
MAXWELL, J. C., Phil. Trans. Roy. Soc. Lond. **157** (1867) 49.
MEIXNER, J., Ann. Phys. **39** (1941) 333.
MEIXNER, J., und H. G. REIK, in: S. FLÜGGE (Hrsg.), Handb. d. Physik, Bd. III/2, Berlin 1959.
MISNER, C. W., K. S. THORNE und J. A. WHEELER, Gravitation, San Francisco 1973.
MØLLER, C., The Theory of Relativity, Oxford 1972.
NEUGEBAUER, G., Int. J. Theor. Phys. **16** (1977) 241.
OTT, H., Z. Phys. **175** (1963) 70.
PAPAPETROU, A., Proc. Roy. Soc. **109** (1951) 259.
PEEBLES, P. J. E., Ap. J. **146** (1966) 542.
PENZIAS, A. A., und R. W. Wilson, Ap. J. **142** (1965) 419.
RAYNER, C. B., Proc. Roy. Soc. **272** (1963) 44.
ROLL, P. G., R. KROTKOV, und R. H. DICKE, Ann. of Phys. **26** (1964) 442.
SCHMUTZER, E., Relativistische Physik, Leipzig, 1968.
SCHMUTZER, E., Exp. Techn. Phys. **20** (1972) 95; **22** (1974) 373.
STEPHANI, H., Allgemeine Relativitätstheorie, Berlin 1977.
STEWART, J. M., Non-Equilibrium Relativistic Kinetic Theory, Lecture Notes in Physics **10**, Berlin 1971.
STUECKELBERG, E. C. G., und G. WANDERS, Helv. Phys. Acta **26** (1953) 307.

SYNGE, J. L., Trans. R. Soc. Can. 3, **28** (1934) 127.
SYNGE, J. L., Math. Z. **72** (1959) 82.
TAUB, A. H., J. Math. Phys. **2** (1961) 787.
TAUB, A. H., J. Math. Phys. **5** (1964) 112.
TAUBER, G. E., und J. WEINBERG, Phys. Rev. **122** (1961) 1342.
TOLMAN, R. C., Relativity, Thermodynamics, and Cosmology, Oxford 1934.
TREDER, H.-J., Relativität und Kosmos, WTB, Berlin, Oxford, Braunschweig 1968.
TULCZYJEW, W., Acta Phys. Pol. **18** (1965) 393.
WALD, R., American Scientist **65** (1977) 585.
WALKER, A. G., Proc. Edinb. math. Soc. **4** (1936) 238.
WEINBERG, ST., Gravitation and Cosmology, New York 1972.
WESTPFAHL, K., Ann. Phys. **20** (1967) 113.
WEYL, H., Raum-Zeit-Materie, Berlin 1923.
ZELDOVICH, YA. B., und I. D. NOVIKOV, Relativistic Astrophysics, Vol. 1: Stars and Relativity; Vol. 2: The Universe and Relativity. Chicago und London 1971.

Sachverzeichnis

Der Autor

- wendet sich an Leser, die sich für eine Vereinheitlichung physikalischer Theorien interessieren

- gibt zum besseren Verständnis einen Überblick über Thermodynamik, spezielle und allgemeine Relativitätstheorie

- zeigt, daß thermodynamische Methode und relativistische Form eine systematische Darstellung unterschiedlicher physikalischer Teilgebiete ermöglichen

- behandelt Grundlagen und Anwendungen der irreversiblen Thermodynamik, der Hydro- und Elastomechanik, der Elektrodynamik in Medien, der relativistischen Statistik und der Einsteinschen Gravitationstheorie

- geht dabei u. a. auf das relativistische Transformationsverhalten thermodynamischer Größen, das „heiße“ Weltmodell und die Thermodynamik „Schwarzer Löcher“ ein

WISSENSCHAFTLICHE TASCHENBÜCHER

FSC
www.fsc.org
MIX
Papier | Fördert gute Waldnutzung
FSC® C083411

Zeitfracht Medien GmbH
Ferdinand-Jühlke-Straße 7
99095 Erfurt, Deutschland
produktsicherheit@kolibri360.de